U0441683

编审委员会名单

"十三五"应用型人才培养O2O创新规划教材

建筑施工组织

JIANZHU SHIGONG ZUZHI

袁影辉　尹素花　全国芸　主编

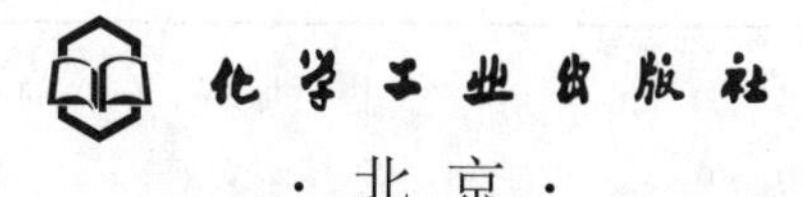

·北京·

本书内容包括：建筑施工组织概述、工程概况、施工部署及施工方案、施工进度计划、施工平面图、施工措施等内容。每个单元都从任务提出着手，对任务进行分析，并辅以相关知识，最后引领学习者进行任务的实施。

本书可作为应用型本科以及高职高专建筑工程技术、工程监理等相关专业教材，也可作为成人教育土建类相关专业的教材，还可供从事建筑工程等技术工作的人员参考使用。

图书在版编目（CIP）数据

建筑施工组织/袁影辉，尹素花，仝国芸主编. —北京：化学工业出版社，2018.5 （2021.2重印）
“十三五”应用型人才培养O2O创新规划教材
ISBN 978-7-122-31857-2

Ⅰ.①建… Ⅱ.①袁…②尹…③仝… Ⅲ.①建筑工程-施工组织-高等职业教育-教材 Ⅳ.①TU721

中国版本图书馆CIP数据核字（2018）第061721号

责任编辑：张双进　李仙华　提　岩　　　文字编辑：孙凤英
责任校对：王素芹　　　装帧设计：王晓宇

出版发行：化学工业出版社（北京市东城区青年湖南街13号　邮政编码100011）
印　　装：三河市双峰印刷装订有限公司
787mm×1092mm　1/16　印张16　字数396千字　2021年2月北京第1版第2次印刷

购书咨询：010-64518888　　　售后服务：010-64518899
网　　址：http://www.cip.com.cn
凡购买本书，如有缺损质量问题，本社销售中心负责调换。

定　　价：39.00元

序
Preface

教育部在高等职业教育创新发展行动计划（2015—2018年）中指出“要顺应‘互联网+’的发展趋势，应用信息技术改造传统教学，促进泛在、移动、个性化学习方式的形成。针对教学中难以理解的复杂结构、复杂运动等，开发仿真教学软件”。党的十九大报告中指出，要深化教育改革，加快教育现代化。为落实十九大报告精神，推动创新发展行动计划——工程造价骨干专业建设，河北工业职业技术学院联合河北工程技术学院、河北劳动关系职业学院、张家口职业技术学院、新疆交通职业技术学院等院校与化学工业出版社，利用云平台、二维码及BIM技术，开发了本系列O2O创新教材。

该系列丛书的编者多年从事工程管理类专业的教学研究和实践工作，重视培养学生的实际技能。他们在总结现有文献的基础上，坚持“理论够用，应用为主”的原则，为工程管理类专业人员提供了清晰的思路和方法，书中二维码嵌入了海量的学习资源，融入了教育信息化和建筑信息化技术，包含了最新的建筑业规范、规程、图集、标准等参考文件，丰富的施工现场图片，虚拟三维建筑模型，知识讲解、软件操作、施工现场施工工艺操作等视频音频文件，以大量的实际案例举一反三、触类旁通，并且数字资源会随着国家政策调整和新规范的出台实时进行调整与更新。不仅为初学人员的业务实践提供了参考依据，也为工程管理人员学习建筑业新技术提供了良好的平台，因此，本系列丛书可作为应用技术型院校工程管理类及相关专业的教材和指导用书，也可作为工程技术人员的参考资料。

“十三五”时期，我国经济发展进入新常态，增速放缓，结构优化升级，驱动力由投资驱动转向创新驱动。我国建筑业大范围运用新技术、新工艺、新方法、新模式，建设工程管理也逐步从粗犷型管理转变为精细化管理，进一步推动了我国工程管理理论研究和实践应用的创新与跨越式发展。这一切都向建筑工程管理人员提出了更为艰巨的挑战，从而使得工程管理模式“百花齐放、百家争鸣”，这就需要我们工程管理专业人员更好地去探索和研究。衷心希望各位专家和同行在阅读此系列丛书时提出宝贵的意见和建议，共同把建筑行业的工作推向新的高度，为实现建筑业产业转型升级做出更大的贡献。

河北省建设人才与教育协会副会长

2017年10月

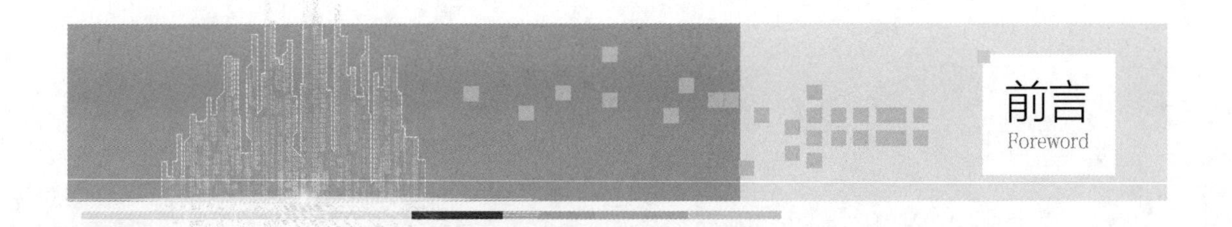

前言

Foreword

建筑施工组织是建筑工程技术、工程造价、建筑工程管理等专业的主要课程之一，它是建筑工程项目开工至竣工整个过程中的重要投入手段，对于提高建设工程项目的质量水平、安全文明施工管理水平、工程进度控制水平和工程建设投资效益等起着非常重要的保证作用，从而实现项目预期的工期、质量和成本目标。

高职高专教育是高等教育的重要组成部分，是培养适应生产、建设、管理、服务需要的第一线高等技术应用型人才。本书结合高职高专教育的特点，突出了教材的实践性和综合性。 在教材编写过程中，注重理论联系实际，利用案例突出针对实际问题的分析解决，具有系统完整、内容适用，可操作性强的特点，便于案例教学、实践教学，有利于对学生动手能力的培养。尤其是在各章节中增加了以视频、案例、规范等大量数字资源形成的二维码，便于学生利用网络进行查看章节重难点。登录网址 www.cipedu.com.cn，输入本书名，可选择与本书配套的电子资料包，自行下载使用。

本书由河北工业职业技术学院袁影辉、尹素花、全国芸老师任主编，河北工程技术学院的杜慧慧、于丽英老师，河北劳动关系职业学院的刘玉美老师任副主编。另外河北工业职业技术学院的王云龙、曹宽老师，河北工程技术学院的贾小盼老师、黄河科技学院的周欢老师、河北华业招标有限公司陈照平也参加了编写。其中，项目 1、项目 2 由于丽英、贾小盼老师编写；项目 3 由杜慧慧、刘玉美老师编写；项目 4、项目 5 由尹素花、袁影辉、周欢老师编写；项目 6 由全国芸、曹宽老师编写；项目 7、项目 8 由杜慧慧、王云龙、陈照平老师编写。

在本书的编写过程中，还得到了有关单位和个人的大力支持，在此表示感谢！

编者

2018 年 1 月

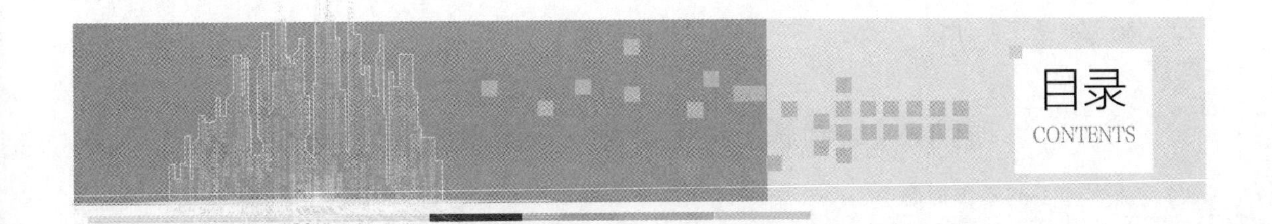
目录
CONTENTS

项目3 编制施工进度计划——流水施工 /019

项目4 编制施工进度计划——网络计划 /46

项目 7 建筑工程施工组织总设计 / 212

项目 8 建设工程进度控制与调整 / 228

二维码资源目录

项目1

施工组织概述

项目要点

本项目概述了施工组织研究的对象和任务，建筑工程的产品及其生产的特点，建筑工程的施工程序；概要论述了施工组织设计的性质、任务、作用、分类与内容，施工组织设计的编制方法及要求，施工组织设计的贯彻执行、检查与调整。

考核要求

1. 知道施工组织研究的对象和任务，了解建筑工程的产品及其生产的特点；
2. 熟悉建筑工程的施工程序；
3. 熟悉施工组织设计的性质、任务、作用、分类与内容；
4. 知道施工组织设计的编制方法及要求，施工组织设计的贯彻执行、检查与调整。

建筑施工组织是研究建筑产品生产过程中诸要素统筹安排与系统管理客观规律的学科，是现代化建筑施工管理的核心。

1.1 概述

1.1.1 建筑施工组织研究的对象与任务

（1）建筑施工组织的研究对象

建筑施工组织的研究对象就是整个建筑产品。建筑产品的生产过程就是建筑施工。建筑施工由土方工程、砌筑工程、钢筋混凝土工程、结构安装工程、防水工程、装饰工程等分部工程组成。建筑施工的全过程是投入劳动力、建筑材料、机械设备和技术方法，生产出满足要求的建筑产品的过程，同时也是建筑产品生产诸要素的组织过程。

（2）建筑施工组织的任务

建筑施工组织的任务有以下两个方面。

① 探索和总结建设项目施工组织的客观规律，即从建筑产品及其生产的技术经济特点出发，遵照国家和地方相关技术政策约束条件，保证高速度、高质量、高效益、低消耗地生产出优质的建筑产品，充分发挥国家投资的经济效益。

② 研究和探索建筑施工企业如何以最少的消耗获取最大的经济效益。建筑产品最终是

由建筑施工企业通过贯彻执行施工组织，科学地组织施工来完成的。企业的最终目的就是获取利润，其根据自身条件和工程特点组织施工，并对工期、质量和成本进行有效控制，以达到工期短、质量好、成本低的目标。

建筑产品的每一个分部（分项）工程的施工，可以采取不同的施工方案，如何根据工程性质、特点、规模及客观条件，从技术和经济统一的全局出发，对各种问题统筹考虑，做出科学合理的全面部署。建筑施工组织的任务就是在国家的建设方针和政策指导下，从施工的具体条件出发，拟定施工方案，安排施工进度，进行现场布置，协调各部门之间的关系，优质、低耗、高速地完成施工任务，发挥最好的经济效益和社会效益。

1.1.2 建筑工程的产品及其生产的特点

（1）建筑工程产品的特点

① 建筑产品的固定性　建筑产品在选定的地点建造和使用，直接与地基基础连接，无法转移。建筑产品的这种在空间固定的属性，叫做建筑产品的固定性。固定性是建筑产品与一般工业产品的重要区别。

② 建筑产品的庞大性　建筑产品一般体积庞大，消耗大量的建筑材料及能源，占据了一定的空间，这种庞大性是一般工业产品所不能具备的。

③ 建筑产品的多样性　建筑产品不能像一般工业产品批量生产。而是根据建筑物的使用要求、规模、建筑设计、结构类型等各不相同，即使是同一类型的建筑产品，由于自然条件、地点、人员的变化而各不相同。这就体现了建筑产品的多样性。

④ 建筑产品的整体性　一个建筑产品往往涉及若干专业，如土建、水暖、通风、空调设备、电气设备、工艺设备、机电设备、消防报警设备、智能系统等，建筑、结构、装饰等彼此紧密相关，协调配合才能发挥建筑产品的功能。

（2）建筑工程产品生产的特点

① 建筑产品生产的流动性　建筑产品的固定性决定了建筑产品生产的流动性。一般工业生产产品是在生产线上流动的，生产地点、生产设备、生产人员是固定的。而建筑产品的生产与此相反，建筑产品是固定的，施工人员、机械设备是随着建筑产品的生产地点的改变而流动，而且随着建筑产品施工部位的改变而在空间上流动。建筑产品生产的流动性要求施工前应统筹规划，建立适合建筑产品特点的施工组织设计，使建筑产品的生产能连续、均衡地进行，达到预定的目标。

② 建筑产品生产周期长　建筑产品的庞大性决定建筑产品生产周期长。与一般工业产品相比，生产周期较长，少则几个月，多则几年，甚至几十年。建筑产品在建造过程中要投入大量的人员、材料、机械设备等，不可预见因素多。

③ 建筑产品生产的唯一性　建筑产品的多样性决定了建筑产品生产的唯一性。一般工业生产是在一定时期内按一定的工艺流程批量生产某一种产品。而建筑产品即使成千上万，但每一个产品都是唯一的——不同的地点、不同的设计、不同的自然环境、不同的施工工艺、不同的建造者、不同的业主等等，这就要求根据建筑产品的特点制订科学可行的施工组织设计，进行“订单生产”。

④ 建筑产品生产的复杂性　建筑产品的整体性决定了建筑产品生产的复杂性。建筑产品生产露天作业多，受气候影响大，工人的劳动条件艰苦。建筑产品的高空作业多，强调安全防护。建筑产品手工作业多，机械化水平低，工人的劳动强度大。建筑产品地区的差异性使得建筑产品的生产必然受到建设地区的自然、技术、经济和社会条件的约束。建筑产品的

流动性及唯一性必然造成建筑产品生产的复杂性。这就要求施工组织设计应从全局出发，从技术、质量、工期、资源、劳力、成本、安全的角度全面制订保证措施，确保施工生产的顺利进行。

1.1.3 建筑工程的施工程序

建筑工程的施工是我国建设程序中的重要阶段。一般包括以下几个阶段。

1.1.3.1 编制建筑工程的投标文件

我国1999年8月30日通过的《中华人民共和国招标投标法》规定，依法必须招标的项目，必须进行公开招标或邀请招标。投标人应当按照招标文件的要求编制投标文件。投标文件应当对招标文件提出的实质性要求和条件做出响应。招标项目属于建设施工的，投标文件的内容应当包括拟派出的项目负责人与主要技术人员的简历、业绩和拟用于完成招标项目的机械设备等。

1.1.3.2 签订施工合同

中标人确定后，招标人应当向中标人发出中标通知书。招标人和中标人应当自中标通知书发出之日起三十日内，按照招标文件和中标人的投标文件订立书面合同。施工合同应规定承包的内容、要求、工期、质量、造价及材料供应等，明确合同双方应当全面履行合同约定的义务。不按照合同约定履行义务的，依法承担违约责任。

1.1.3.3 进行施工准备，申请领取开工许可证

（1）施工准备

① 调查收集资料；

② 进行现场调查；

③ 熟悉图纸，编制施工组织设计；

④进行现场“三通一平”的工作。

（2）申请领取施工许可证应当具备的条件

① 已经办理该建筑工程用地批准手续；

② 在城市规划区的建筑工程，已经取得规划许可证；

③ 需要拆迁的，其拆迁进度符合施工要求；

④ 已经确定建筑施工企业；

⑤ 有满足施工需要的施工图纸及技术资料；

⑥ 有保证工程质量和安全的具体措施；

⑦ 建设资金已经落实；

⑧ 法律、行政法规规定的其他条件。

建设行政主管部门应自收到申请之日起十五日内，对符合条件的申请颁发施工许可证。

1.1.3.4 组织施工

建筑施工是将投资转化为固定资产的经济活动，是施工程序中的重要环节。施工企业应按施工组织设计进行管理，精心组织施工，加强各单位、各部门的配合与协作，协调各方面的问题，使建筑工程能在保证质量的前提下，低成本、高效率地完成。

1.1.3.5 竣工验收，交付使用

竣工验收是施工企业按施工合同完成施工任务，经检验合格，由发包人组织验收的过程。竣工验收是施工的最后阶段，施工企业在竣工验收前应先在内部进行预验收，检查各分部（分项）工程的施工质量，整理各分项交工验收的技术安全资料。然后由发包人组织监

理、设计、施工等有关部门进行验收。验收合格后，在规定期限内办理工程移交手续，并交付使用。

1.2 建筑工程施工组织设计

1.2.1 施工组织设计的性质与任务

1.2.1.1 施工组织设计的性质

施工组织设计是规划和指导拟建工程从施工准备到竣工验收全过程的一个综合性的技术经济和管理文件。它应根据建筑工程的设计和功能要求，既要符合建筑施工的客观规律，又要统筹规划，科学组织施工，采用先进成熟的施工技术和工艺，以最短的工期，最少的劳力、物力取得最佳的经济效果。

二维码1.1

建筑施工组织设计规范

1.2.1.2 施工组织设计的任务

① 根据建设单位对建筑工程的工期要求、工程特点，选择经济合理的施工方案，确定合理的施工顺序；

② 确定科学合理的施工进度，保证施工能连续、均衡地进行；

③ 制订合理的劳动力、材料、机械设备等的需要量计划；

④ 制订技术上先进、经济上合理的技术组织保证措施；

⑤ 制订文明施工、安全生产的保证措施；

⑥ 制订环境保护、防止污染及噪声的保证措施。

1.2.2 施工组织设计的作用

① 施工组织设计作为投标文件的内容和合同文件的一部分可用于指导工程投标与签订工程承包合同；

② 施工组织设计是工程设计与施工之间的纽带，既要体现建筑工程的设计和使用要求，又要符合建筑施工的客观规律，衡量设计方案施工的可能性和经济合理性；

③ 科学组织建筑施工活动，保证各分部（分项）工程的施工准备工作及时进行，建立合理的施工程序，有计划、有目的地开展各项施工过程；

④ 抓住影响工程进度的关键性施工过程，及时调整施工中的薄弱环节，实现工期、质量、安全、成本和文明施工等各项生产要素管理的目标及技术组织保证措施，提高建筑企业综合效益；

⑤ 协调各施工单位、各工种、各种资源、资金、时间等方面在施工流程、施工现场布置和施工工艺等的合理关系。

1.2.3 施工组织设计的分类

1.2.3.1 根据编制对象划分

施工组织设计根据编制对象的不同可分为三类，即施工组织总设计、单位工程施工组织设计和分部（分项）工程施工组织设计。

（1）施工组织总设计

以一个建设项目或建筑群为编制对象，用以指导其建设全过程各项施工活动的技术、经济、组织、协调和控制的综合性文件。它是指导整个建设项目施工的战略性文件，内容全面概括，涉及范围广泛。一般是在初步设计或技术设计批准后，由总承包单位会同建设、设计和各分包单位共同编制的，是施工单位编制年度施工计划和单位工程施工组织设计、进行施工准备的依据。

（2）单位工程施工组织设计

以一个单位工程为编制对象，用来指导其施工全过程各项活动的技术经济、组织、协调和控制的局部性、指导性文件。它是施工单位施工组织总设计和年度施工计划的具体化，是单位工程编制季度、月计划和分部（分项）工程施工设计的依据。

单位工程施工组织设计依据建筑工程规模、施工条件、技术复杂程度不同，在编制内容的广度和深度上一般可划分为两种类型：单位工程施工组织设计和简单的单位工程施工组织设计（或施工方案）。

单位工程施工组织设计：编制内容全面，一般用于重点的、规模大的、技术复杂的或采用新技术的建设项目。

简单的单位工程施工组织设计（或施工方案）：编制内容较简单，通常只包括“一案一图一表”，即编制施工方案、施工现场平面布置图、施工进度表。

（3）分部（分项）工程施工组织设计

以技术复杂、施工难度大且规模较大的分部（分项）工程为编制对象，用来指导其施工过程各项活动的技术经济、组织、协调的具体化文件。一般由项目专业技术负责人编制，内容包括施工方案、各施工工序的进度计划及质量保证措施。它是直接指导专业工程现场施工和编制月、旬作业计划的依据。

对于一些大型工业厂房或公共建筑物，在编制单位工程施工组织设计之后，常需编制某些主要分部（分项）工程施工组织设计。如土建中复杂的地基基础工程、钢结构或预制构件的吊装工程、高级装修工程等。

1.2.3.2 根据阶段的不同划分

施工组织设计根据阶段的不同，可分为两类：一类是投标前编制的施工组织设计（简称标前设计），另一类是签订工程承包合同后编制的施工组织设计（简称标后设计）。

（1）标前设计

在建筑工程投标前由经营管理层编制的用于指导工程投标与签订施工合同的规划性的控制性技术经济文件，以确保建筑工程中标、追求企业经济效益为目标。

（2）标后设计

在建筑工程签订施工合同后由项目技术负责人编制的用于指导施工全过程各项活动的技术经济、组织、协调和控制的指导性文件。以实现质量、工期、成本三大目标，追求企业经济效益最大化。

1.2.4 施工组织设计的内容

（1）工程概况

主要包括建筑工程的工程性质、规模、地点、工程特点、工期、施工条件、自然环境、地质水文等情况。

（2）施工方案

主要包括各分部（分项）工程的施工顺序、主要的施工方法、新工艺新方法的运用、质量保证措施等内容。

（3）施工进度计划

主要包括各分部（分项）工程根据工期目标制订的横道图计划或网络图计划。在有限的资源和施工条件下，如何通过计划调整来实现工期最小化、利润最大化的目标，是制订各项资源需要量计划的依据。

（4）施工平面图

主要包括机械、材料、加工厂、道路、临时设施、水源电源在施工现场的布置情况，是施工组织设计在空间上的安排。确保科学、合理、安全、文明施工。

（5）施工准备工作及各项资源需要量计划

主要包括施工准备计划、劳动力、机械设备、主要材料、主要构件和半成品构件的需要量计划。

（6）主要技术经济指标

主要包括工期指标、质量指标、安全文明指标、降低成本指标、实物量消耗指标等。用以评价施工的组织管理及技术经济水平。

1.2.5 施工组织设计的编制方法与要求

1.2.5.1 施工组织设计的编制方法

① 熟悉施工图纸，进行现场踏勘，搜集有关资料；

② 根据施工图纸计算工程量，进行工料分析；

③ 选择施工方案和施工方法，确定质量保证措施；

④ 编制施工进度计划；

⑤ 编制资源需要量计划；

⑥ 确定临时设施和临时管线，绘制施工现场平面图；

⑦ 技术经济指标的对比分析。

1.2.5.2 施工组织设计的编制要求

（1）根据工期目标要求，统筹安排，抓住重点

重点工程项目和一般工程项目统筹兼顾，优先安排重点工程的人力、物力和财力，保证工程按时或提前交工。

（2）合理安排施工流程

施工流程的安排既要考虑空间顺序，又要考虑工种顺序。空间顺序解决施工流向问题，工种顺序解决时间上的搭接问题。在遵循施工客观规律的要求下，必须合理地安排施工顺序，避免不必要的重复工作，加快施工速度，缩短工期。

（3）科学合理安排施工方案，尽量采用国内外先进施工技术

编制施工方案时，结合工程特点和施工水平，使施工技术的先进性、实用性和经济性相结合，提高劳动生产率，保证施工质量，提高施工速度，降低工程成本。

（4）科学安排施工进度，尽量采用流水施工和网络计划或横道图计划

编制施工进度计划时，结合工程特点和施工技术水平，采用流水施工组织施工，采用网络计划或横道图计划安排进度计划，保证施工连续均衡地进行。

（5）合理布置施工现场平面图，节约施工用地

尽量利用原有建筑物作为临时设施，减少占用施工用地。合理安排运输道路和场地，减少二次搬运，提高施工现场的利用率。

（6）坚持质量安全同时抓的原则

贯彻质量第一的方针，严格执行施工验收规范和质量检验评定标准，同时建立健全安全文明生产的管理制度，保证安全施工。

1.2.6 施工组织设计的编制和审批

① 施工组织设计应由项目负责人主持编制，可根据需要分阶段编制和审批；

② 施工组织总设计应由总承包单位技术负责人审批；单位工程施工组织设计应由施工单位技术负责人或技术负责人授权的技术人员审批，施工方案应由项目技术负责人审批；重点、难点分部（分项）工程和专项工程施工方案应由施工单位技术部门组织相关专家评审，施工单位技术负责人批准；

③ 由专业承包单位施工的分部（分项）工程或专项工程的施工方案，应由专业承包单位技术负责人或技术负责人授权的技术人员审批；有总承包单位时，应由总承包单位项目技术负责人核准备案；

④ 规模较大的分部（分项）工程和专项工程的施工方案应按单位工程施工组织设计进行编制和审批。

1.2.7 施工组织设计的贯彻、检查与调整

施工组织设计贯彻的实质，就是以动态的眼光实施施工组织设计，即在各种因素不断变化的施工过程中，不断检查、调整、完善施工组织设计，保证质量、安全、进度、成本四大目标的实现。

项目施工过程中，发生以下情况之一时，施工组织设计应及时进行修改或补充：

① 工程设计有重大修改；

② 有关法律、法规、规范和标准实施、修订和废止；

③ 主要施工方法有重大调整；

④ 主要施工资源配置有重大调整；

⑤ 施工环境有重大改变。

经修改或补充的施工组织设计应重新审批后实施。

项目施工前应进行施工组织设计逐级交底。

项目施工过程中，应对施工组织设计的执行情况进行检查、分析并适时调整施工组织设计检查与调整内容：

① 各施工过程的施工顺序是否正确，流水施工的组织方法是否正确；

② 进度计划的计划工期是否满足合同工期的要求；

③ 劳动力的组织是否连续、均衡；

④ 主要材料、设备、机械的供应是否及时、连续、均衡，是否满足施工的需要。

施工组织设计的调整可以通过压缩某些施工过程的持续时间或改变施工方法来实现。

施工组织设计应在工程竣工验收后归档。

小结

建筑产品的固定性、庞大性、多样性、整体性决定了建筑产品生产的流动性、生产周期

长、唯一性、复杂性；建筑工程的施工程序包括编制建筑工程的投标文件，签订施工合同，进行施工准备，申请领取开工许可证，组织施工和竣工验收，交付使用。

施工组织设计是规划和指导拟建工程从施工准备到竣工验收全过程的一个综合性的技术经济和管理文件。施工组织设计根据编制对象的不同可分为施工组织总设计、单位工程施工组织设计和分部（分项）工程施工组织设计。根据阶段的不同，可分为标前设计和标后设计。

习题

1. 简述建筑施工组织课程的研究对象与任务。
2. 简述建筑产品及施工的特点。
3. 简述建筑施工程序。
4. 简述施工组织设计的作用。
5. 简述施工组织设计的分类。
6. 简述施工组织设计的内容。
7. 简述施工组织设计的性质与任务。
8. 简述施工组织设计的编制要求。

项目2 施工准备工作

项目要点

本项目概述建筑工程的施工准备工作的内容、重要性及分类。

考核要求

1. 了解施工准备工作的意义和重要性；
2. 熟悉施工准备工作的分类方法；
3. 掌握建筑工程施工准备工作的内容。

2.1 施工准备工作的任务与重要性

2.1.1 施工准备工作的任务

施工准备是为了保证工程能正常开工和连续、均衡地施工而进行的一系列的准备工作。它是施工程序中的重要环节，不仅存在于开工之前，而且贯穿在整个施工过程中。

现代企业管理的理论认为，企业管理的重点是生产经营，而生产经营的核心是决策。施工准备工作是对拟建工程目标、资源供应和施工方案的选择，及其空间布置和时间排列等诸方面进行的施工决策。

2.1.2 施工准备工作的重要性

（1）施工准备是建筑施工程序的重要阶段

施工准备是保证施工顺利进行的基础，只有充分地做好各项施工准备工作，为建筑工程提供必要的技术和物质条件，统筹安排，遵循市场经济规律和国家有关法律法规，才能使建筑工程达到预期的经济效果。

（2）施工准备是降低风险的有效措施

建筑施工具有复杂性和生产周期长的特点，建筑施工受外界环境、气候条件和自然环境的影响较大，不可见的因素较多，使建筑工程面临的风险较多。只有充分做好施工准备，根据施工地点的地区差异性，搜集各方面的相关技术经济资料，分析类似工程的预算数据，考虑不确定的风险，才能有效地采取防范措施，降低风险可能造成的损失。

二维码2.1

施工准备工作

（3）施工准备是提高施工企业经济效益的途径之一

做好施工准备，有利于合理分配资源和劳动力，协调各方面的关系，做好各分部（分项）工程的进度计划，保证工期，提高工程质量，降低成本，从而使工程从技术和经济上得到保证，提高了施工企业的经济效益。

总之，施工准备是建筑工程按时开工、顺利施工的必备条件。只有重视施工准备和认真做好施工准备，才能运筹帷幄，把握施工的主动权。反之，就会处处被动，受制于人，给施工企业带来较大的风险，造成一定的经济损失。

2.2 建筑工程施工准备工作分类

2.2.1 按建筑工程施工准备工作的范围不同分类

按建筑工程施工准备工作的范围不同，一般可分为全场性施工准备、单位工程施工条件准备和分部（分项）工程作业条件准备三种。

（1）全场性施工准备

它是以一个建筑工地为对象而进行的各项施工准备。其特点是它的施工准备工作的目的、内容都是为全场性施工服务的，它不仅要为全场性的施工活动创造有利条件，而且要兼顾单位工程施工条件的准备。

（2）单位工程施工条件准备

它是以一个建筑物或构筑物为对象而进行的施工条件准备工作。其特点是它的准备工作的目的、内容都是为单位工程施工服务的，它不仅为该单位工程在开工前做好一切准备，而且要为各分部（分项）工程做好施工准备工作。

（3）分部（分项）工程作业条件的准备

它是以一个分部（分项）工程或冬（雨）季施工为对象而进行的作业条件准备。

2.2.2 按拟建工程所处的施工阶段的不同分类

按拟建工程所处的施工阶段不同，一般可分为开工前的施工准备和各施工阶段前的施工准备两种。

（1）开工前的施工准备

它是在拟建工程正式开工之前所进行的一切施工准备工作。其目的是为拟建工程正式开工创造必要的施工条件。它既可能是全场性的施工准备，又可能是单位工程施工条件的准备。

（2）各施工阶段前的施工准备

它是在拟建工程开工之后，每个施工阶段正式开工之前所进行的一切施工准备工作。其目的是为施工阶段正式开工创造必要的施工条件。它一方面是开工前施工准备工作的深化和具体化；另外，也是对各施工阶段、各方面的补充和调整。如混合结构的民用住宅的施工，一般可分为地下工程、主体工程、装饰工程和屋面工程等施工阶段，每个施工阶段的施工内容不同，所需要的技术条件、物资条件、组织要求和现场布置等方面也不同，因此在每个施工阶段开工之前，都必须做好相应的施工准备工作。

2.3 建筑工程施工准备工作的内容

建筑工程施工准备工作按其性质及内容通常包括调查研究与搜集资料、技术资料准备、施工现场准备、物资准备、施工人员准备。

2.3.1 调查研究与搜集资料

（1）原始资料的调查

施工准备工作，除了要掌握有关拟建工程的书面资料外，还应该进行拟建工程原始资料的调查。获得基础数据的第一手资料，这对于拟定一个科学合理、切合实际的施工组织设计是必不可少的。原始资料的调查是对气候条件、自然环境及施工现场的调查，作为施工准备工作的依据。

① 施工现场及水文地质的调查　包括工程项目总平面规划图、地形测量图、绝对标高等情况、地质构造、土的性质和类别、地基土的承载力、地震级别和裂度、工程地质的勘察报告、地下水情况、冻土深度、场地水准基点和控制桩的位置与资料等。一般可作为设计施工平面图的依据。

② 拟建工程周边环境的调查　包括建设用地上是否有其他建筑物、构筑物、人防工程、地下光缆、城市管道系统、架空线路、文物、树木、古墓等资料，周围道路、已建建筑物等情况。一般可作为设计现场平面图的依据。

③ 气候及自然条件的调查　包括建筑工程所在地的气温变化情况，5℃和0℃以下气温的起止日期、天数；雨季的降水量及起止日期；主导风向、全年大风天数、频率及天数。一般可作为冬（雨）季施工措施的依据。

（2）建筑材料及周转材料的调查

特别是建筑工程中用量较大的“三材”，即钢材、木材和水泥，这些主要材料的市场价格、到货情况。若是商品混凝土，要考察供应厂家的供应能力、价格、运输距离等多方面的因素。还有一些用量较大、影响造价的地方材料，如砖、砂、石子、石灰等的质量、价格、运输情况等。预制构件、门窗、金属构件的制作，运输、价格等，建筑机械的租赁价格，周转材料（如脚手架、模板及支撑等）的租赁情况，装饰材料（如地砖、墙砖、轻质隔墙、吊顶材料、玻璃、防水保温材料等）的质量、价格情况，安装材料（如灯具、暖气片或地暖材料）的质量、规格型号等情况。一般可作为确定现场施工平面图中临时设施和堆放场地的依据。也可作为材料供应计划、储存方式及冬（雨）季预防措施的依据。

（3）水源和电源的调查

水源的调查包括施工现场与当地现有水源连接的可能性，供水量、接管地点、给排水管道的材质规格、水压、与工地距离等情况。若当地施工现场水源不能满足施工用水要求，则要调查可作临时水源的条件是否符合要求。一般可作为施工现场临时用水的依据。

电源的调查包括施工现场电源的位置、引入工地的条件、电线套管管径、电压、导线截面、可满足的容量，施工单位或建设单位自有的发变电设备、供电能力等情况，一般可作为施工现场临时用电的依据。

（4）交通运输条件的调查

建筑工程的运输方式主要有铁路、公路、航空、水运等。交通运输资料的调查主要包括运输道路的路况、载重量，站场的起重能力、卸货能力和储存能力，对于超长、超高、超宽或超重的特大型预制构件、机械或设备，要调查道路通过的允许高度、宽度及载重量，及时与有关部门沟通运输的时间、方式及路线，避免造成道路的损坏或交通的堵塞。一般可作为施工运输方案的依据。

（5）劳动力市场的调查

包括当地居民的风俗习惯，当地劳动力的价格水平、技术水平、可提供的人数及来源、生活居住条件，周围环境的服务设施，工人的工种分配情况及工资水平，管理人员的技术水平及待遇，劳务外包队伍的情况等。一般可作为施工现场临时设施的安排、劳动力组织协调的依据。

2.3.2 技术资料的准备

技术资料的准备是施工准备的核心，是保证施工质量，使施工能连续、均衡地达到质量、工期、成本等目标的必备条件。具体包括的内容是：熟悉和会审图纸、编制施工组织设计，编制施工图预算与施工预算。

2.3.2.1 熟悉、会审施工图纸和有关的设计资料

（1）熟悉和会审图纸的依据

① 建设单位和设计单位提供的初步设计或技术设计、施工图、建筑总平面图、地基及基础处理的施工图纸及相关技术资料、挖填土方及场地平整等资料文件；

② 调查和搜集的原始资料；

③ 国家、地区的设计、施工验收规范和有关技术规定。

（2）熟悉、审查设计图纸的目的

① 为了能够按照设计图纸的要求顺利地进行施工，完成用户满意的工程；

② 为了能够在建筑工程开工之前，使从事建筑施工技术和预算成本管理的技术人员充分地了解和掌握设计图纸的设计意图、结构与构造特点和技术要求、关键部位的质量要求；

③ 在施工开始之前，通过各方技术人员审查、发现设计图纸中存在的问题和错误，为拟建工程的施工提供一份准确、齐全的设计图纸，避免不必要的资源浪费。

（3）设计图纸的自审阶段

施工单位收到拟建工程的设计图纸和有关技术文件后，应尽快组织各专业的工程技术人员及预算人员熟悉和自审图纸，写出自审图纸记录。自审图纸的记录应包括对设计图纸的疑问、设计图纸的差错和对设计图纸的有关建议。

（4）熟悉图纸的要求

① 先建筑后结构。先看建筑图纸，后看结构图纸。结构与建筑互相对照，检查有无矛盾，轴线、标高是否一致，建筑构造是否合理。

② 先整体后细部。先对整个设计图纸的平、立、剖面图有一个总的认识，然后再了解细部构造，是否总尺寸与细部尺寸矛盾，位置、标高是否一致。

③ 图纸与说明及技术规范相结合。核对设计图纸与总说明、细部说明有无矛盾，是否符合国家或地区技术规范的要求。

④ 土建与安装互相配合。核对安装图纸的预埋件、预留洞、管道的位置是否与土建中

的预留位置相矛盾，注意在施工中各专业的协作配合。

（5）设计图纸的会审阶段

一般建筑工程由建设单位组织并主持，由设计单位、施工、监理单位参加，共同进行设计图纸的会审。图纸会审时，首先由设计单位进行技术交底，说明拟建工程的设计依据、意图和功能要求，并对特殊结构、新材料、新工艺和新技术提出设计要求；然后各方面提出对设计图纸的疑问和建议；最后建设单位在统一认识的基础上，对所提出的问题逐一地做好记录，形成"图纸会审纪要"，由建设单位正式行文，参加单位共同会签、盖章，作为与设计文件同时使用的技术文件和指导施工的依据，以及建设单位与施工单位进行工程预决算的依据。

在建筑工程施工的过程中，如果发现施工的条件与设计图纸的条件不符，或者发现图纸中仍然有错误，或者因为材料的规格、质量不能满足设计要求，或者因为施工单位提出了合理化建议，需要对设计图纸进行及时修订时，应进行图纸的施工现场签证。

（6）图纸会审的内容

① 核对设计图纸是否完整、齐全，以及是否符合国家有关工程建设的设计、施工方面的技术规范；

② 审查设计图纸与总说明在内容上是否一致，以及设计图纸之间有无矛盾和错误；

③ 审查建筑平面图与结构图在几何尺寸、坐标、标高、说明等方面是否一致，技术要求是否正确，有无遗漏；

④ 审查地基处理与基础设计同建筑工程地点的工程水文、地质等条件是否一致，以及建筑物与地下建筑物、管线之间的关系是否正确；

⑤ 审查设计图纸中的工程复杂、施工难度大和技术要求高的分部（分项）工程或新结构、新材料、新工艺，检查现有施工技术水平和管理水平能否满足工期和质量要求并采取可行的技术和安全措施加以保证；

⑥ 土建与安装在施工配合上是否存在技术上的问题，是否能合理解决；

⑦ 设计图纸与施工之间是否存在矛盾，是否符合成熟的施工技术的要求；

⑧ 审查工业项目的生产工艺流程和技术要求，以及设备安装图纸与其相配合的土建施工图纸在标高上是否一致，土建施工质量是否满足设备安装的要求。

2. 3. 2. 2　编制施工组织设计

施工组织设计，是以施工项目为对象进行编制，用以指导其建设全过程各项施工活动的技术、经济、组织、协调和控制的综合性文件。

施工组织设计是施工准备工作的重要组成部分，也是指导施工的技术经济文件。建筑施工的全过程是非常复杂的固定资产再创造的过程，为了正确处理人与物、供应与消耗、生产与储存、主体与辅助、工艺与设备、专业与协作以及它们在空间布置、时间排列之间的关系，保证质量、工期、成本三大目标的实现，必须根据建筑工程的规模、结构特点、客观规律、技术规范和建设单位的要求，在对原始资料调查分析的基础上，编制出能切实指导全部施工活动的、科学合理的施工组织设计。

2. 3. 2. 3　施工图预算和施工预算

（1）编制施工图预算

施工图预算是技术准备工作的主要组成部分之一，这是按照施工图纸确定的工程量、施工组织设计所拟定的施工方法、建筑工程预算定额及其取费标准，由施工单位编制的、确定建筑安装工程造价的经济文件，它是施工企业签订工程承包合同、工程结算、银行拨付工程价款、进行成本核算、加强经营管理等方面工作的重要依据。

（2）编制施工预算

施工预算是根据施工图预算、施工图纸、施工组织设计或施工方案、施工定额等文件进行编制的，它直接受施工图预算的控制。它是施工企业内部控制各项成本支出、考核用工、施工图预算与施工预算对比（“两算”对比）、签发施工任务单、限额领料、班组承发包、进行经济核算的依据。

2.3.3 施工现场准备

施工现场是施工的作业准备。为保证优质、高速、低消耗的目标，而有连续、均衡地进行施工的活动空间。施工现场的准备工作，主要是为了给建筑工程的施工创造有利的施工条件和物资保证。其具体内容包括清除障碍物、施工场地的控制网测量、场地的“三通一平”、建造临时设施等。

2.3.3.1 清除障碍物

施工现场的障碍物应在开工前清除。清除障碍物的工作一般由建设单位组织完成。对于建筑物的拆除，应做好拆除方案，采取安全防护措施保证拆除的顺利进行。

水源、电源应在拆除房屋前切断，需要进行爆破的，应由专业的爆破人员完成，并经有关部门批准。

树木的砍伐需经园林部门的批准；城市地下管网及自来水的拆除应由专业公司完成，并经有关部门批准。

拆除后的建筑垃圾应清理干净，及时运输到指定堆放地点。运输时，应采取措施防止扬尘而污染城市环境。

2.3.3.2 做好“三通一平”

“三通一平”是指路通、水通、电通和平整场地。

（1）平整场地

清除障碍物后，即可进行平整场地的工作。平整场地就是根据场地地形图、建筑施工总平面图和设计场地控制标高的要求，通过测量，计算出场地挖填土方量，进行土方调配，确定土方施工方案，进行挖填找平的工作。为后续的施工进场工作创造条件。

平整场地的工作也可在建筑物完成后，根据设计室外地坪标高进行场地的平整，道路的修建。

（2）路通

施工现场的道路是建筑材料进场的通道。应根据施工现场平面布置图的要求，修筑永久性和临时性的道路。尽可能使用原有道路以节省工程费用。

（3）水通

施工现场用水包括生产、生活和消防用水。根据施工现场水源的位置，铺设给排水管线。尽可能使用永久性给水管线。临时管线的铺设应根据设计要求，做到经济合理，尽量缩短管线。

（4）电通

施工现场用电包括生产和生活用电。应根据施工现场电源的位置铺设管线和电气设备。尽量使用已有的国家电力系统的电源。也可自备发电系统满足施工生产的需要。

其他还有电信通、燃气通、排污通、排洪通等工作，又称“七通一平”。

2.3.3.3 测量放线

① 校核建筑红线桩。建筑红线是城市规划部门给定的、在法律上起着建筑边界用地的

作用。它是建筑物定位的依据。在使用红线桩前要进行校核并采取一定的保护措施。

② 按照设计单位提供的建筑总平面图设置永久性的经纬坐标桩和水准控制基桩，建立工程测量控制网。

③ 进行建筑物的定位放线，即通过设计定位图中平面控制轴线确定建筑物的轮廓位置。

2.3.3.4　建造临时设施

按照施工总平面图的布置，建造临时设施，为正式开工准备好生产、办公、生活、居住和储存等临时用房。应尽量利用原有建筑物作为临时生产、生活用房，以便节约施工现场用地，节省费用。

2.3.4　物资准备

物资准备是指施工中对劳动手段（施工机械、施工工具、临时设施）和劳动对象［材料、构（配）件］等的准备。材料、构（配）件、制品、机具和设备是保证施工顺利进行的物资基础，这些物资的准备工作应在工程开工之前完成。

2.3.4.1　物资准备工作的内容

物资准备工作主要包括建筑材料的准备；构（配）件和制品的加工准备；建筑施工机具的准备和周转材料的准备；进行新技术项目的试制和试验的准备。

（1）建筑材料的准备

建筑材料的准备主要是根据施工预算进行工料分析，按照施工进度计划要求，按材料名称、规格、使用时间、材料消耗定额进行汇总，编制出材料需要量计划，为组织备料、确定仓库、场地堆放所需的面积和组织运输等提供依据。

（2）构（配）件、制品的加工准备

根据施工工料分析提供的构（配）件、制品的名称、规格、质量和消耗量，确定加工方案和供应渠道以及进场后的储存地点和方式，编制出其需要量计划，为组织运输、确定堆场面积等提供依据。

（3）建筑施工机具的准备

根据采用的施工方案，安排施工进度，确定施工机械的类型、数量和进场时间，确定施工机具的供应办法和进场后的存放地点和方式；对于固定的机具要进行就位、搭棚、接电源、保养和调试等工作。对所有施工机具都必须在开工之前进行检查和试运转。编制建筑施工机具的需要量计划。

（4）周转材料的准备

周转材料指施工中大量周转使用的模板、脚手架及支撑材料。按照施工方案及企业现有的周转材料，提出周转材料的名称、型号，确定分期分批进场时间和保管方式，编制周转材料需要量计划，为组织运输、确定堆场面积提供依据。

（5）进行新技术项目的试制和试验

按照设计图纸和施工组织设计的要求，进行新技术项目的试制和试验。

2.3.4.2　物资准备工作的程序

物资准备工作的程序是搞好物资准备的重要手段，通常按如下程序进行。

① 根据施工预算、工料分析、施工方法和施工进度的安排，拟定材料、构（配）件及制品、施工机具和工艺设备等物资的需要量计划；

② 根据物资需要量计划，组织货源，确定加工、供应地点和供应方式，签订物资供应合同；

③ 根据物资的需要量计划和合同，拟定运输计划和运输方案；

④ 按照施工现场平面图的要求，组织物资按计划时间进场，在指定地点、按规定方式进行储存或堆放。

2.3.5 施工现场人员的准备

施工现场人员包括施工管理层和施工作业层两部分。施工现场人员的选择和配备，直接影响建筑工程的综合效益，直接关系工程质量、进度和成本。

2.3.5.1 建立项目组织机构

（1）施工组织机构的建立应遵循的原则

根据拟建工程项目的规模、结构特点和复杂程度，确定拟建工程项目施工管理层名单；坚持合理分工与密切协作相结合；诚信、施工经验、创新精神、工作效率是管理层选择的要素；坚持因事设职、因职选人的原则。

（2）项目经理部

项目经理部是由项目经理在企业的支持下组建并进行项目管理的组织机构。它是施工项目现场管理的一次性具有弹性的施工生产组织机构，负责施工项目从开工到竣工的全过程施工生产经营的管理层，又对作业层负有管理与服务的双重职能。

项目经理是指受企业法定代表人委托和授权，在建设工程项目施工中担任项目经理岗位职务，直接负责工程项目施工的组织实施者，对建设工程项目施工全过程、全面负责的项目管理者。他是建设工程施工项目的责任主体，是企业法人代表人在建设工程项目上的委托代理人。

项目经理责任制是指以责任主体的施工项目管理目标责任制度，是项目管理目标实现的具体保障和基本条件。用以确定项目经理部与企业、职工三者之间的责、权、利关系。它是以施工项目为对象，以项目经理全面负责为前提，以“项目管理目标责任书”为依据，以创优质工程为目标，以求得项目产品的最佳经济效益为目的，实行从施工项目开工到竣工验收的一次性全过程的管理。

（3）建立精干的施工队组

施工队组的建立要认真考虑专业、工种的合理配合，技工、普工的比例要满足合理的劳动组织，要符合流水施工组织方式的要求，确定建立施工队组（专业施工队组或是混合施工队组）要坚持合理、精干的原则；制订建筑工程的劳动力需要量计划。

2.3.5.2 组织劳动力进场

工地的管理层确定之后，按照开工日期和劳动力需要量计划，组织劳动力进场。同时要进行安全、防火和文明施工等方面的教育，并安排好职工的生活。

2.3.5.3 向施工队组、工人进行技术交底

技术交底的目的是把拟建工程的设计内容、施工计划和施工技术等要求，详尽地向施工队组和工人讲解交代。这是落实计划和技术责任制的好办法。技术交底一般在单位工程或分部（分项）工程开工前及时进行，以保证工程严格地按照设计图纸、施工组织设计、安全操作规程和施工验收规范等要求进行施工。

技术交底的内容有施工工艺、质量标准、安全技术措施、降低成本措施和施工验收规范的要求；新结构、新材料、新技术和新工艺的实施方案和保证措施；图纸会审中所确定的有关部位的设计变更和技术核定等事项。交底工作应该按照管理系统逐级进行，由上而下直到工人队组。

2.3.5.4 建立健全各项管理制度

工地的各项管理制度是否建立、健全，直接影响其各项施工活动的顺利进行。有章不循的后果是严重的，而无章可循更是危险的。为此必须建立、健全工地的各项管理制度。

管理制度通常包括如下内容：工程质量检查与验收制度；工程技术档案管理制度；建筑材料（构件、配件、制品）的检查验收制度；技术责任制度；施工图纸学习与会审制度；技术交底制度；职工考勤、考核制度；工地及班组经济核算制度；材料出入库制度；安全操作制度；机具使用保养制度等。

2.4 季节性施工准备

季节性施工指冬季施工、雨季施工。由于建筑工程大多为露天作业，受气候影响和温度变化影响大。因此针对建筑工程特点和气温变化，制订科学合理的季节性施工技术保证措施，保证施工顺利进行。

2.4.1 冬季施工准备

（1）科学合理地安排冬季施工的施工过程

冬季温度低，施工条件差，施工技术要求高，费用相应增加。因此应从保证施工质量、降低施工费用的角度出发，合理安排施工过程。例如土方、基础、外装修、屋面防水等项目不容易保证施工质量、费用又增加很多，不宜安排在冬季施工。而吊装工程、打桩工程、室内粉刷装修工程等，可根据情况安排在冬季进行。

（2）各种热源的供应与管理应落实到位

包括冬季用的保温材料，如保温稻草、麻袋草绳和劳动防寒用品等。热源渠道及热源设备等，根据施工条件，做好防护准备。

（3）安排购买混凝土防冻剂

做好冬季施工混凝土、砂浆及掺外加剂的试配试验工作，算出施工配合比。

（4）做好测温工作计划

为防止混凝土、砂浆在未达到临界强度遭受冻结而破坏，应安排专人进行测温工作。

（5）做好保温防冻工作

室外管道应采取防冻裂措施，所有的排水管线，能埋地面以下的，都应埋深到冰冻线以下土层中，外露的排水管道，应用草绳或其他保温材料包扎起来，免遭冻裂。沟渠应做好清理和整修，保证流水畅通。及时清扫道路积雪，防止结冰而影响道路运输。

（6）加强安全教育，防止火灾发生

加强职工的安全教育培训，做好防火安全措施，落实检查制度，确保工程质量，避免事故发生。

2.4.2 雨季施工准备

（1）做好施工现场的排水工作

施工现场雨季来临前，应做好排水沟渠的开挖，准备抽水设备，做好防洪排涝的准备。

（2）提前做好雨期施工的安排

在雨季来临之前，宜先完成基础、地下工程、土方工程、屋面工程的施工。

（3）做好机具、设备的防护工作

对现场的各种设备应及时检查，防止脚手架、垂运设备在雨季发生倒塌、漏电、遭受雷击等事故。提高职工的安全防范意识。

（4）其他

做好物资的储存、道路维护工作，保证运输通畅，减少雨季施工损失。

2.5 施工准备工作计划

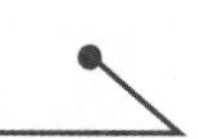

在实施施工准备工作前，为了加强检查和监督，把施工准备工作落实到位，应根据各分部（分项）工程的施工准备工作的内容、进度和劳动力，编制施工准备工作计划，通常可以表格形式列出。

施工准备工作计划一般包括以下内容：

① 施工准备工作的项目；

② 施工准备工作的工作内容；

③ 对各项施工准备工作的要求；

④ 各项施工准备工作的负责单位及负责人；

⑤ 要求各项施工准备工作的完成时间；

⑥ 其他需要说明的地方。

施工准备计划应分阶段、有组织、有计划地进行，建立严格的责任制和检查制度，且必须贯穿于施工全过程，取得相关单位的协作和配合。

小结

建筑工程的施工准备工作的内容包括调查研究与搜集资料、技术资料准备、施工现场准备、物资准备、施工人员准备、季节性施工准备。

习题

1. 简述施工准备工作的意义。
2. 简述施工准备工作的主要内容。
3. 简述技术准备的内容。
4. 图纸会审的内容包括哪些？
5. 简述施工现场准备的工作内容。

项目3

编制施工进度计划——流水施工

项目要点

本项目概述了依次施工、平行施工组织方式及其特点；流水施工的表达形式、分类和流水施工的技术经济效果。详细讲述了流水施工的特点；固定节拍、加快成倍节拍、异节奏流水施工的特点及其组织步骤；流水施工工期的计算方法。要求学生掌握流水施工几种参数的概念、内涵及计算方法；流水施工横道图的表示方式及参数之间的关系；流水施工原理在工程上的应用。

本项目单元实践教学环节主要通过模拟训练，利用横道图描述施工进度计划，了解横道图的类型与作用，熟悉横道图的组成与绘制技巧。

考核要求

1. 掌握依次施工、平行施工、流水施工组织方式及其特点；
2. 知道流水施工的表达形式、分类和流水施工的技术经济效果；
3. 掌握流水施工几种参数的概念、内涵及计算方法；
4. 能够绘制流水施工横道图，并知道横道图的表示方式及参数之间的关系；
5. 流水施工原理在工程上的应用。

生产实践已经证明，在工程建设的生产领域中，流水施工方法是一种科学、有效的施工组织方式，是最理想的生产方式。它是建立在分工协作的基础上，它可以充分地利用工作时间和空间及工艺条件，提高劳动生产率，保证工程施工连续、均衡、有节奏地进行，从而提高工程质量、降低工程造价，缩短工期。

3.1 流水施工的基本概念

3.1.1 组织施工的三种方式

在工程建设施工过程中，考虑到建筑工程项目的施工特点、工艺流程、资源利用、平面或空间布置等要求，通常可以组织依次施工、平行施工、流水施工三种组织方式。

3.1.1.1 依次施工组织方式

依次施工组织方式是将拟建工程项目的整个建造过程分解成若干个施工过程，按照一定的施工顺序，前一个施工过程完成后，后一个施工过程开始施工；或前一个工程完成后，后一个工程才开始施工。它是一种最基本、最原始的施工组织方式。

【例 3-1】 某四幢相同的砖混结构房屋的基础工程，划分为基槽挖土、混凝土垫层、砖砌基础、基槽回填土四个施工过程，每个施工过程安排一个施工队组，一班制施工，其中每幢楼挖土方工作队由 16 人组成，2 天完成；垫层工作队由 30 人组成，1 天完成；砌基础工作队由 20 人组成，3 天完成；回填土工作队由 10 人组成，1 天完成，按依次施工组织的进度计划安排如图 3-1 和图 3-2 所示。

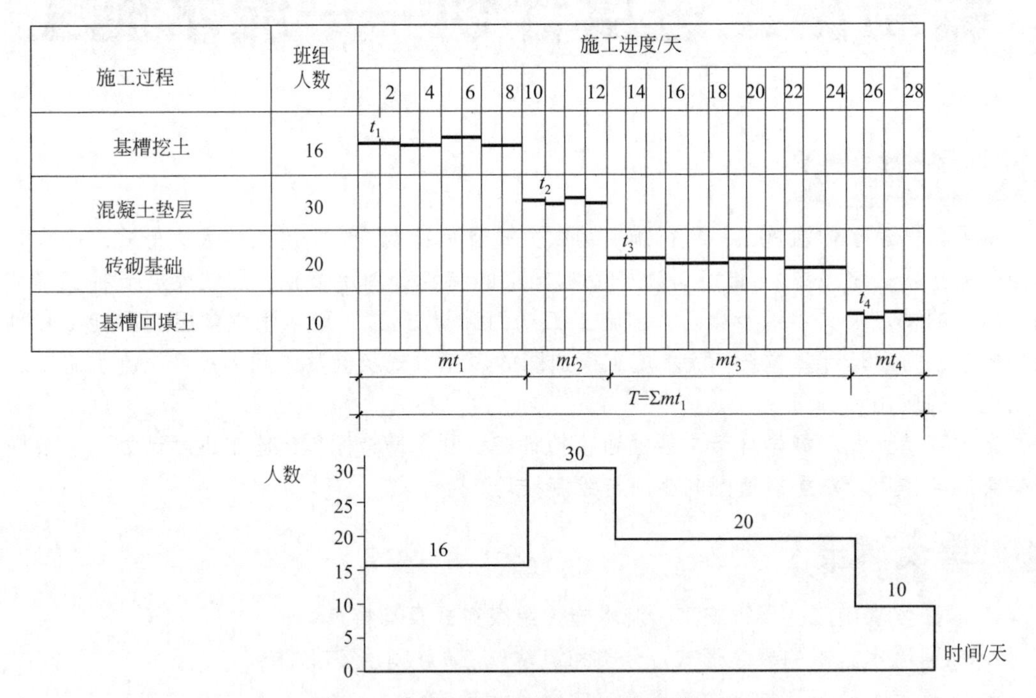

图 3-1 按幢（或施工段）组织依次施工

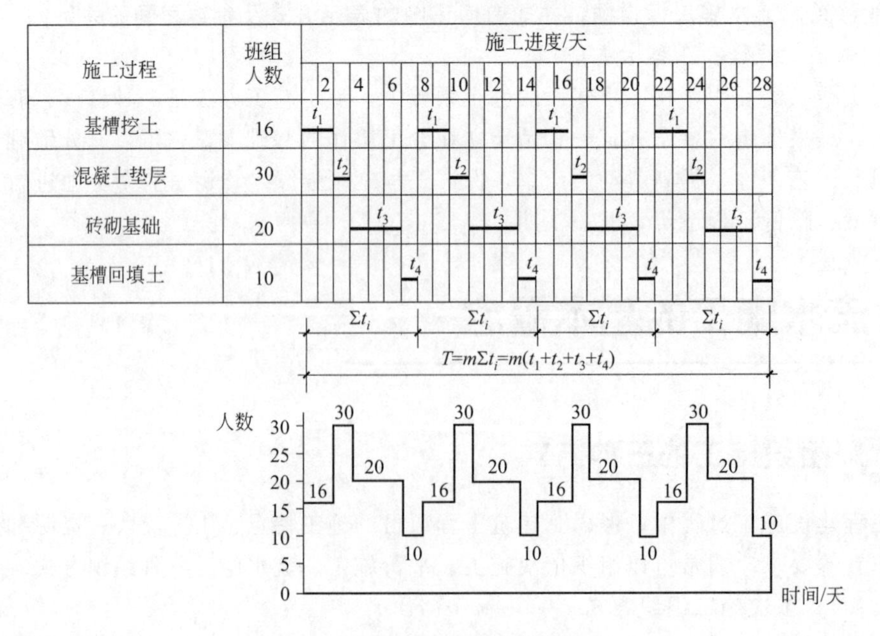

图 3-2 按施工过程组织依次施工

由图中可以看出，依次施工组合方式具有以下特点：

① 没有充分利用工作面进行施工，工期较长；

② 如果按专业成立工作队，各专业工作队不能连续作业，有时间间歇，劳动力及施工机具等无法均衡使用；

③ 如果由一个工作队完成所有施工任务，不能实现专业化施工，不利于提高劳动生产率和工程质量；

④ 单位时间投入的（劳动力、施工机具、材料等）资源量较少，有利于资源供应的组织；

⑤ 施工现场的组织、管理比较简单。

适用范围：单纯的依次施工只在工程规模小或工作面有限而无法全面展开工作时使用。

3.1.1.2　平行施工组织方式

平行施工组织方式是将拟建工程项目的整个建造过程分解成若干个施工过程，在工程任务十分紧迫、工作面允许以及资源保证供应的条件下，可以组织几个相同的工作队，在同一时间、不同的空间上进行施工。

在例 3-1 中，如果采用平行施工组织方式，即 4 项基础工程同时开工、同时竣工。这样施工显然可以大大缩短工期，其施工进度计划如图 3-3 所示。

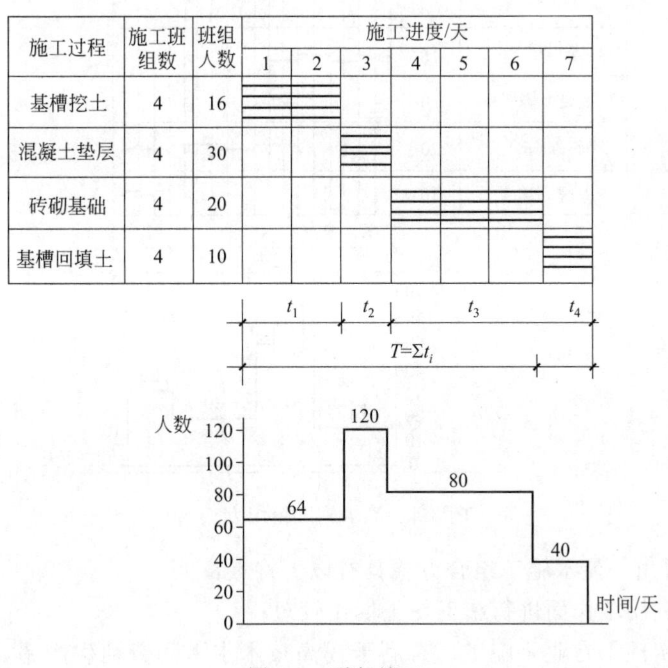

图 3-3　平行施工

由图中可以看出，平行施工组合方式具有以下特点：

① 充分地利用工作面进行施工，工期短；

② 如果每一个施工对象均按专业成立工作队，则各专业队不能连续作业，劳动力及施工机具等资源无法均衡使用；

③ 如果由一个工作队完成一个施工对象的全部施工任务，则不能实现专业化施工，不利于提高劳动生产率和工程质量；

④ 单位时间内投入的劳动力、施工机具、材料等资源量成倍地增加，不利于资源供应；

⑤ 施工现场的组织、管理比较复杂。

适用范围：由于平行施工，全部施工任务在各施工段上同时开完工的方式。这种方式可以充分利用工作面，工期短。但单位时间里需提供的劳动资源成倍增加，经济效果不好。但适用于工期紧、规模大的建筑群。

3.1.1.3 流水施工组织方式

流水施工组织方式是将工程项目的整个建造工程划分为若干个施工过程，将每个施工对象划分为若干个施工段，各施工过程以预定的时间间隔依次投入各施工段，陆续开工，陆续竣工，使各施工班组能连续均衡施工，不同施工过程尽可能平行搭接施工的组织方式。

在例 3-1 中，如果采用流水施工组织方式，在各施工过程连续施工的条件下，把工作面分为劳动量大致相同的 4 个施工段，组织施工专业队伍在建造过程中最大限度地相互搭接起来，陆续开工，陆续完工，就是流水施工。流水施工是以接近恒定的生产率进行生产的，保证了各工作队（组）的工作和物资资源的消耗具有连续性和均衡性，其施工进度计划如图 3-4 所示。从图中可以看出，流水施工方法能克服依次和平行施工方法的缺点，同时保留了它们的优点。

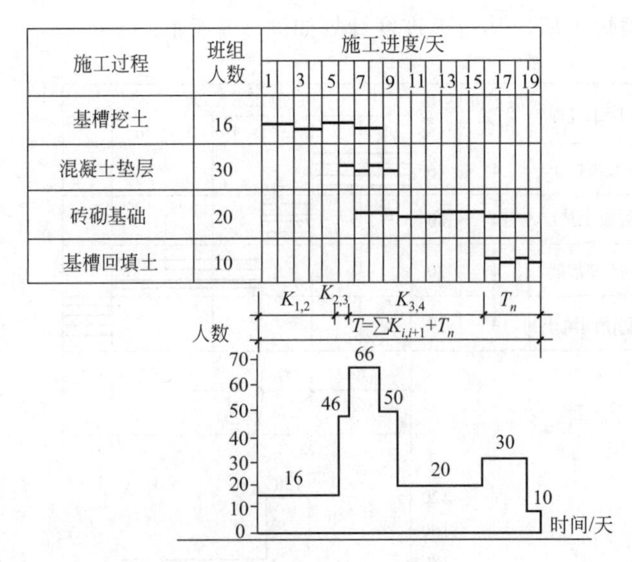

图 3-4 流水施工组织方式

由图中可以看出，流水施工组合方式具有以下特点：

① 尽可能地利用工作面进行施工，工期比较短；

② 各工作队实现了专业化施工，有利于提高技术水平和劳动生产率，也有利于提高工程质量；

③ 专业工作队能够连续施工，同时使相邻专业队的开工时间能够最大限度地搭接；

④ 单位时间内投入的劳动力、施工机具、材料等资源量较为均衡，有利于资源供应的组织；

⑤ 为施工现场的文明施工和科学管理创造了有利条件。

【例 3-2】 有 m 幢相同房屋的施工任务，每幢房屋施工工期为 t 天。

若采用依次施工时，就是当第一幢房屋竣工后才开始第二幢房屋的施工，即按着次序一幢接一幢地进行施工，则总工期为 $T=mt$。施工组织方式如图 3-5(a) 所示；如果采用平行施工组织方式，其施工进度计划如图 3-5(b) 所示；如果采用流水施工组织方式，其施工进度计划如图 3-5(c) 所示。

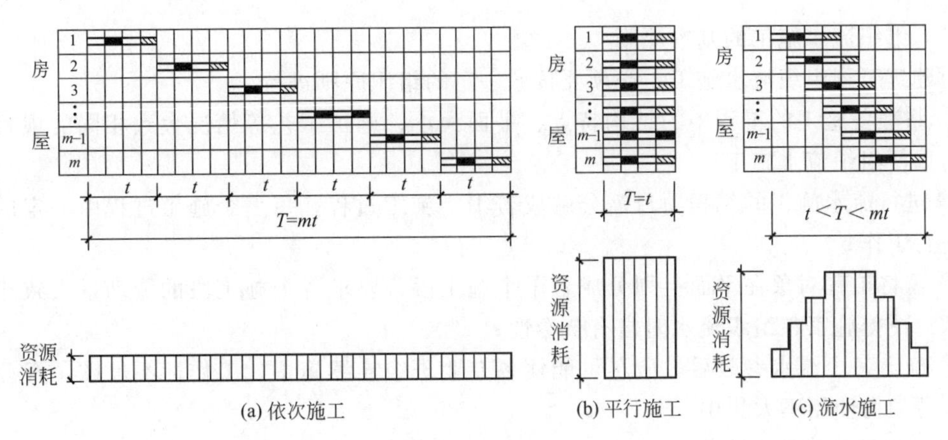

(a) 依次施工　(b) 平行施工　(c) 流水施工

图 3-5　三种不同的施工组织方式比较

3.1.2 流水施工的技术经济效果

通过比较三种施工组织方式可以看出，流水施工是先进、科学的施工组织方式。流水施工由于在工艺划分、时间安排和空间布置上进行了统筹安排，体现出较好的技术经济效果。主要表现为以下几个方面。

(1) 施工连续、均衡，工期较短

流水施工前后施工过程衔接紧凑，克服了不必要的时间间歇，使施工得以连续进行，后续工作尽可能提前在不同的工作面上开展，从而加快施工进度，缩短工程工期。根据各施工企业开展流水施工的效果比较，比依次施工总工期可缩短 1/3 左右。

(2) 实现专业化生产，可以提高施工技术水平和劳动生产率，保障工程质量

由于流水施工中，各个施工过程均采用专业班组操作，可提高工人的熟练程度和操作技能，从而提高工人的劳动生产率，同时，工程质量也易于保证和提高。

(3) 有利于资源的组织和供应

采用流水施工，使得劳动力和其他资源的使用比较均衡，从而可避免出现劳动力和资源的使用大起大落的现象，减轻施工组织者的压力，为资源的调配、供应和运输带来方便。

(4) 可以保证施工机械和劳动力得到充分、合理的利用

有利于改善劳动组织，改进操作方法和施工机具。

(5) 降低工程成本，提高承包单位的经济效益

由于流水施工工期缩短、工作效率提高，资源消耗均衡等因素共同作用，可以减少临时设施及其他一些不必要的费用，从而减少工程的直接费而最终降低工程总造价。

上述技术经济效果都是在不需要增加任何费用的前提下取得的。可见，流水施工是实现施工管理科学化的重要组成内容，是与建筑设计标准化、构（配）件生产工厂化、施工机械化等现代施工内容紧密联系、相互促成的，是实现施工企业技术进步的重要手段。流水施工的节奏性、均衡性和连续性，减少了时间间歇，使工程项目尽早地竣工。劳动生产率提高，可以降低工程成本，增加承建单位利润。资源消耗均衡，有利于提高承建单位经济效益，保证工程质量。

3.1.3 组织流水施工的原则、条件及考虑的因素

（1）组织流水施工的基本原则

对建筑工程组织流水施工，必须要按照一定的组织原则进行。

① 将准备施工的工程中的结构特点、平面大小、施工工艺等情况大致相同的项目确定下来，以便组织流水施工；

② 进行流水施工的工程项目需分解成若干个施工过程，每一个施工过程由一定的专业班组进行工作；

③ 需将工程对象在平面上划分成若干个施工段，要求各个施工段的劳动量大致相等或成倍数，使得施工在组织流水时富有节奏性；

④ 确定各个流水参数后，应尽可能使各专业班组连续施工，工作面不停歇，资源消耗均匀，劳动力使用不太集中。

（2）组织流水施工的条件

组织流水施工，必须具备以下的条件：

① 把整幢建筑物建造过程分解成若干个施工过程，每个施工过程由固定的专业工作队负责实施完成；

② 把施工对象尽可能地划分成劳动量或工作量大致相等（误差一般控制在15%以内）的施工段（区）；

③ 确定各施工专业队在各施工段（区）内的工作持续时间；

④ 各工作队按一定的施工工艺，配备必要的机具，依次地、连续地由一个施工段（区）转移到另一个施工段（区），反复地完成同类工作；

⑤ 不同工作队完成各施工过程的时间适当地搭接起来，不同专业工作队之间的关系，表现在工作空间上的交接和工作时间上的搭接，搭接的目的是缩短工期。

（3）组织流水施工必须考虑的因素

在组织流水施工时，应考虑以下因素：

① 把工作面合理分成若干段（水平段、垂直段）；

② 各专业施工队按工序进入不同施工段；

③ 确定每一施工过程的延续时间，工作量接近；

④ 各施工过程连续、均衡施工；

⑤ 各工种之间合理的施工关系，相互补充。

3.1.4 流水施工的分级

根据流水施工组织范围划分，流水施工通常可分为以下几种。

（1）分项工程流水施工

分项工程流水施工是在一个专业工种内部组织起来的流水施工。在项目施工进度计划表上，它是一条标有施工段或工作队编号的水平进度指示线段或斜向进度指示线段。

（2）分部工程流水施工

分部工程流水施工是在一个分部工程内部、各分项工程之间组织起来的流水施工。在项目施工进度计划表上，它由一组标有施工段或工作队编号的水平进度指示线段或斜向进度指示线段。

（3）单位工程流水施工

单位工程流水施工是在一个单位工程内部、各分部工程之间组织起来的流水施工。在项目施工进度计划表上，它是若干组分部工程的进度指示线段，并由此构成一张单位工程施工进度计划。

（4）群体工程流水施工

群体工程流水施工是在若干单位工程之间组织起来的流水施工。在项目施工进度计划表上，是一张项目施工总进度计划。

流水施工分级如图 3-6 所示。

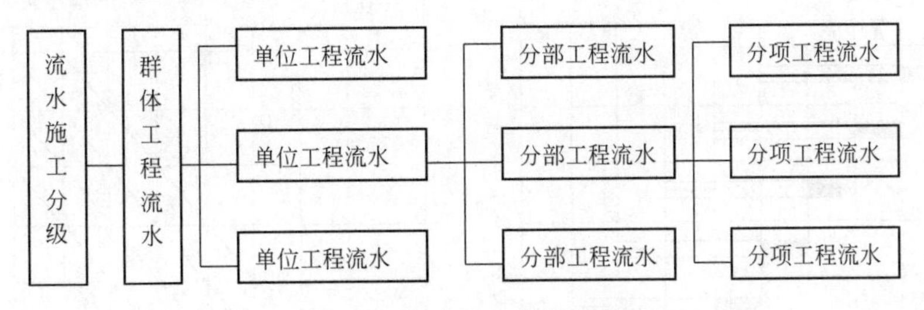

图 3-6　流水施工分级示意

3.1.5 流水施工的表达方式

流水施工进度计划图表是反映工程流水施工时各施工过程按其工艺的先后顺序、相互配合的关系和它们在时间、空间上的开展情况。目前应用最广泛的流水施工进度计划图表有横道图和网络图，如图 3-7 所示。

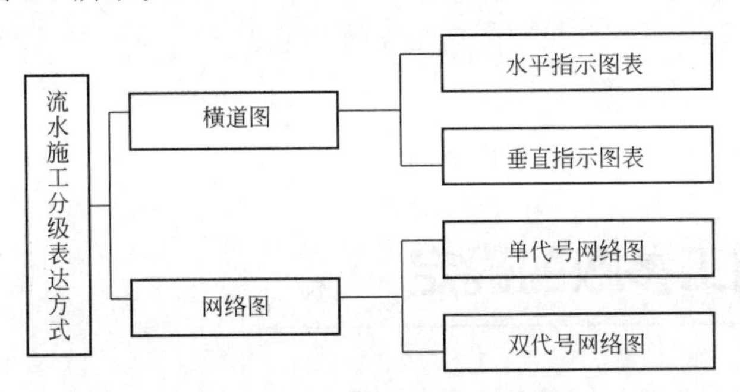

图 3-7　流水施工分级表达方式

（1）横道图

流水施工的工程进度计划图表采用横道图表示时，按其绘制方法的不同可分为水平指示图表和垂直指示图表（又称斜线图）。

① 水平指示图表　横道图的左边按照施工的先后顺序列出各施工过程名称，右边用水平线段在时间坐标下画出各施工过程的工作进度线。以此来表示流水施工的开展情况。

某 m 幢相同房屋工程流水施工的水平指示图表如图 3-8(a) 所示。图中的横坐标表示流水施工的持续时间；纵坐标表示施工过程的名称或编号。n 条带有编号的水平线段表示 n 个施工过程或专业工作队的施工进度安排，其编号①②……表示不同的施工段。

横道图表示法的优点：绘图简单，施工过程及其先后顺序表达清楚，时间和空间状况形象直观，使用方便，因而被广泛用来表达施工进度计划。

② 垂直指示图表　横坐标表示流水施工的持续时间；纵坐标表示开展流水施工所划分

的施工段编号；n 条斜线段表示各专业工作队或施工过程开展流水施工的情况。应该注意，垂直图表中垂直坐标的施工对象编号是由下而上编写的。

某 m 幢相同房屋工程流水施工的垂直指示图表如图 3-8(b) 所示。

垂直图表表示法的优点：垂直图表能直观地反映出在一个施工段中各施工过程的先后顺序和相互配合关系，而且可由其斜线的斜率形象地反映出各施工过程的流水强度。在垂直图表中还可方便地进行各施工过程工作进度的允许偏差计算，但编制实际工程进度计划不如横道图方便。

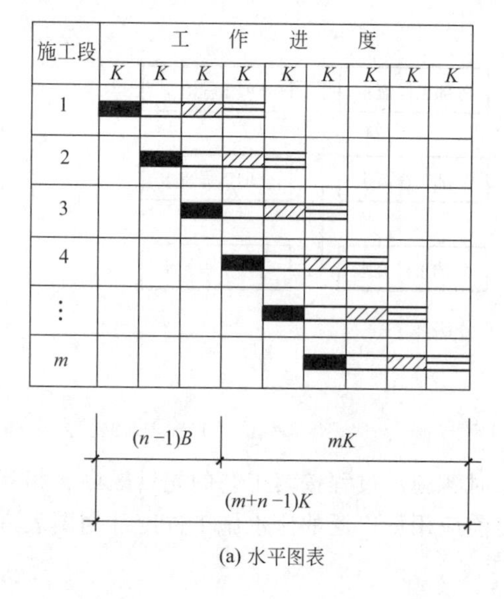

(a) 水平图表

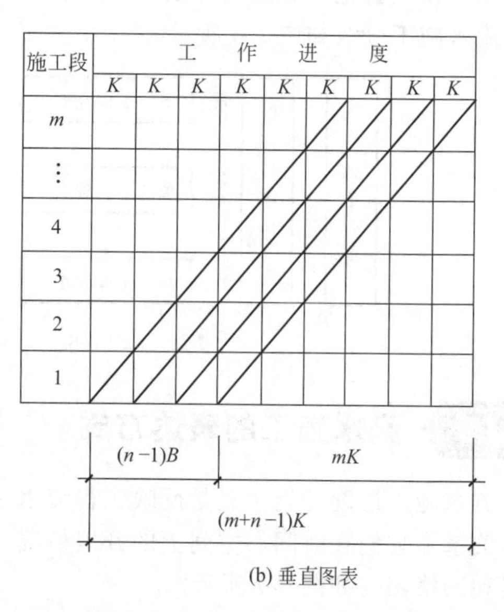

(b) 垂直图表

图 3-8 流水施工图表

(2) 网络图

流水施工网络图表示法在下一章详细阐述。

3.2 流水施工参数的确定

在组织项目流水施工时，用以表达流水施工在施工工艺、空间布置和时间排列方面开展状态的参量，统称为流水参数。它包括工艺参数、空间参数和时间参数三类。

3.2.1 工艺参数

工艺参数主要是指在组织流水施工时，用以表达流水施工在施工工艺上的开展顺序及其特征的参数；或是在组织流水施工时，将拟建工程项目的整个建造过程分解为施工过程的种类、性质和数目方面的总称。通常，工艺参数包括施工过程数和流水强度两种。

(1) 施工过程数 (n)

组织建设工程流水施工时，根据施工组织及计划安排而将计划任务划分成的子项称为施工过程，施工过程划分的粗细程度根据实际需要而定。当编制控制性施工进度计划时，组织流水施工的施工过程可以划分得粗一些，施工过程可以是单位工程，也可以是分部工程；当编制实施性施工进度计划时，施工过程可以划分得细一些，施工过程可以是分项工程，甚至是将分项工程按照专业工种不同分解而成的施工工序。施工过程的数目一般用 n 表示。施工过程数目（n）的多少，主要依据项目施工进度计划在客观上的作用、采用的施工方案、项目的性质和建设单位对项目建设工期的要求等进行确定。

在施工过程划分时，应该以主导施工过程为主，如住宅工程前期是主体结构（砌墙、装楼板等）起主导作用，后期是装饰工程起主导作用。组织流水施工时，一般只考虑主导施工过程，保证这些过程的流水作业，如砌墙工程中的脚手架搭设和材料运输等都是配合砌墙这个主要施工过程而进行的，它不占绝对工期，故不能看作是主导作用的施工过程，而砌墙本身，则应作为主导过程而参与流水作业。若在施工过程划分时，施工过程数过多使施工组织太复杂，所订立的组织计划失去弹性；若过少又使计划过于笼统，所以合适的施工过程数对施工组织很重要。因此我们在施工过程划分时，并不需要将所有的施工过程都组织到流水施工中，只有那些占有工作面，对流水施工有直接影响的施工过程才作为组织的对象。

根据工艺性质不同，整个建造项目可分为制备类、运输类和砌筑安装类三种施工过程。

制备类施工过程是指预先加工和制造建筑半成品、构配件等的施工过程，如预制构配件、钢筋的制作等属于制备类施工过程；运输类施工过程是指把材料和制品运到工地仓库或再转运到现场操作地点的过程；建造类施工过程是指对施工对象直接进行加工而形成建筑产品的过程，如墙体的砌筑、结构安装等。前两类施工过程一般不占有施工项目空间，也不影响总工期，一般不列入施工进度计划；砌筑安装类施工过程占有施工对象空间并影响总工期，必须列入施工进度计划。

因此，综上所述，我们在施工过程划分时，应考虑以下因素。

① 施工过程数应结合房屋的复杂程度、结构的类型及施工方法。对复杂的施工内容应分得细些，简单的施工内容分得不要过细。

② 根据施工进度计划的性质确定：控制性施工进度计划时，组织流水施工的施工过程可以划分得粗一些；实施性施工进度计划时，施工过程可以划分得细一些。

③ 施工过程的数量要适当，以便于组织流水施工的需要。施工过程数过少，也就是划分得过粗，达不到好的流水效果；反之，施工过程数过大，需要的专业队（组）就多，相应地需要划分的流水段也多，同样也达不到好的流水效果。

④ 要以主要的建造类施工过程为划分依据，同时综合考虑制备类和运输类施工过程。

（2）流水强度

流水强度是指在组织流水施工时，某施工过程（或专业工作队）在单位时间内所完成的工程量，也称为流水能力或生产能力。流水强度又可分为机械施工过程流水强度和手工施工过程流水强度两种。

① 机械施工工程流水强度

$$V=\sum_{i=1}^{x}R_iS_i$$

式中 R_i——投入到第 i 施工过程的某种主要施工机械的台数；

S_i——该种施工机械的产量定额；

x——投入到第 i 施工过程的某种主要施工机械的种类。

【例 3-3】 某铲运机铲运土方工程，推土机 1 台，$S=1562.5\text{m}^3$/台班，铲运机 3 台，$S=223.2\text{m}^3$/台班。求这一施工过程的流水强度。

【解】 $V=1\times1562.5+3\times223.2=2232.1$（$\text{m}^3$/台班）

② 手工操作施工过程的流水强度

$$V=\sum_{i=1}^{x} R_i S_i$$

式中 R_i——投入到第 i 施工过程的施工人数；

S_i——投入到第 i 施工过程的每人工日定额；

x——投入到第 i 施工过程的人工的种类。

3.2.2 空间参数

空间参数是指在组织流水施工时，用以表达流水施工在空间布置上开展状态的参数。通常包括工作面、施工段两种。

3.2.2.1 工作面（A）

某专业工种在加工建筑产品时所必须具备的活动空间，称为该工种的工作面。工作面的大小，表明能安排施工人数或机械台数的多少。每个作业的工人或每台施工机械所需工作面的大小，取决于单位时间内其完成的工程量和安全施工的要求。工作面确定的合理与否，直接影响专业工作队的生产效率。因此，必须合理确定工作面。

3.2.2.2 施工段（m）

（1）施工段的含义

通常把拟建工程项目在平面上划分成若干个劳动量大致相等的施工段落，这些施工段落称为施工段。施工段的数目以 m 表示。

（2）划分施工段的原则

由于施工段内的施工任务由专业工作队依次完成，因而在两个施工段之间容易形成一个施工缝而影响工程质量；同时，由于施工段数量的多少，将直接影响流水施工的效果。为使施工段划分得合理，一般应遵循下列原则：

① 施工段的数目要适宜。过多施工段使其能容纳的人数减少，工期增加；过少施工段使作业班组无法连续施工，工期增加。

② 以主导施工过程为依据。

③ 同一专业工作队在各个施工段上的劳动量应大致相等，相差幅度不宜超过10%～15%，目的是劳动班组相对固定。

④ 每个施工段内要有足够的工作面，以保证相应数量的工人、主导施工机械的生产效率，满足合理劳动组织的要求。

⑤ 施工段的界限应尽可能与结构界限（如沉降缝、伸缩缝等）相吻合，或设在对建筑结构整体性影响小的部位，以保证建筑结构的整体性。

⑥ 施工段的数目要满足合理的组织流水施工的要求，当房屋有层间关系，分段又分层时，即必须满足 $m \geqslant n$ 的条件。一般 m 和 n 存在下列关系：

当 $m=n$ 时，各施工班组连续施工，无工作面闲置，是最理想的方式；

当 $m>n$ 时，施工班组连续工作，但工作面有停歇；

当 $m<n$ 时，虽工作面无停歇，但施工班组不能连续工作。

当不分层时无此限制。注意：m 和 n 的含义。

【例 3-4】 一个工程有五个施工过程（砌墙、绑扎钢筋、支模板、浇筑混凝土、盖楼板），若分成五个施工段（即 $m=n$），则可以五个工种同时生产，其工作面利用率为100%，若分成五个以上施工段（即 $m>n$）则就会有工作面处于停歇状态，但每个施工队仍能连续作业；若分成小于五个施工段（即 $m<n$），则就会出现施工队不能连续作业的现象，造成窝工。因此施工段数 m 不可以小于施工过程数 n，否则对组织流水作业是不利的。

⑦ 对于多层建筑物、构筑物或需要分层施工的工程，应既分施工段，又分施工层，各专业工作队依次完成第一施工层中各施工段任务后，再转入第二施工层的施工段上作业，依此类推。以确保相应专业队在施工段与施工层之间，组织连续、均衡、有节奏地流水施工。

3.2.3 时间参数

在组织流水施工时，用以表达流水施工在时间排列上所处状态的参数，称为时间参数。它一般包括：流水节拍、流水步距、技术间歇、组织间歇、平行搭接时间和流水施工工期六种。

3.2.3.1　流水节拍（K 或 t 表示）

在组织流水施工时，每个专业工作队在各个施工段上完成相应的施工任务所需要的工作延续时间，称为流水节拍，用 K 或 t 表示。

流水节拍是流水施工的主要参数之一，它表明流水施工的速度和节奏性。流水节拍的大小，反映施工速度的快慢，投入的劳动力、机械以及材料用量的多少。根据其数值特征，一般流水施工又可分为等节奏专业流水、异节奏专业流水和非节奏专业流水等施工组织方式。

（1）确定流水节拍应考虑的因素

① 施工班组人数要适宜。满足最小劳动组合和最小工作面的要求。

② 工作班制要恰当。对于确定的流水节拍采用不同的班制，其所需班组人数不同。当工期较紧或工艺限制时可采用两班制或三班制。

③ 以主导施工过程流水节拍为依据。

④ 充分考虑机械台班效率或台班产量的大小及工程质量的要求。

⑤ 节拍值一般取整。为避免浪费工时，流水节拍在数值上一般可取半个班的整数倍。

（2）流水节拍的确定方法

① 根据每个施工过程的工期要求确定流水节拍。

a. 若每个施工段上的流水节拍要求不等，则用估算法；

b. 若每个施工段上的流水节拍要求相等，则每个施工段上的流水节拍为：

$$K=\frac{T}{m}$$

式中　T——每个施工过程的工期（持续时间）；

　　　m——每个施工过程的施工段数。

② 根据每个施工段的工程量计算（根据工程量、产量定额、班组人数计算）：

$$K_i=\frac{Q}{SRZ}=\frac{P}{RZ}$$

式中　K_i——施工段 i 流水节拍，一般取0.5天的整数倍；

　　　Q——施工段 i 的工程量；

　　　S——施工段 i 的人工或机械产量定额；

　　　R——施工段 i 的人数或机械的台、套数；

　　　P——施工段的劳动量需求值；

　　　Z——施工段 i 的工作班次。

【例3-5】 人工挖运土方工程：$Q=24500\text{m}^3$，$S=24.5\text{m}^3$/工日，（1）若 $R=20$ 人，流

水节拍 K 为多少？(2) 若 $R=50$ 人，则流水节拍 K 为多少？

【解】 $P=24500/24.5=1000$（工日）

(1) $R=20$ 人 $K=1000/20=50$（天）

(2) $R=50$ 人 $K=1000/50=20$（天）

③ 根据各个施工段投入的各种资源来确定流水节拍

$$K_i=\frac{Q_i}{N_i}$$

式中 Q_i——各施工段所需的劳动量或机械台班量；

N_i——施工人数或机械台数。

④ 经验估算法。它是根据以往的施工经验进行估算。一般为了提高其准确程度，往往先估算出每个施工段的流水节拍的最短值（a）、最长值（b）和正常值（c）（即最可能）三种时间，然后据此求出期望时间作为某专业工作队在某施工段上的流水节拍。本法也称为三时估算法。

$$K=\frac{a+4c+b}{6}$$

这种方法多适用于采用新工艺、新方法和新材料等没有定额可循的工程或项目。

3.2.3.2 流水步距（B）

在组织流水施工时，相邻两个专业工作队在保证施工顺序、满足连续施工、最大限度搭接和保证工程质量要求的条件下，相继投入施工的最小时间间隔，称为流水步距。一般用符号 $B_{i,i+1}$ 表示，通常也取 0.5 天的整数倍。当施工过程数为 n 时，流水步距共有 $n-1$ 个。

流水步距的大小，应考虑施工工作面的允许，施工顺序的适宜，技术间歇的合理以及施工期间的均衡。大小取决于相邻两个施工过程（或专业工作队）在各个施工段上的流水节拍及流水施工的组织方式。

(1) 流水步距与流水节拍的关系

① 当流水步距 $B>K$ 时，会出现工作面闲置现象（如：混凝土养护期，后一工序不能立即进入该施工段）；

② 当流水步长 $B<K$ 时，就会出现两个施工过程在同一施工段平行作业。

总之，在施工段不变的情况下，流水步距小，平行搭接多，工期短，反之则工期长。

(2) 确定流水步距的基本要求

① 始终保持各相邻施工过程间先后的施工顺序；

② 满足各施工班组连续施工、均衡施工的需要；

③ 前后施工过程尽可能组织平行搭接施工，以缩短工期；

④ 考虑各种间歇和搭接时间；

⑤ 流水步距的确定要保证工程质量、满足安全生产和组织要求。

(3) 流水步距与工期的关系

如果施工段不变，流水步距越大，则工期越长；反之，工期则越短。

(4) 流水步距 B 的确定方法

① 图上分析法。根据编制的横道图计划分析每个相邻施工过程的流水步距。

② 理论公式计算法

$$当\ K_{i-1}\leqslant K_i \qquad B_i=K_{i-1}+t_j-t_d \tag{3-1}$$

$$当\ K_{i-1}>K_i \qquad B_i=mK_{i-1}-(m-1)K_i+t_j-t_d \tag{3-2}$$

式中　K_{i-1}——前面施工过程的流水节拍；

K_i——紧后施工过程的流水节拍；

t_j——施工过程中的间歇时间之和；

t_d——施工段之间的搭接时间之和。

【例 3-6】 有六幢完全相同的住宅装饰，每幢住宅装饰施工的主要施工过程划分为：室内地平 1 周，内墙粉刷 3 周，外墙粉刷 2 周，门窗油漆 2 周，并按上述先后顺序组织流水施工，试问它们各相邻施工过程的流水步距各为多少？

【解】 流水施工段数 $m=6$，施工过程数 $n=4$

各施工过程的流水节拍分别为 $K_{地平}=1$ 周，$K_{内墙}=3$ 周，$K_{外墙}=2$ 周，$K_{油漆}=2$ 周。将上述条件代入公式可得：

流水步距　$B_{1\text{-}2}=1$ 周

$B_{2\text{-}3}=6\times3-(6-1)\times2=8$（周）

$B_{3\text{-}4}=2$ 周

③ 累加斜减法（最大差法）。本方法在非节奏流水中详细介绍（本部分略）。

3.2.3.3　平行搭接时间 $D_{j,j+1}$

在组织流水施工时，有时为了缩短工期，在工作面允许的条件下，如果前一个专业工作队完成部分施工任务后，能够提前为后一个专业工作队提供工作面，使后者提前进入前一个施工段，两者在同一施工段上平行搭接施工，这个搭接时间称为平行搭接时间。

3.2.3.4　技术搭接时间 $Z_{j,j+1}$

在组织流水施工时，除要考虑相邻专业工作队的流水步距外，有时根据建筑材料或现浇构件等工艺性质，还要考虑合理的工艺等待时间，这个等待时间称为技术搭接时间。如混凝土的养护时间、砂浆抹面和油漆面的干燥时间。

3.2.3.5　组织间歇时间 $G_{j,j+1}$

在组织流水施工时，由于施工技术或施工组织原因，造成的在流水步距以外增加的间歇时间，称为组织间歇时间。如机器转场、验收等。

3.2.3.6　流水施工工期

流水施工工期是指从第一个专业工作队投入流水施工开始，到最后一个专业工作队完成流水施工为止的整个持续时间。流水施工工期用 T 表示。由于一项建设工程往往包含许多流水组，故流水施工工期一般均不是整个工程的总工期。流水施工工期应根据各施工过程之间的流水步距以及最后一个施工过程中各施工段的流水节拍等确定。

$$T=\sum_{i=1}^{n-1}B_i+t_n$$

式中　$\sum_{i=1}^{n-1}B_i$——所有的流水步距之和；

t_n——最后一个施工过程的工期。

3.3 流水施工的组织方法

根据各施工过程的各施工段流水节拍的关系，我们可以组织有节拍流水和非节拍流水施工方式。

3.3.1 有节拍流水施工

有节拍流水是指同一施工过程在每一个施工段上的流水节拍都相等的流水施工组织方式。按不同施工过程中每个施工段的流水节拍相互关系又可以分为以下两种。

① 全等节拍流水：各施工过程流水节拍在每一个施工段上的流水节拍都相等。

② 异节拍流水：同一施工过程在每一个施工段上的流水节拍相等，不同施工过程之间，每个施工段的流水节拍不完全相等。一般我们也可细分为：一般异节拍流水和成倍异节拍流水。

3.3.1.1 全等节拍流水施工

二维码3.1

全等节拍
流水施工

在组织流水施工时，各施工过程在每一个施工段上的流水节拍相等，且不同施工过程的每一个施工段上的流水节拍互相相等的流水施工组织方式，即 $K_i=t$。或在组织流水施工时，如果所有的施工过程在各个施工段上的流水节拍彼此相等，这种流水施工组织方式称为全等节拍专业流水，也称固定节拍流水或同步距流水。它是一种最理想的流水施工组织方式。

（1）基本特点

① 所有流水节拍都彼此相等；

② 所有流水步距都彼此相等，而且等于流水节拍；

③ 每个专业工作队都能够连续作业，施工段没有间歇时间；

④ 专业工作队数目等于施工过程数目。

（2）组织步骤

① 确定项目施工起点流向，分解施工过程。

② 确定施工顺序，划分施工段（划分施工段时，一般可取 $m=n$）。

③ 根据等节拍专业流水要求，确定流水节拍 K 的数值。

④ 确定流水步距 B。

⑤ 计算流水施工的工期（本章仅讨论不分施工层的情况）：

工期计算公式如下所述。

无间歇和搭接时间：

$$T=(n-1)K+mt=(n-1)K+mK=(m+n-1)K \tag{3-3}$$

若存在间歇和搭接时间：

$$T=(m+n-1)K+\sum Z_{j,j+1}+\sum G_{j,j+1}-\sum D_{j,j+1} \tag{3-4}$$

式中 $\sum Z_{j,j+1}$——所有组织间歇之和；

$\sum G_{j,j+1}$——所有技术间歇之和；

$\sum D_{j,j+1}$——所有搭接简写之和。

⑥ 绘制流水施工进度横道图。

（3）无间歇时间和搭接时间的全等节拍流水施工

① 概念。即各施工过程流水节拍在每一个施工段上相等，且互相相等的流水施工组织方式。$K=B=t_i$ 为常数。

② 无间歇时间和搭接时间。由于固定节拍专业流水中各流水步距 B 等于流水节拍 K，故其持续时间为

$$T=(n-1)B+mK=(m+n-1)K$$

式中　T——持续时间；

n——施工过程数；

m——施工段数；

B——流水步距；

K——流水节拍。

【例 3-7】 某分部工程有 A、B、C、D 四个施工过程，每个施工过程分为五个施工段，流水节拍均为 3 天，试组织全等节拍流水节拍。

【解】 (1) 计算流水施工工期

因为　$m=5$，$n=4$，$K=3$

所以　$T=(n-1)K+mt=(n-1)K+mK=(m+n-1)K=(5+4-1)\times3=24$（天）

(2) 用横道图绘制流水施工进度计划，如图 3-9 所示。

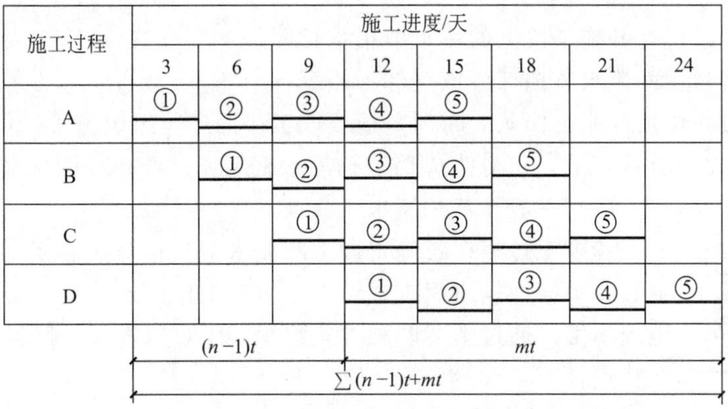

施工过程	施工进度/天							
	3	6	9	12	15	18	21	24
A	①	②	③	④	⑤			
B		①	②	③	④	⑤		
C			①	②	③	④	⑤	
D				①	②	③	④	⑤

$(n-1)t$　　mt

$\sum(n-1)t+mt$

图 3-9　无间歇和搭接的全等节拍流水施工横道图计划

（4）有间歇时间和搭接时间的全等节拍流水施工

【例 3-8】 某分部工程划分为 A、B、C、D、E 五个施工过程和四个施工段，流水节拍均为 4 天，其中 A 和 D 施工过程各有 2 天的技术间歇时间，C 和 B、D 和 C 施工过程各有 2 天的搭接，试组织全等节拍流水施工。

【解】 (1) 计算流水工期

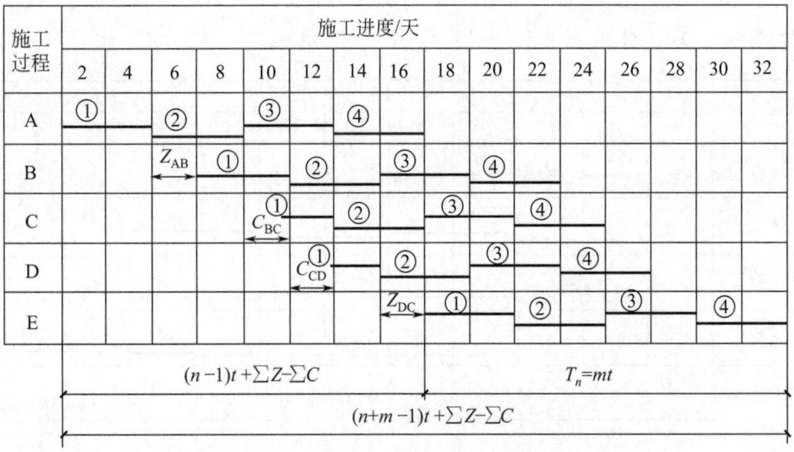

施工过程	施工进度/天															
	2	4	6	8	10	12	14	16	18	20	22	24	26	28	30	32
A	①		②		③		④									
B			Z_{AB}	①		②		③		④						
C					C_{BC} ①		②		③		④					
D						C_{CD} ①		②		③		④				
E								Z_{DC}	①		②		③		④	

$(n-1)t+\sum Z-\sum C$　　$T_n=mt$

$(n+m-1)t+\sum Z-\sum C$

图 3-10　有间歇和搭接的全等节拍流水施工横道图计划

因为 $m=4$，$n=5$，$K=4$，$\sum G_{j,j+1}=4$ 天，$\sum D_{j,j+1}=4$ 天

所以 $T=(m+n-1)K+\sum Z_{j,j+1}+\sum G_{j,j+1}-\sum D_{j,j+1}=(4+5-1)\times 4+4-4=32$（天）

（2）用横道图绘制流水施工进度计划，如图 3-10 所示。

等节拍专业流水的适用范围：等节拍专业流水能保证各专业班组的工作连续，工作面能充分利用，实现均衡施工，但由于它要求各施工过程的每一个施工段上的流水节拍都要相等，这对于一个工程来说，往往很难达到这样的要求。所以，在单位工程组织施工时应用较少，往往用于分部工程或分项工程。

3.3.1.2 异节拍流水施工

异节拍流水是指各施工过程在各施工段上的流水节拍相等，但不同施工过程之间的流水节拍不完全相等的流水施工组织方式。

异节拍流水具有以下特点：

① 同一施工过程在各施工段上的流水节拍均相等；

② 不同施工过程的流水节拍部分或全部不相等；

③ 各施工过程可按专业工作队（时间）连续或工作面连续组织施工，但不能同时连续。

按流水节拍是否互成倍数，可分为成倍节拍流水施工和一般异节拍流水施工。

二维码3.2

成倍节拍流水施工

（1）一般异节拍流水

各施工过程在各施工段上的流水节拍相等，但相互之间不等，且无倍数关系。根据组织方式可以组织按工作面连续组织施工或按时间连续组织施工。通过上述两种方式组织施工可以发现一般异节拍流水具有以下特点：

① 若时间连续，则空间不连续；

② 若空间连续，则时间不连续；

③ 不可能时间、空间都连续；

④ 工期：$T=\sum B_i+t_n+\sum Z_{j,j+1}+\sum G_{j,j+1}-\sum D_{j,j+1}$。

按上述两种方法组织施工，都有明显不足，根本原因在于各施工过程之间流水节拍不一致。

【例 3-9】 拟兴建四幢大板结构房屋，施工过程为：基础、结构安装、室内装修和室外工程，每幢为一个施工段。其流水节拍分别为 5 天、10 天、10 天和 5 天。试按专业工作队连续组织一般流水施工（横道图如图 3-11 所示），流水施工工期为 60 天。

施工过程	施工进度/天											
	5	10	15	20	25	30	35	40	45	50	55	60
基础工程	①	②	③	④								
结构安装	$K_{Ⅰ,Ⅱ}$	①		②		③		④				
室内装修			$K_{Ⅱ,Ⅲ}$	①		②		③		④		
室外工程						$K_{Ⅲ,Ⅳ}$			①	②	③	④

$\sum K=5+10+25=40$　　$mt=4\times 5=20$

图 3-11　按一般异节拍组织流水施工（按专业工作队连续）

（2）成倍节拍流水

成倍节拍流水指同一施工过程在各个施工段上的流水节拍相等，不同施工过程之间的流水节拍不完全相等，但符合各个施工过程的流水节拍均为其中最小流水节拍的整数倍的条件。根据组织方式可以组织按工作面连续组织施工或按时间连续组织施工。通过上述两种方式组织施工可以发现它具有一般异节拍流水具有的特点。

3.3.1.3 加快成倍节拍流水

二维码3.3

异节拍流水施工

在组织流水施工时，同一施工过程在各个施工段上的流水节拍相等，不同施工过程如果在每个施工段上的流水节拍均为其中最小流水节拍的整数倍，为了加快流水施工的速度，在资源供应满足的前提下，对流水节拍长的施工过程，组织几个同工种的专业工作队来完成同一施工过程在不同施工段上的任务，专业施工队数目的确定根据流水节拍的倍数关系而定，从而就形成了一个工期短，类似于等节拍专业流水的等步距的异节拍专业流水施工方案。

（1）基本特点

① 同一施工过程在各施工段上的流水节拍彼此相等，不同的施工过程在同一施工段上的流水节拍彼此不等，但均为某一常数的整数倍。

② 流水步距彼此相等，且等于流水节拍的最大公约数。

③ 各专业工作队能够保证连续施工，施工段没有空闲。

④ 专业工作队数大于施工过程数，即 $N>n$。

（2）组织步骤

① 确定施工起点流向，分解施工过程。

② 确定施工顺序，划分施工段。划分施工段而不分施工层时，可按划分施工段原则确定施工段数 m。

③ 按异节拍专业流水确定流水节拍。

④ 确定流水步距，按式(3-5)计算：

$$B_0=\text{最大公约数}\{K_1,K_2,\cdots,K_n\} \tag{3-5}$$

⑤ 确定专业工作队数；

$$n_i=\frac{K_i}{B_0} \tag{3-6}$$

$$N=\sum_{i=1}^{n} n_i \tag{3-7}$$

⑥ 工期：

$$T=(m+N-1)B_0+\sum Z_{j,j+1}+\sum G_{j,j+1}-\sum D_{j,j+1} \tag{3-8}$$

式中 N——各施工过程施工队数之和。

⑦ 绘制流水施工进度计划表。

【例3-10】 在例3-9中，如果在资源条件满足的条件下组织加快的成倍节拍流水施工，则组织步骤如下。

（1）计算流水步距

流水步距等于流水节拍的最大公约数，即：

$$K_0=\min[5,10,10,5]=5$$

（2）确定专业工作队数目

每个施工过程成立的专业工作队数目可按式(3-6) 计算：

各施工过程的专业工作队数目分别为：

Ⅰ（基础工程）：$n_1=\frac{5}{5}=1$；

Ⅱ（结构安装）：$n_2=\frac{10}{5}=2$；

Ⅲ（室内装修）：$n_3=\frac{10}{5}=2$；

Ⅳ（室外工程）：$n_4=\frac{5}{5}=1$。

参与该工程流水施工的专业工作队总数可按式(3-7) 计算：$N=1+2+2+1=6$

(3) 绘制加快的成倍节拍流水施工进度计划

如图 3-12 所示。

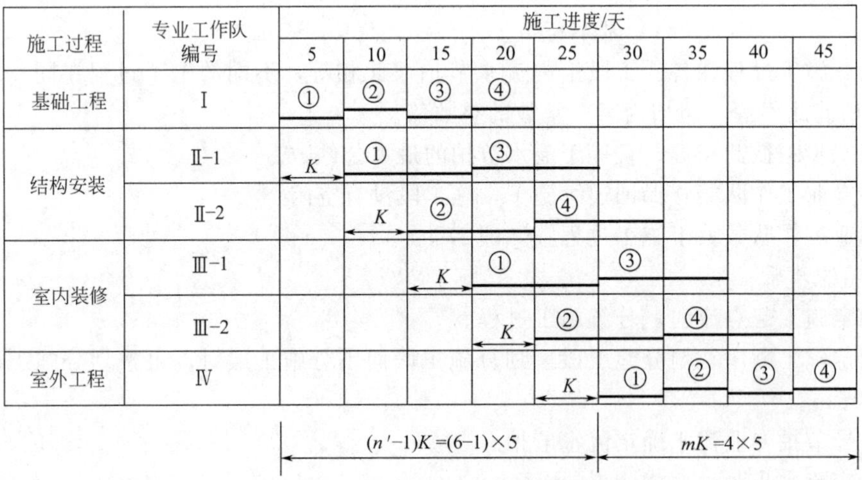

施工过程	专业工作队编号	施工进度/天								
		5	10	15	20	25	30	35	40	45
基础工程	Ⅰ	①	②	③	④					
结构安装	Ⅱ-1	K	①		③					
	Ⅱ-2		K	②		④				
室内装修	Ⅲ-1			K	①		③			
	Ⅲ-2				K	②		④		
室外工程	Ⅳ					K	①	②	③	④

$(n'-1)K=(6-1)\times5$　　$mK=4\times5$

图 3-12　加快的成倍节拍流水施工进度计划

在加快的成倍节拍流水施工进度计划图中，除表明施工过程的编号或名称外，还应表明专业工作队的编号。在表明各施工段的编号时，一定要注意有多个专业工作队的施工过程。各专业工作队连续作业的施工段编号不应该是连续的，否则，无法组织合理的流水施工。

(4) 确定流水施工工期

由题干可知，本项目没有组织间歇、工艺间歇及提前插入时间，故根据式(3-8) 可计算出流水施工工期为：

$T=(m+N-1)B_0+\sum Z_{j,j+1}+\sum G_{j,j+1}-\sum D_{j,j+1}=(4+6-1)\times5=45$（天）。

与一般异节奏相比，加快的流水施工的工期缩短了 15 天。

从上例可以看出，加快的成倍节拍流水施工具有以下特点：

① 时间连续，空间连续；

② B_0 为各施工过程流水节拍最大公约数；

③ 工期 $T=(m+N-1)B_0+\sum Z_{j,j+1}+\sum G_{j,j+1}-\sum D_{j,j+1}$。

3.3.2 无节奏流水施工

在实际施工中，通常每个施工过程在各个施工段上的工程量彼此不相等，或者各个专业工作队的生产效率相差悬殊，造成多数流水节拍彼此不相等，不可能组织等节拍专业流水或异节拍专业流水。在这种情况下，往往利用流水施工的基本原理，在保证施工工艺、满足施工顺序要求和按照专业工作队连续的前提下，按照一定的计算方法，确定相邻专业工作队之间的流水步距，使其在开工时间上最大限度地、合理地搭接起来，形成每个专业工作队都能连续作业的流水施工方式。这种施工方式称为非节奏流水，也叫作分别流水。它是流水施工的普遍形式。

（1）基本概念

无节奏流水是指各施工过程在各施工段上的流水节拍不等，相互之间无规律可循的流水施工组织形式。

（2）基本要求

必须保证每一个施工段上的工艺顺序是合理的，且每一个施工过程的施工是连续的，即工作队一旦投入施工是不间断的，同时各个施工过程施工时间的最大搭接，也能满足流水施工的要求。但必须指出，这一施工组织在各施工段上允许出现暂时的空闲，即暂时没有工作队投入施工的现象。

（3）基本特点

① 各个施工过程在各个施工段上的流水节拍，通常不相等；

② 在多数情况下，流水步距彼此不相等，而且流水步距与流水节拍之间存在着某种函数关系；

③ 每个专业工作队都能够连续作业，施工段可能有间歇空闲；

④ 专业工作队数目等于施工过程数目。

（4）组织步骤

① 确定施工起点流向，分解施工过程；

② 确定施工顺序，划分施工段；

③ 按相应的公式计算各施工过程在各施工段上的流水节拍；

④ 按照一定的方法确定相邻两个专业工作队之间的流水步距；

⑤ 按照公式 $T=\sum B_{i.i+1}+t_n+\sum Z_{j,j+1}+\sum G_{j,j+1}-\sum D_{j,j+1}$ 计算流水施工的计算工期；

⑥ 绘制流水施工进度计划表。

组织无节奏流水的关键就是正确计算流水步距。计算流水步距可用取大差法，由于该方法是由前苏联专家潘特考夫斯基提出的，所以又称潘氏方法。这种方法简捷、准确，便于掌握。具体方法如下：

① 对每一个施工过程在各施工段上的流水节拍依次累加，求得各施工过程流水节拍的累加数列；

② 将相邻施工过程流水节拍累加数列中的后者错后一位，相减后求得一个差数列；

③ 在差数列中取最大值，即为这两个相邻施工过程的流水步距。

【例 3-11】 现有一座桥梁分Ⅰ、Ⅱ、Ⅲ、Ⅳ、Ⅴ、Ⅵ六个施工段，每个施工段又分为立模、扎筋、浇混凝土三道工序，各工序工作时间见表 3-1。确定最小流水步距，并求总工期和绘制其施工进度图。

分析：上述工程有三个施工过程，划分六个施工段，各施工过程在各施工段上的流水节拍均不同，因此，该工程属于非节奏流水施工。

表 3-1　各工序工作时间

施工过程	施工段/天					
	Ⅰ	Ⅱ	Ⅲ	Ⅳ	Ⅴ	Ⅵ
1(立模)	3	3	2	2	2	2
2(扎筋)	4	2	3	2	2	3
3(浇混凝土)	2	2	3	3	3	2

【解】 (1) 计算 B_{12}

① 将第一道工序的工作时间依次累加后得：3　6　8　10　12　14

② 将第二道工序的工作时间依次累加后得：4　6　9　11　13　16

③ 将上面两步得到的两行错位相减，取大差得 B_{12}

$$\begin{array}{rrrrrrrr} & 3 & 6 & 8 & 10 & 12 & 14 & \\ -) & & 4 & 6 & 9 & 11 & 13 & 16 \\ \hline & 3 & 2 & 2 & 1 & 1 & 1 & -16 \end{array}$$

$B_{12}=3$

(2) 计算 B_{23}

① 将第二道工序的工作时间依次累加后得：4　6　9　11　13　16

② 将第三道工序的工作时间依次累加后得：2　4　7　10　13　15

③ 将上面两步得到的两行错位相减，取大差得 B_{23}

$$\begin{array}{rrrrrrrr} & 4 & 6 & 9 & 11 & 13 & 16 & \\ -) & & 2 & 4 & 7 & 10 & 13 & 15 \\ \hline & 4 & 4 & 5 & 4 & 3 & 3 & -15 \end{array}$$

$B_{23}=5$

(3) 计算总工期 T

$$\begin{aligned} T &= \sum B_{i.i+1}+t_n+\sum Z_{j,j+1}+\sum G_{j,j+1}-\sum D_{j,j+1} \\ &= B_{12}+B_{23}+t_n=3+5+(2+2+3+3+3+2)=23\ (\text{天}) \end{aligned}$$

(4) 绘制施工进度图（图 3-13）

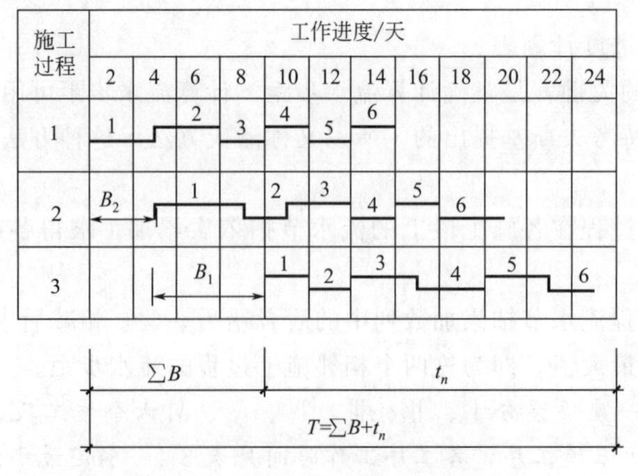

图 3-13　非节奏流水施工进度计划

从上例可以看出，非节奏流水施工具有以下特点：

① 流水步距用累加斜减法求得；

② 时间连续，空间不能确保连续；

③ 工期 $T=\sum B_{i.i+1}+t_n+\sum Z_{j,j+1}+\sum G_{j,j+1}-\sum D_{j,j+1}$。

3.4 流水施工的应用

3.4.1 流水施工方式的思路及前提条件

在建筑工程施工中，流水施工是一种行之有效的科学组织施工的计划方法。编制施工进度计划时应根据施工对象的特点，选择适当的流水施工组织方式组织施工，以保证施工的节奏性、均衡性和连续性。

（1）选择流水施工方式的思路

① 根据工程具体情况，将单位工程划分为若干个分部工程流水，然后根据需要再划分成若干分项工程流水，然后根据组织流水施工的需要，将若干个分项工程划分成若干个劳动量大致相等的施工段，并在各个流水段上选择施工班组进行流水施工。

② 若分项工程的施工过程数目不宜过多，在工程条件允许的条件下尽可能组织等节奏的流水施工方式，因为全等节拍的流水施工方式是一种最理想、最合理的流水方式。

③ 若分项工程的施工过程数目过多，要使其流水节拍相等比较困难，因此，可考虑流水节拍的规律，分别选择异节拍、加快成倍节拍和非节奏流水的施工组织方式。

（2）选择流水施工方式的前提条件

① 施工段的划分应满足要求。

② 满足合同工期、工程质量、安全的要求。

③ 满足现有的技术和机械设备和人力的现实情况。

3.4.2 砖混结构建筑的流水施工

【工程背景】 本工程为四层四单元砖混结构的房屋，建筑面积为 1560m^2。基础采用钢筋混凝土条形基础，主体结构为砖混结构，楼板为现浇钢筋混凝土，屋面工程为现浇钢筋混凝土屋面板，贴一毡二油防水，外加架空隔热层。装修工程为铝合金窗、胶合板门，外墙用白色外墙砖贴面，内墙为中级抹灰，外加 106 涂料饰面。本工程计划工期为 110 天，工程已经具备施工条件。其总劳动量如表 3-2 所示。

表 3-2　某幢四层砖混结构房屋劳动量一览表

序号	分项名称	劳动量/工日
一	基础工程	
1	基槽挖土	180
2	混凝土垫层	20
3	基础扎筋	40
4	基础混凝土	100
5	素混凝土墙基础	35
6	回填土	50

续表

序号	分项名称	劳动量/工日
二	主体结构	
7	脚手架	102
8	构造柱筋	68
9	构造柱墙	1120
10	构造柱模板	80
11	构造柱混凝土	280
12	梁板模板(含梯)	528
13	拆柱梁板模板(含梯)	120
14	梁板筋(含梯)	200
15	梁板混凝土(含梯)	600
三	屋面工程	
16	屋面防水层	54
17	屋面隔热层	32
四	装修工程	
18	楼地面及楼梯抹灰	190
19	天棚中级抹灰	220
20	墙中级抹灰	156
21	铝合金窗	24
22	胶合板门	20
23	外墙面砖	240
24	油漆	19
六	水电工程	

【施工组织过程分析】 本工程是由基础分部、主体分部、屋面分部、装修分部、水电分部组成，因各分部的各分项工程的劳动量差异较大，无法按统一的等节奏流水施工方式组织流水，故我们可采取一般异节奏方式组织流水，保证各分部工程的各分项工程的施工过程、施工节奏相同，这样可以使各专业班组在各施工过程的施工段上施工连续，无窝工现象。然后再考虑各分部之间的相互搭接施工。

根据施工工艺和组织要求，一般来说，本工程的水电部分一般随基础、主体结构的施工同步进行，它在工程进度关系上属于非主导施工过程，所以我们可将它不按主导施工过程进行进度控制，而将它随其他工程施工穿插进行。所以本工程我们仅考虑基础分部、主体分部、屋面分部、装修分部组织流水施工，具体组织方法如下所述。

(1) 基础工程

基础工程包括基槽挖土、浇筑混凝土垫层、绑扎基础钢筋、浇筑基础混凝土、浇素混凝土基础墙基、回填土等施工过程。考虑到基础混凝土与素混凝土墙基是同一工种，班组施工可合并为一个施工过程。

基础工程经过合并共为五个施工过程（$n=5$），每个施工过程按全等节拍组织流水施工，考虑到工作面的因素，每层的施工过程划分为两个施工段（$m=2$），流水节拍和流水施工工期计算如下。

基槽挖土劳动量为180工日，安排20人组成施工班组，采用一班作业，则流水节拍为：

$K_{基}=Q_{基}/(每班劳动量\times施工段数)=\frac{180}{20\times2}=4.5$（天）。考虑组织安排，取流水节拍为5天。

混凝土垫层劳动量为20工日，安排20人组成施工班组，采用一班作业，根据工艺要求垫层施工完后需要养护一天半，则流水节拍为：

$$K_{垫层}=Q_{垫层}/(每班劳动量\times施工段数)=\frac{20}{20\times2}=0.5\text{（天）}$$

基础扎筋劳动量为40工日，安排20人组成施工班组，采用一班作业，则流水节拍为：

$$K_{扎筋}=Q_{扎筋}/(每班劳动量\times施工段数)=\frac{40}{20\times2}=1\text{（天）}$$

基础混凝土和素混凝土墙基劳动量共为135工日，施工班组人数为20人，采用三班制，基础混凝土完成后需要养护两天，则流水节拍为：

$$K_{混凝土}=Q_{混凝土}/(每班劳动量\times施工段数\times班次)=\frac{135}{20\times2\times3}=1.125\text{天，取1天}$$

基础回填其劳动量为50工日，施工班组人数为20人，采用一班制，混凝土墙基完成后间歇一天回填，则流水节拍为：

$$K_{基础回填}=Q_{基础回填}/(每班劳动量\times施工段数)=\frac{50}{20\times2}=1.25\text{（天），取1.5天}$$

（2）主体结构

主体工程包括脚手架、构造柱筋、构造柱墙、构造柱模板、构造柱混凝土、梁板模板（含梯）、拆柱梁板模板（含梯）、梁板筋（含梯）、梁板混凝土（含梯）等分项过程。脚手架工程可穿插进行。由于每个施工过程的劳动量相差较大，不利于按等节奏方式组织施工，故采取异节奏流水施工方式。

由于基础工程采取两个施工段组织施工，所以主体结构每层也考虑按两个施工段组织施工。即$n=7$，$m=2$，$m<n$，根据流水施工原理，我们可以发现：按此方式组织施工，工作面连续，专业工作队有窝工现象。但本工程只要求砌墙专业工作队施工连续，就能保证工程能够顺利进行，其余的班组人员可根据现场情况统一调配。

根据上述条件和施工工艺的要求，在组织流水施工时，为加快施工进度，我们既考虑工艺要求，也适当采用搭接的施工方式，所以本分部工程施工的流水节拍按如下方式确定。

构造柱钢筋的劳动量为68工日，施工班组人数9人，采用一班制，则流水节拍为：

$$K_{构造筋}=Q_{构造筋}/(每班劳动量\times施工段数)=\frac{68}{9\times2\times4}\approx1\text{（天）}$$

砌构造柱墙的劳动量为1120工日，施工班组人数20人，采用一班制，则流水节拍为：

$$K_{支模}=Q_{支模}/(每班劳动量\times施工段数)=\frac{1120}{20\times2\times4}=7\text{（天）}$$

构造柱模板的劳动量为80工日，施工班组人数10人，采用一班制，其流水节拍计算如下：

$$K_{构模}=Q_{构模}/(每班劳动量\times施工段数\times班次)=\frac{80}{10\times2\times4}=1\ (天)$$

构造柱混凝土的劳动量为280工日，施工班组人数20，采用三班制，其流水节拍计算如下：

$$K_{构混}=Q_{构混}/(每班劳动量\times施工段数\times班次)=\frac{280}{20\times2\times4\times3}\approx0.5\ (天)$$

梁板模板（含梯）的劳动量为528工日，施工班组人数23人，采用一班制，其流水节拍计算如下：

$$K_{梁板梯模}=Q_{梁板梯模}/(每班劳动量\times施工段数)=\frac{528}{23\times2\times4}=2.87\ (天)，取2.5天$$

梁板筋（含梯）的劳动量为200工日，施工班组人数25人，采用一班制，其流水节拍计算如下：

$$K_{梁板筋}=Q_{梁板筋}/(每班劳动量\times施工段数)=\frac{200}{25\times2\times4}=1\ (天)$$

梁板混凝土（含梯）的劳动量为600工日，施工班组人数25人，采用三班制，其流水节拍计算如下：

$$K_{梁板混}=Q_{梁板混}/(每班劳动量\times施工段数\times班次)=\frac{600}{25\times2\times4\times3}=1\ (天)$$

拆柱梁板模板（含梯）的劳动量为120工日，施工班组人数15人，采用一班制，其流水节拍计算如下：

$$K_{拆柱梁板模板}=Q_{拆柱梁板模板}/(每班劳动量\times施工段数)=\frac{120}{15\times2\times4}=1\ (天)$$

（3）屋面工程

屋面工程包括屋面防水层和隔热层，考虑屋面防水要求高，所以防水层和隔热层不分段施工，即各自组织一个班组独立完成该项任务。

防水层劳动量为54工日，施工班组人数为10人，采用一班制，其施工延续时间为：

$$K_{防水层}=Q_{防水层}/(每班劳动量\times施工段数)=\frac{54}{10\times1}=5.4\ (天)，取5天$$

屋面隔热层劳动量为32工日，施工班组人数为16人，采用一班制，其施工延续时间为：

$$K_{隔热层}=Q_{隔热层}/(每班劳动量\times施工段数)=\frac{32}{16\times1}=2\ (天)$$

（4）装饰工程

装饰工程包括楼地面及楼梯地面；铝合金窗、胶合板门；外墙用白色外墙砖贴面；天棚墙面为中级抹灰，外加106涂料和油漆等，由于装饰阶段施工过程多，工程量相差较大，组织等节拍流水比较困难，而且不经济，因此可以考虑采用异节拍流水或非节奏流水方式。从工程量中发现，工程泥瓦工的工程量较多，而且比较集中，因此可以考虑组织连续式的异节拍流水施工。

楼地面及楼梯抹灰为一个施工过程、天棚墙面中级抹灰为一个施工过程、墙中级抹灰为一个施工过程、铝合金窗为一个施工过程、胶合板门为一个施工过程、油漆为一个施工过程、外墙面砖为一个施工过程，共分7个施工过程，组织7个独立的施工班组进行施工。根据工艺和现场组织要求，可以考虑先进行 1～6 项组织流水施工方式，7 项穿插进行。由于本装饰工程共分四层，则施工段数可取 4 段，各施工过程的班组人数、工作班制及流水节拍依次如下所述。

楼地面及楼梯抹灰的劳动量为 190 工日，施工班组人数 16 人，采用一班制，其流水节拍计算如下：

$$K_{楼地面及楼梯抹灰}=Q_{楼地面及楼梯抹灰}(每班劳动量\times施工段数)=\frac{190}{16\times4}\approx3（天）$$

天棚墙面中级抹灰的劳动量为 220 工日，安排 20 人为一施工班组，采用一班作业，则流水节拍为：

$$K_{抹灰}=Q_{抹灰}/(每班劳动量\times施工段数)=\frac{220}{20\times4}\approx3（天）$$

墙中级抹灰的劳动量为 156 工日，安排 20 人为一施工班组，采用一班作业，则流水节拍为：

$$K_{墙中级抹灰}=Q_{墙中级抹灰}/(每班劳动量\times施工段数)=\frac{156}{20\times4}\approx2（天）$$

铝合金窗的劳动量为 24 工日，安排 4 人为一施工班组，采用一班作业，则流水节拍为：

$$K_{铝合金窗}=Q_{铝合金窗}(每班劳动量\times施工段数)=\frac{24}{4\times4}=1.5（天）$$

胶合板门的劳动量为 20 工日，安排 3 人为一施工班组，采用一班作业，则流水节拍为：

$$K_{胶合板门}=Q_{胶合板门}/(每班劳动量\times施工段数)=\frac{20}{3\times4}\approx1.5（天）$$

油漆的劳动量为 19 工日，安排 3 人为一施工班组，采用一班作业，则流水节拍为：

$$K_{油漆}=Q_{油漆}/(每班劳动量\times施工段数)=\frac{19}{3\times4}\approx1.5（天）$$

外墙面砖的劳动量为 240 工日，该施工过程自上而下不分层连续进行施工，安排 20 人为一施工班组，采用一班作业，则持续时间为：

$$K_{外墙砖}=Q_{油漆}/每班劳动量=\frac{240}{20\times1}=12（天）$$

流水施工进度计划表如图 3-14 所示。

从图中可以看出整个计划的工期为 106 天，满足合同规定的要求。若整个工程按既定的计划不能满足合同规定的工期要求，我们可以通过调整每班的作业人数、工作班次或工艺关系来满足合同规定的要求。

二维码3.4

非节奏流水施工

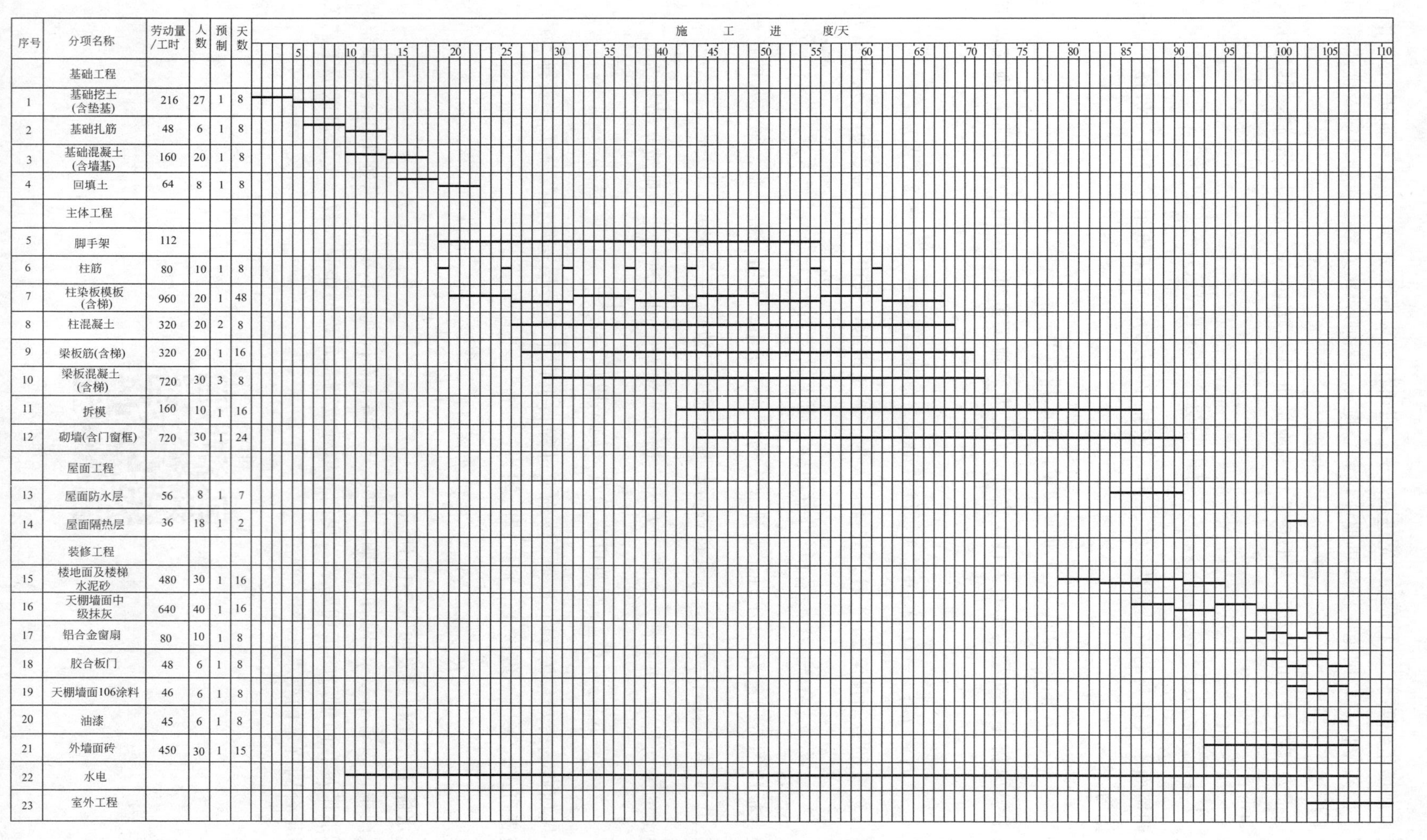

序号	分项名称	劳动量/工时	人数	预制	天数
	基础工程				
1	基础挖土(含垫基)	216	27	1	8
2	基础扎筋	48	6	1	8
3	基础混凝土(含墙基)	160	20	1	8
4	回填土	64	8	1	8
	主体工程				
5	脚手架	112			
6	柱筋	80	10	1	8
7	柱梁板模板(含梯)	960	20	1	48
8	柱混凝土	320	20	2	8
9	梁板筋(含梯)	320	20	1	16
10	梁板混凝土(含梯)	720	30	3	8
11	拆模	160	10	1	16
12	砌墙(含门窗框)	720	30	1	24
	屋面工程				
13	屋面防水层	56	8	1	7
14	屋面隔热层	36	18	1	2
	装修工程				
15	楼地面及楼梯水泥砂	480	30	1	16
16	天棚墙面中级抹灰	640	40	1	16
17	铝合金窗扇	80	10	1	8
18	胶合板门	48	6	1	8
19	天棚墙面106涂料	46	6	1	8
20	油漆	45	6	1	8
21	外墙面砖	450	30	1	15
22	水电				
23	室外工程				

图 3-14　某四层砖混结构楼流水施工进度计划表

小 结

流水施工是最先进、最科学的一种施工组织方式，它集合了依次施工、平行施工的优点，又具有自身的特点和优点。因此在工程实践中尽量采用流水施工方式组织施工。

流水施工按流水节拍的不同可以组织全等节拍、异节拍、加快的成倍节拍、非节奏流水四种方式。它们有各自的特点和适用范围，在工程运用时，我们应该结合具体工程情况灵活选择应用，以发挥流水施工的技术经济效果。

习 题

1. 流水施工组织有哪几种类型？各自有什么特点？

2. 组织流水施工有哪些主要参数？各自的含义及确定方法。

3. 试述全等节拍流水和加快成倍节拍流水的组织步骤。

4. 某分部工程由四个分项工程组成，划分成五个施工段，流水节拍均为 3 天，无技术、组织间歇，试确定流水步距，计算工期，并绘制流水施工进度表。

5. 有一幢四层砖混结构的主体工程分砌砖、浇圈梁、搁板三个施工过程，它们的节拍均为 6 天，圈梁需 3 天养护。如分 3 段能否组织有节奏流水施工，组织此施工则需分几段，工期为多少？画出横道图。

6. 根据下表所给数据组织无节奏流水，绘制横道图，并做必要的计算。

施工过程	施工段/天			
	一	二	三	四
A	3	5	2	4
B	2	3	2	2
C	4	5	3	2
D	2	1	4	3

项目4

编制施工进度计划——网络计划

项目要点

本项目概述了网络计划的发展、基本原理及其特点；网络计划的表达形式、分类和基本概念。详细讲述了双代号网络图、单代号网络图的特点、绘图方法、计算方式以及如何用网络计划来描述施工进度计划；时标网络计划的特点及其绘制步骤；网络计划的优化与调整；以及网络计划的具体应用等内容。要求学生掌握网络计划的概念、内涵及计算方法；网络图的表示方式及计算方法；网络计划在工程上的应用。

本项目实践教学环节主要通过模拟训练，利用网络图描述施工进度计划，了解网络图的类型与作用，熟悉网络图的组成、绘制技巧与计算方法，以及网络计划在建筑工程中的综合运用。

考核要求

1. 知道网络计划的基本原理及其特点；
2. 熟悉网络计划的表达形式、分类和基本概念；
3. 掌握双代号网络图、单代号网络图的特点、绘图方法、计算方式以及如何用网络计划来描述施工进度计划；
4. 掌握时标网络计划的特点及其绘制步骤；
5. 知道网络计划的优化与调整，以及网络计划的具体应用。

网络计划技术是工程建设生产领域中一种科学、严谨的现代化管理方式。它是利用统筹法原理，科学合理地利用生产资源，提高劳动生产率，保证工程施工对象的可控性，并在实施过程中不断优化、调整，以保证计划执行过程中能够最合理地利用资源，保证工程目标的实现。网络计划技术已成为我国工程建设领域中使用最广泛的现代化管理方法。

4.1 概述

4.1.1 网络计划的发展

20世纪50年代，网络计划兴起于美国，在美国杜邦公司的工程项目管理和美国海军“北极星”导弹计划中得到了成功应用。随着现代科学技术和工业生产的发展，网络计划成为比较盛行的一种现代生产管理的科学方法。在20世纪60年代中期由著名数学家华罗庚教授将它引入我国，经过多年的实践和推广，网络计划技术在我国的工程建设领域得到广泛应用。尤其是在大中型工程项目的建设中，对资源的合理安排、进度计划的编制、优化和控制等应用效果显著。目前，网络计划技术已成为我国工程建设领域中在工程项目管理方面必不可少的现代化管理方法。

2013年，国家技术监督局颁布了中华人民共和国国家标准GB/T 13400．1—2012～GB/T 13400．3—2012《网络计划技术》，2015年，国家建设部颁布了中华人民共和国行业标准JGJ/T 121—2015《工程网络计划技术规程》，使工程网络计划技术在计划的编制与控制管理的实际应用中有了一个可遵循的、统一的技术标准，保证了计划的严谨性，对提高建设工程项目的管理科学化发挥了重大作用。

4.1.2 网络计划的基本原理

网络计划技术（或称统筹法）的基本原理，首先是把所要做的工作，哪项工作先做，哪项工作后做，各占用多少时间，以及各项工作之间的相互关系等运用网络图的形式表达出来。其次是通过简单的计算，找出哪些工作是关键的，哪些工作不是关键的，并在原来计划方案的基础上，进行计划的优化，例如，在劳动力或其他资源有限制的条件下，寻求工期最短；或者在工期规定的条件下，寻求工程的成本最低，等等。最后是组织计划的实施，并且根据变化了的情况，搜集有关资料，对计划及时进行调整，重新计算和优化，以保证计划执行过程中自始至终能够最合理地使用人力、物力，保证多快好省地完成任务。

4.1.3 网络计划方法的特点

网络计划是以箭线和节点组成的网状图形来表达工作间的关系、进程的一种进度计划。与横道计划相比，网络计划具有如下特点。

① 通过箭线和节点把计划中的所有工作有向、有序地组成一个网状整体，能全面而明确地反映出各项工作之间相互制约、相互依赖的关系。

② 通过对时间参数的计算，能找出决定工程进度计划工期的关键工作和关键线路，便于在工程项目管理中抓住主要矛盾，确保进度目标的实现。

③ 根据计划目标，能从许多可行方案中，比较、优选出最佳方案。

④ 利用工作的机动时间，可以合理地进行资源安排和配置，达到降低成本的目的。

⑤ 能够利用计算机编制网络图，并在计划的执行过程中进行有效的监督与控制，实现计划管理的微机化、科学化。

⑥ 随着经济管理改革的发展，建设工程实行投资包干和招标承包制，在施工过程中对进度管理、工期控制和成本监督的要求也愈益严格。网络计划在这些方面将成为有效的手段。同时，网络计划可作为预付工程价款的依据。

⑦ 网络图的绘制较麻烦，表达不像横道图直观明了。

网络计划技术既是一种计划方法，又是一种科学的管理方法，它可以为项目管理者提供更多信息，有利于加强对计划的控制，并对计划目标进行优化，取得更大的经济效益。

4.1.4 网络计划的几个基本概念

网络计划的表达形式是网络图。所谓网络图是指由箭线和节点组成的，用来表示工作流程的有向、有序的网状图形。网络图中，按节点和箭线所代表的含义不同，可分为双代号网络图和单代号网络图两大类。

（1）双代号网络

以箭线及其两端节点的编号表示工作的网络图称为双代号网络图。即用两个节点一根箭线代表一项工作，工作名称写在箭线上面，工作持续时间写在箭线下面，在箭线前后的衔接处画上节点编上号码，并以节点编号 i 和 j 代表一项工作名称。如图 4-1 所示。

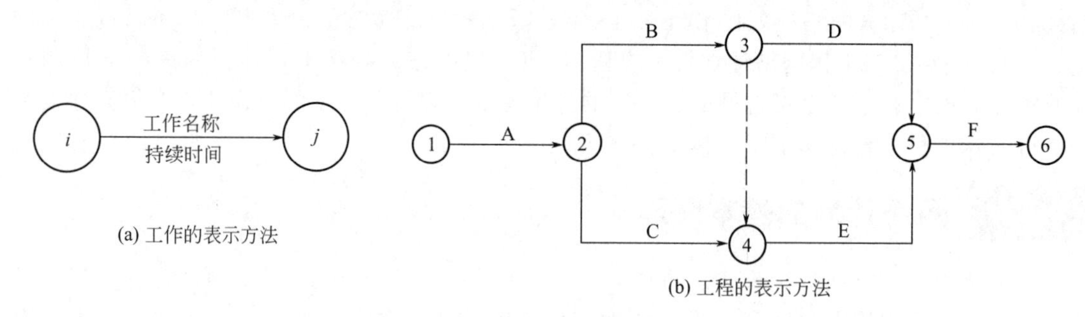

图 4-1　双代号网络图

（2）单代号网络图

以节点及其编号表示工作，以箭线表示工作之间的逻辑关系的网络图称为单代号网络图。即每一个节点表示一项工作，节点所表示的工作名称、持续时间和工作代号等标注在节点内，如图 4-2 所示。

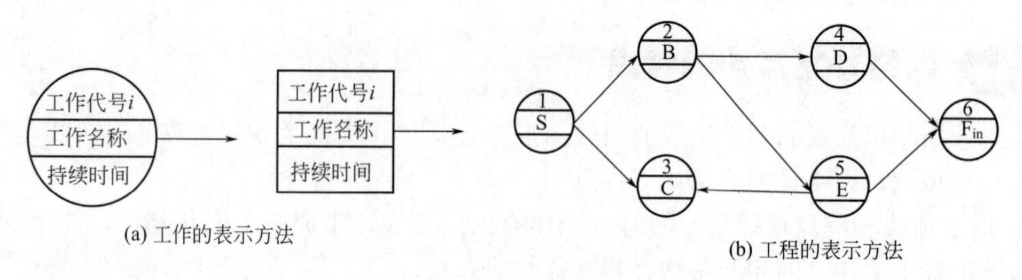

图 4-2　单代号网络图

4.1.5 网络计划的分类

用网络图表达任务构成、工作顺序并加注工作时间参数的进度计划称为网络计划。网络计划的种类很多，可以从不同的角度进行分类，具体分类方法如下所述。

（1）按网络计划目标分类

根据计划最终目标的多少，网路计划可分为单目标网络计划和多目标网络计划。

① 单目标网络计划　单目标网络计划，是指只有一个终点节点的网络计划，即网络图只有一个最终目标。如图 4-3 所示。

② 多目标网络计划　多目标网络计划，是指终点节点不止一个的网络计划。此种网络计划只有若干个独立的最终目标。如图 4-4 所示。

（2）按网络计划层次分类

根据计划的工程对象不同和使用范围大小，网络计划可分为局部网络计划、单位工程网络计划和综合网络计划。

① 局部网络计划　以一个分部工程和施工段为对象编制的网络计划称为局部网络计划。

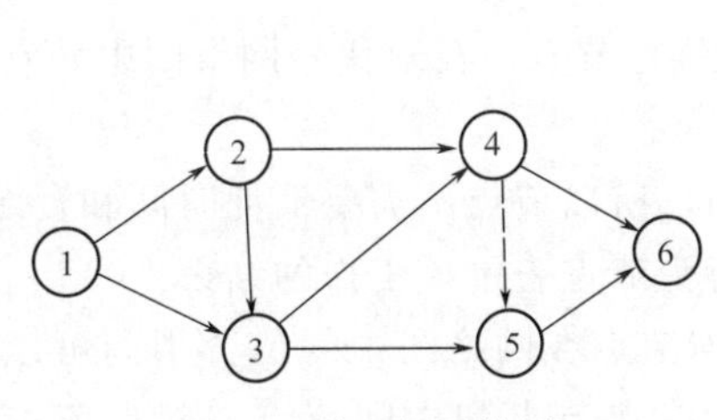

图 4-3　单目标网络图

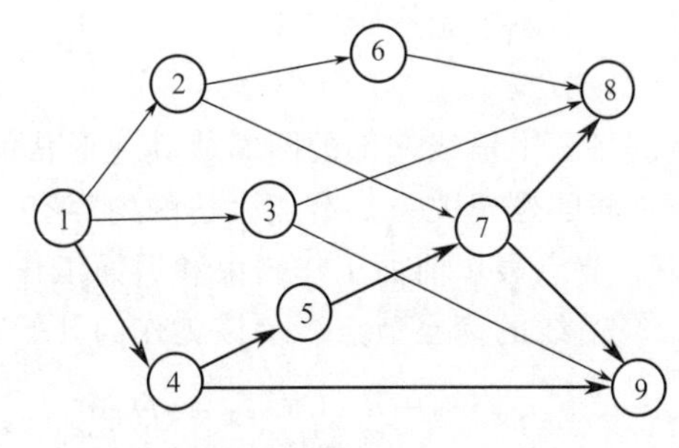

图 4-4　多目标网络图

② 单位工程网络计划　以一个单位工程为对象编制的网络计划称为单位工程网络计划。

③ 综合网络计划　以一个建筑项目或建筑群为对象编制的网络计划称为综合网络计划。

（3）按网络计划时间表示方法分类

① 时标网络计划　时标网络计划是用箭线在横坐标上的投影长度表示工序时间的网络图。

② 非时标网络计划　工作的持续时间以数字形式标注在箭线下面绘制的网络计划称为非时标网络计划。

4.2 双代号网络图

4.2.1 双代号网络图的组成

4.2.1.1　双代号网络图的基本符号

双代号网络图的基本符号是箭线、节点及节点编号。

（1）箭线

网络图中一端带箭头的实线即为箭线。在双代号网络图中，它与其两端的节点表示一项工作。箭线表达的内容有以下几个方面。

① 一根箭线表示一项工作或表示一个施工过程。根据网络计划的性质和作用的不同，工作既可以是一个简单的施工过程，如挖土、垫层等分项工程或者基础工程、主体工程等分部工程；工作也可以是一项复杂的工程任务，如教学楼土建工程等单位工程或者教学楼工程等单项工程。如何确定一项工作的范围取决于所绘制的网络计划的作用（控制性或指导性）。

② 一根箭线表示一项工作消耗的时间和资源，分别用数字标注在箭线的下方和上方。一般而言，每项工作的完成都要消耗一定的时间和资源，如砌砖墙、浇筑混凝土等；也存在只消耗时间而不消耗资源的工作，如混凝土养护、砂浆找平层干燥等技术间歇，若单独考虑时，也应作为一项工作对待。

③ 在无时间坐标的网络图中，箭线的长度不代表时间的长短，画图时原则上是任意的，但必须满足网络图的绘制规则。在有时间坐标的网络图中，其箭线的长度必须根据完成该项工作所需时间长短按比例绘制。

④ 箭线的方向表示工作进行的方向和前进的路线，箭尾表示工作的开始，箭头表示工作的结束。

⑤ 箭线可以画成直线、折线或斜线。必要时，箭线也可以画成曲线，但应以水平直线

为主，一般不宜画成垂直线。

（2）节点

网络图中箭线端部的圆圈或其他形状的封闭图形就是节点。在双代号网络图中，它表示工作之间的逻辑关系，节点表达的内容有以下几个方面。

① 节点表示前面工作结束和后面工作开始的瞬间，所以节点不需要消耗时间和资源。

② 箭线的箭尾节点表示该工作的开始，箭线的箭头节点表示该工作的结束。

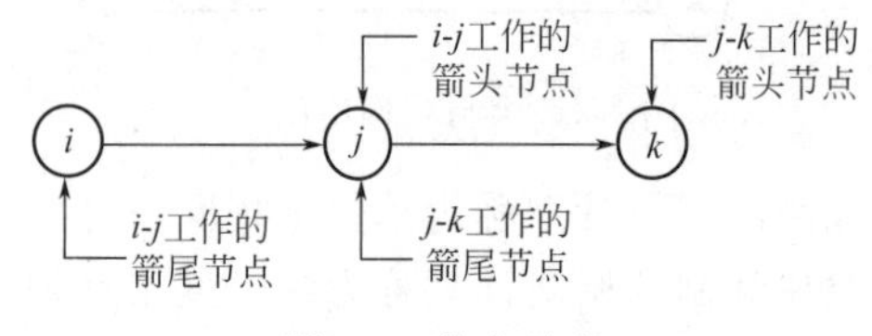

图 4-5　节点示意

③ 根据节点在网络图中的位置不同可以分为起点节点、终点节点和中间节点。起点节点是网络图的第一个节点，表示一项任务的开始。终点节点是网络图的最后一个节点，表示一项任务的完成。除起点节点和终点节点外的节点称为中间节点，中间节点都有双重的含义，既是前面工作的箭头节点，也是后面工作的箭尾节点，如图 4-5 所示。

（3）节点编号

网络图中的每个节点都有自己的编号，以便赋予每项工作以代号，便于计算网络图的时间参数和检查网络图是否正确。

① 节点编号必须满足两条基本规则，其一，箭头节点编号大于箭尾节点编号，因此节点编号顺序是：箭尾节点编号在前，箭头节点编号在后，凡是箭尾节点没有编号，箭头节点不能编号；其二，在一个网络图中，所有节点不能出现重复编号，编号的号码可以按自然数顺序进行，也可以非连续编号，以便适应网络计划调整中增加工作的需要，编号留有余地。

② 节点编号的方法有两种：一种是水平编号法，即从起点节点开始由上到下逐行编号，每行则自左到右按顺序编号，如图 4-6 所示；另一种是垂直编号法，即从起点节点开始自左到右逐列编号，每列则根据编号规则的要求进行编号，如图 4-7 所示。

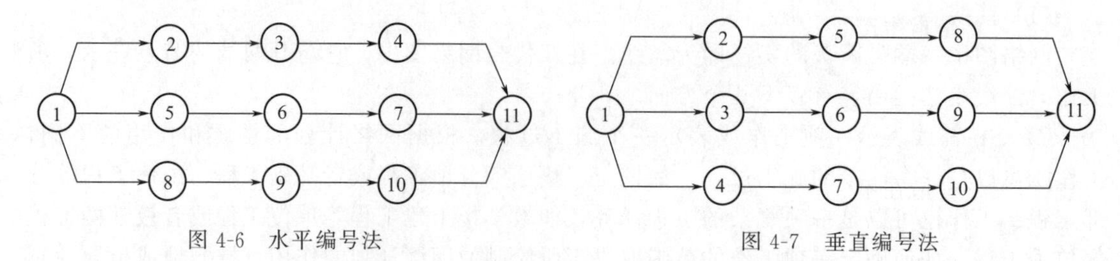

图 4-6　水平编号法　　　图 4-7　垂直编号法

4.2.1.2　紧前工作、紧后工作、平行工作

（1）紧前工作

紧排在本工作之前的工作称为本工作的紧前工作。双代号网络图中，本工作和紧前工作之间可能有虚工作。如图 4-8 所示，槽 1 是槽 2 的组织关系上的紧前工作；垫 1 和垫 2 之间虽有虚工作，但垫 1 仍然是垫 2 的组织关系上的紧前工作；槽 1 则是垫 1 的工艺关系上的紧前工作。

（2）紧后工作

紧排在本工作之后的工作称为本工作的紧后工作。双代号网络图中，本工作和紧后工作之间可能有虚工作。如图 4-8 所示，垫 2 是垫 1 的组织关系上的紧后工作；垫 1 是槽 1 的工艺关系上的紧后工作。

(3) 平行工作

可与本工作同时进行的工作称为本工作的平行工作，如图 4-8 所示，槽 2 是垫 1 的平行工作。

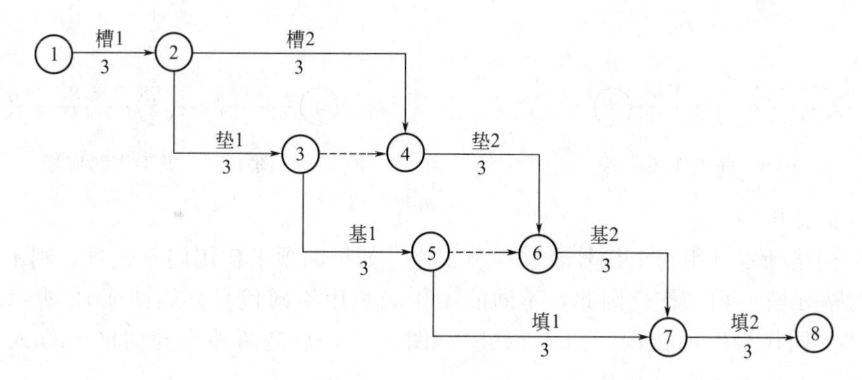

图 4-8　逻辑关系

4.2.1.3　内向箭线和外向箭线

(1) 内向箭线

指向某个节点的箭线称为该节点的内向箭线，如图 4-9(a) 所示。

(2) 外向箭线

从某节点引出的箭线称为该节点的外向箭线，如图 4-9(b) 所示。

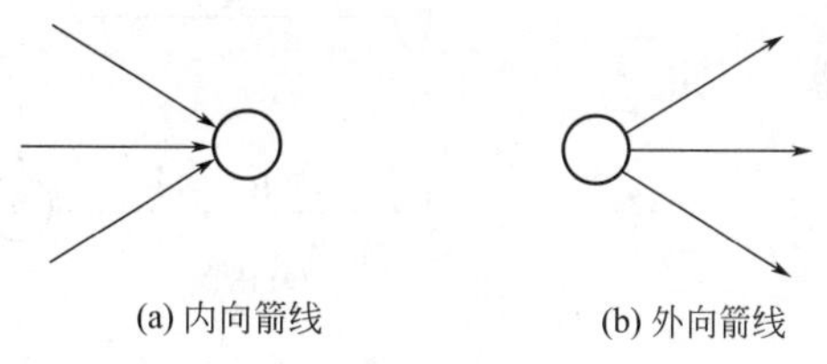

图 4-9　内向箭线和外向箭线

4.2.1.4　逻辑关系

工作之间相互制约或依赖的关系称为逻辑关系。工作之间的逻辑关系包括工艺关系和组织关系。

(1) 工艺关系

工艺关系是指生产工艺上客观存在的先后顺序关系，或者是非生产性工作之间由工作程序决定的先后顺序关系。例如，建筑工程施工时，先做基础，后做主体；先做结构，后做装修。工艺关系是不能随意改变的。如图 4-8 所示，槽 1→垫 1→基 1→填 1 为工艺关系。

(2) 组织关系

组织关系是指在不违反工艺关系的前提下，人为安排工作的先后顺序关系。例如，建筑群中各个建筑物的开工顺序的先后；施工对象的分段流水作业等。组织顺序可以根据具体情况，按安全、经济、高效的原则统筹安排。如图 4-8 所示，槽 1→槽 2；垫 1→垫 2 等为组织关系。

4.2.1.5　虚工作及其应用

双代号网络计划中，只表示前后相邻工作之间的逻辑关系，既不占用时间，也不耗用资源的虚拟的工作称为虚工作。虚工作用虚箭线表示，其表达形式可垂直方向向上或向下，也可水平方向向右，如图 4-10 所示，虚工作起着联系、区分、断路三个作用。

(1) 联系作用

虚工作不仅能表达工作间的逻辑连接关系，而且能表达不同幢号的房屋之间的相互联系。例如，工作 A、B、C、D 之间的逻辑关系为：工作 A 完成后同时进行 B、D 两项工作，工作 C 完成后进行工作 D。不难看出，A 完成后其紧后工作为 B，C 完成后其紧后工作为 D，很容易表达，但 D 又是 A 的紧后工作，为把 A 和 D 联系起来，必须引入虚工作 2-5，逻辑关系才能正确表达，如图 4-11 所示。

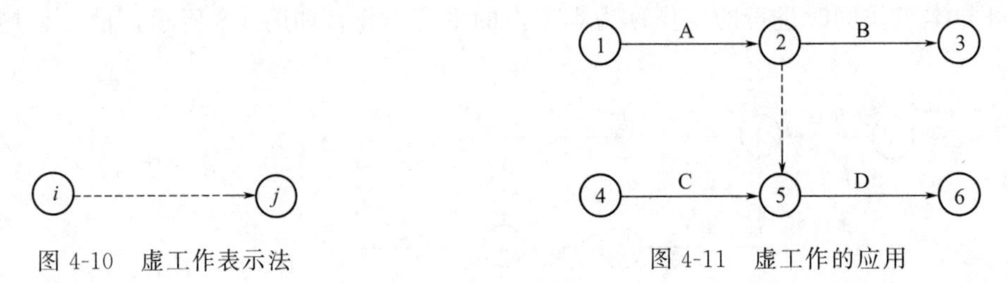

图 4-10　虚工作表示法　　图 4-11　虚工作的应用

（2）区分作用

双代号网络计划是用两个代号表示一项工作。如果两项工作用同一代号，则不能明确表示出该代号表示哪一项工作。因此，不同的工作必须用不同代号。如图 4-12 所示，图 4-12（a）出现“双同代号”的错误，图 4-12(b)、图 4-12(c）是两种不同的区分方式，图 4-12（d）则多画了一个不必要的虚工作。

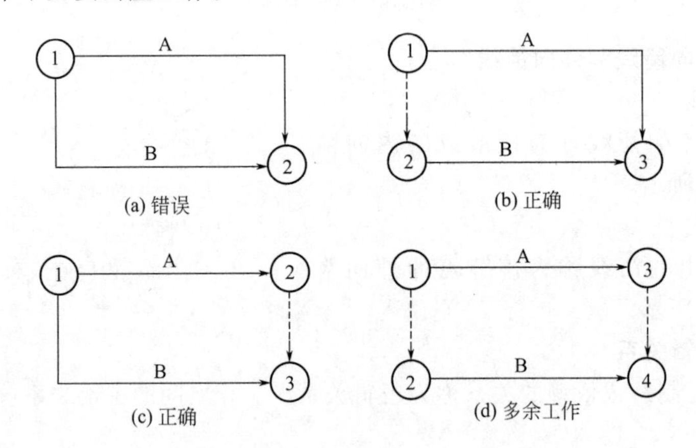

图 4-12　虚工作的区分作用

（3）断路作用

如图 4-13 所示为某基础工程挖基槽（A）、垫层（B）、基础（C）、回填土（D）四项工作的流水施工网络图。该网络图中出现了 A_2 与 C_1，B_2 与 D_1，A_3 与 C_2，D_1、B_3 与 D_2 四处把并无联系的工作联系上了，即出现了多余联系的错误。

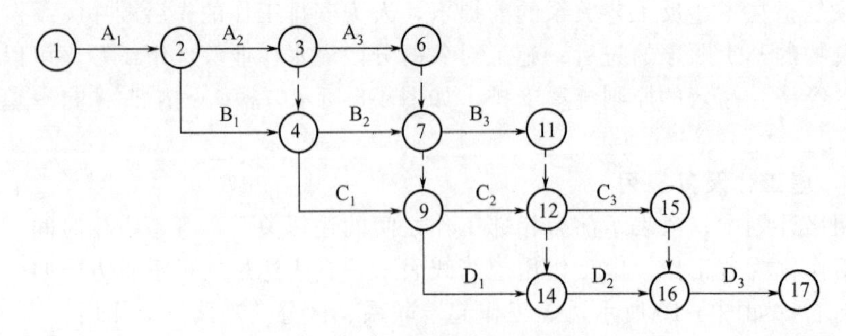

图 4-13　逻辑关系错误的网络图

为了正确表达工作间的逻辑关系，在出现逻辑错误的圆圈（节点）之间增设新节点（即虚工作），切断毫无关系的工作之间的联系，这种方法称为断路法。如图 4-14 中，增设节点⑤虚工作 4-5 切断了 A_2 与 C_1 之间的联系；同理，增设节点⑧、⑩、⑬，虚工作 7-8、9-10、

12-13 也都起到了相同的断路作用。然后，去掉多余的虚工作，经调整后的正确网络图，如图 4-15 所示。

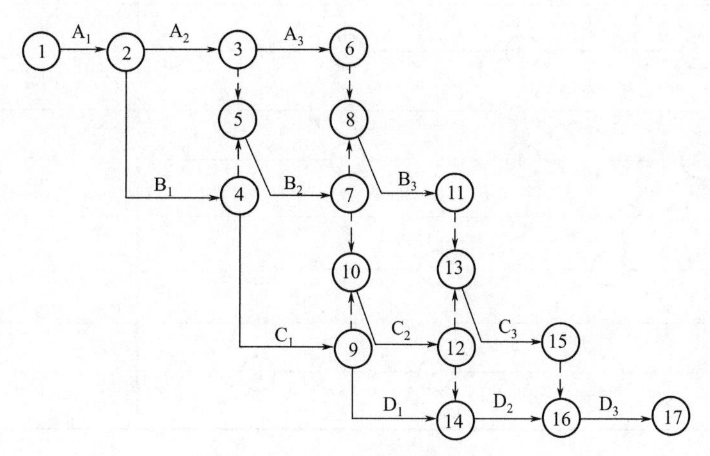

图 4-14　断路法切断多余联系

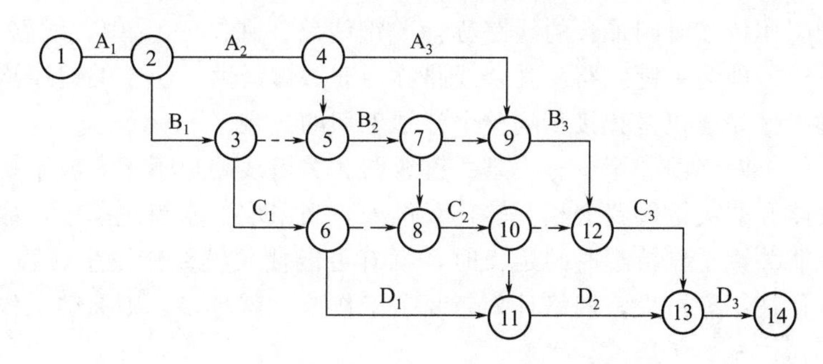

图 4-15　正确的网络图

由此可见，双代号网络图中虚工作是非常重要的，但在应用时要恰如其分，不能滥用，以必不可少为限。另外，增加虚工作后要进行全面检查，不要顾此失彼。

4.2.1.6　线路、关键线路、关键工作

(1) 线路

网络图中从起点节点开始，沿箭头方向顺序通过一系列箭线与节点，最后达到终点节点的通路称为线路。一个网络图中，从起点节点到终点节点，一般都存在着许多条线路，如图 4-16 所示中有四条线路，每条线路都包含若干项工作，这些工作的持续时间之和就是该线路的时间长度，即线路上总的工作持续时间。图 4-16 中四条线路各自的总持续时间见表 4-1。

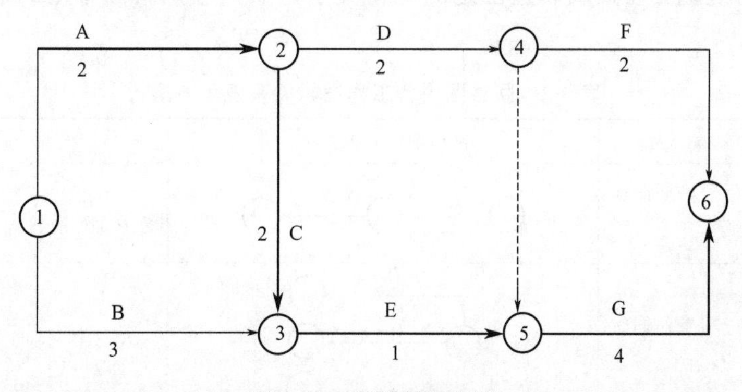

图 4-16　双代号网络图

表 4-1　线路的总持续时间

线路	总持续时间/天	关键线路/天
① —A(2)→ ② —C(2)→ ③ —E(1)→ ⑤ —G(4)→ ⑥	9	9
① —A(2)→ ② —D(2)→ ④ - - → ⑤ —G(4)→ ⑥	8	
① —B(3)→ ③ —E(1)→ ⑤ —G(4)→ ⑥	8	
① —A(2)→ ② —D(2)→ ④ —F(2)→ ⑥	6	

（2）关键线路和关键工作

线路上总的工作持续时间最长的线路称为关键线路。在图 4-16 中，线路 1-2-3-5-6 总的工作持续时间最长，即为关键线路。其余线路称为非关键线路。位于关键线路上的工作称为关键工作。关键工作完成快慢直接影响整个计划工期的实现。

一般来说，一个网络图中至少有一条关键线路。关键线路也不是一成不变的，在一定的条件下，关键线路和非关键线路会相互转化。例如，当采取技术组织措施，缩短关键工作的持续时间，或者非关键工作持续时间延长时，就有可能使关键线路发生转移。网络计划中，关键工作的比重往往不宜过大，网络计划越复杂工作节点就越多，则关键工作的比重应该越小，这样有利于抓住主要矛盾。

非关键线路都有若干机动时间（即时差），它意味着工作完成日期容许适当变动而不影响工期。时差的意义就在于可以使非关键工作在时差允许范围内放慢施工进度，将部分人、财、物转移到关键工作上去，以加快关键工作的进程；或者在时差允许范围内改变工作开始和结束时间，以达到均衡施工的目的。

关键线路宜用粗箭线、双箭线或彩色线标注，以突出其在网络计划中的重要位置。

4.2.2 双代号网络图的绘制

4.2.2.1　双代号网络图的绘图规则

① 双代号网络图必须正确表达已定的逻辑关系，双代号网络图常用的逻辑关系模型见表 4-2。

表 4-2　网络图中各工作逻辑关系表示方法

序号	工作之间的逻辑关系	网络图中表示方法	说明
1	有 A、B 两项工作按照依次施工方式进行	○ —A→ ○ —B→ ○	B 工作依赖着 A 工作，A 工作约束着 B 工作的开始
2	有 A、B、C 三项工作同时开始工作	○ —A→ ○；○ —B→ ○；○ —C→ ○（A、B、C 从同一节点出发）	A、B、C 三项工作称为平行工作

续表

序号	工作之间的逻辑关系	网络图中表示方法	说明
3	有 A、B、C 三项工作同时结束	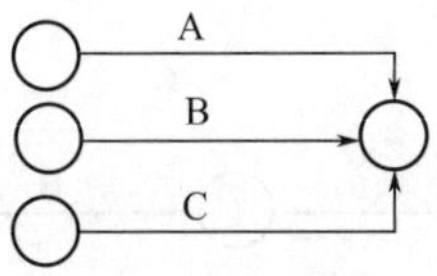 A B C	A、B、C 三项工作称为平行工作
4	有 A、B、C 三项工作，只有在 A 完成后 B、C 才能开始	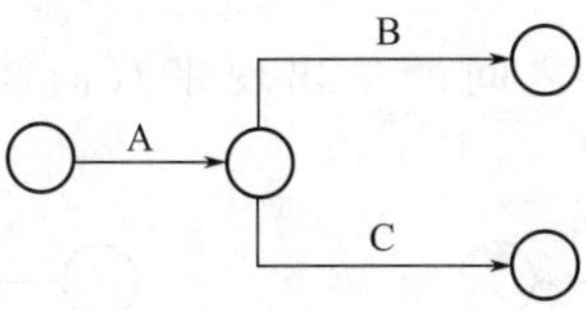 A B C	A 工作制约着 B、C 工作的开始。B、C 为平行工作
5	有 A、B、C 三项工作，只有在 A、B 完成后，C、D 才能开始	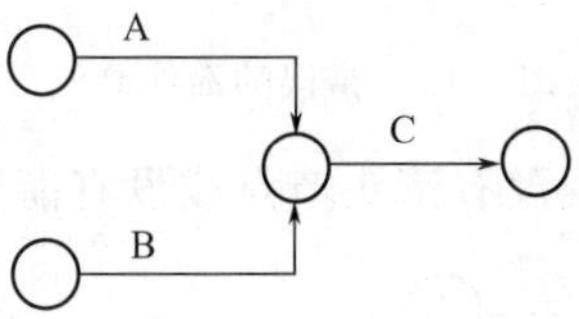 A C B	C 工作依赖着 A、B 工作。A、B 为平行工作
6	有 A、B、C、D 四项工作，只有当 A、B 完成后，C、D 才能开始	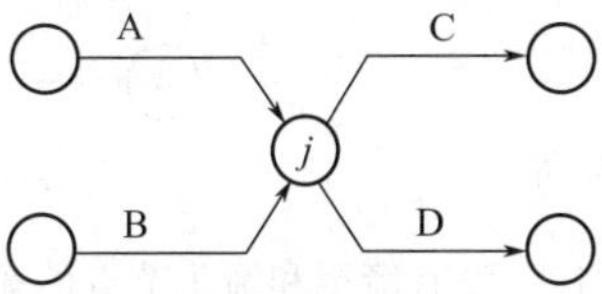 A C j B D	通过中间节点 j 正确地表达了 A、B、C、D 之间的关系
7	有 A、B、C、D 四项工作，A 完成后 C 才能开始；A、B 完成后 D 才开始	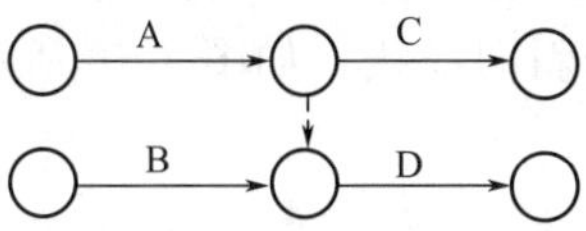 A C B D	D 与 A 之间引入了逻辑连接（虚工作），只有这样才能正确表达它们之间的约束关系
8	有 A、B、C、D、E 五项工作，A、B 完成后 C 开始；B、D 完成后 E 开始	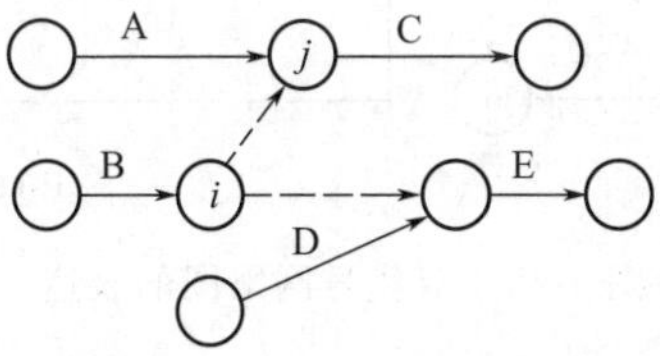 A j C B i E D	虚工作 ij 反映出 C 工作受到 B 工作的约束，虚工作 ik 反映出 E 工作受到 B 工作的约束
9	有 A、B、C、D、E 五项工作，A、B、C 完成后 D 才能开始；B、C 完成后 E 才能开始	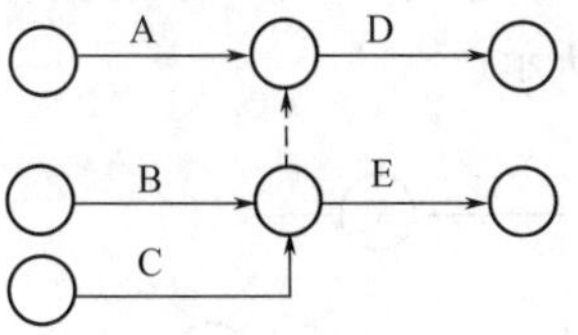 A D B E C	这是前面序号 1、5 情况通过虚工作连接起来，虚工作表示 D 工作受到 B、C 工作制约
10	A、B 两项工作分三个施工段，流水施工	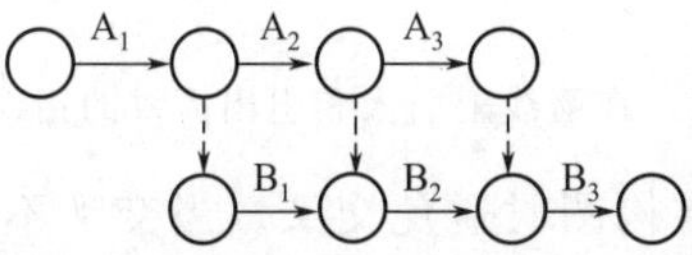 A_1 A_2 A_3 B_1 B_2 B_3	每个工种工程建立专业工作队，在每个施工段上进行流水作业，不同工种之间用逻辑搭接关系表示

② 双代号网络图中，严禁出现循环回路。所谓循环回路是指从一个节点出发，顺箭线

方向又回到原出发点的循环线路。如图 4-17 所示，就出现了循环回路 2-3-4-5-6-7-2。

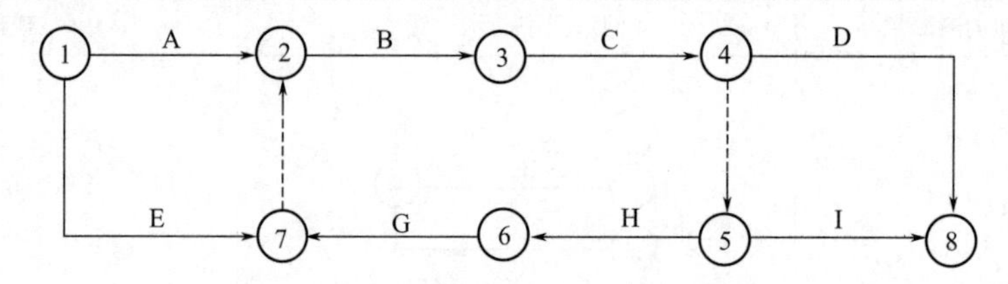

图 4-17　有循环回路的错误网络图

③ 双代号网络图中，在节点之间严禁出现带双向箭头和无箭头的连线，如图 4-18 所示。

图 4-18　错误的箭线画法

④ 双代号网络图中，严禁出现没有箭头节点或没有箭尾节点的箭线，如图 4-19 所示。

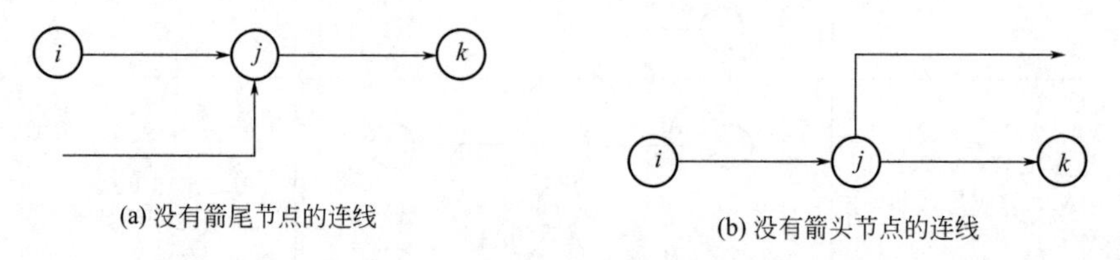

图 4-19　没有箭尾和箭头节点的箭线

⑤ 双代号网络图中的箭线（包括虚箭线）宜保持自左向右的方向，不宜出现箭头指向左方的水平箭线和箭头偏向左方的斜向箭线，如图 4-20 所示。若遵循这一原则绘制网络图，就不会有循环回路出现。

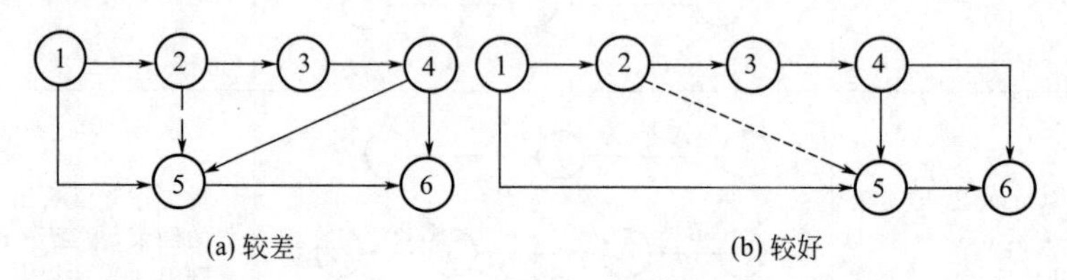

图 4-20　双代号网络图的表达

⑥ 双代号网络图中，一项工作只有唯一的一条箭线和相应的一对节点编号。严禁在箭线上引入或引出箭线。如图 4-21 所示。

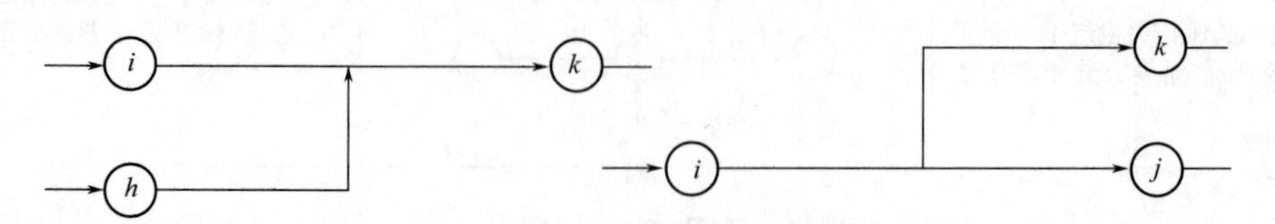

图 4-21　在箭线上引入和引出箭线的错误画法

⑦ 绘制网络图时，尽可能在构图时避免交叉。当交叉不可避免且交叉少时，采用过桥法，当箭线交叉过多，使用指向法，如图 4-22 所示。采用指向法时应注意节点编号指向的大小关系，保持箭尾节点的编号小于箭头节点编号。为了避免出现箭尾节点的编号大于箭头

节点的编号情况，指向法一般只在网络图已编号后才用。

⑧ 双代号网络图中只允许有一个起点节点（该节点编号最小没有内向箭线）；不是分期完成任务的网络图中，只允许有一个终点节点（该节点编号最大且没有外向工作）；而其他所有节点均是中间节点（既有内向箭线又有外向箭线）。如图 4-23(a) 所示，网络图中有三个起点节点①、②和⑤，有三个终点节点⑨、⑫和⑬的画法是错误的。应将①、②、⑤合并成一个起点节点，将⑨、⑫和⑬合并成一个终点节点，如图 4-23(b) 所示。

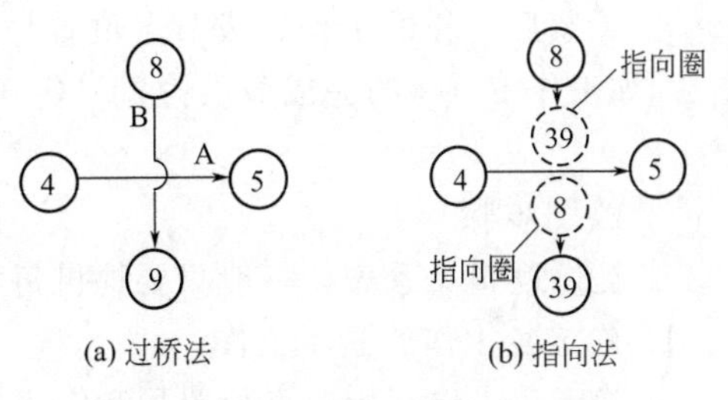

图 4-22　箭线交叉的表示方法

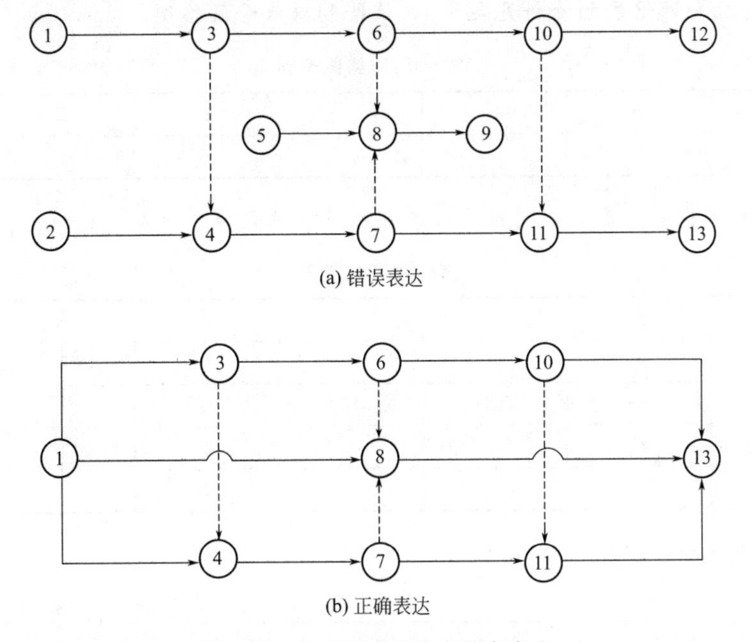

图 4-23　起点节点和终点节点表达

4.2.2.2　双代号网络图的绘制方法

(1) 节点位置法

为了使所绘制网络图中不出现逆向箭线和竖向实线箭线，在绘制网络图之前，先确定各个节点相对位置，再按节点位置号绘制网络图，如图 4-24 所示。

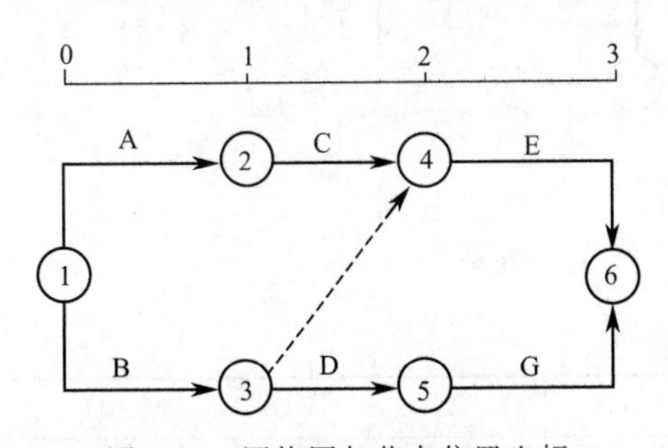

图 4-24　网络图与节点位置坐标

① 节点位置号确定的原则。以图 4-24 为例，说明节点位置号（即节点位置坐标）的确定原则。

a. 无紧前工作的工作的开始节点位置号为零。如工作 A、B 的开始节点位置号为 0。

b. 有紧前工作的工作的开始节点位置号等于其紧前工作的开始节点位置号的最大值加 1。如 E：紧前工作 B、C 的开始节点位置号分别为 0、1，则其节点位置号为 1+1=2。

c. 有紧后工作的工作的完成节点位置号等于其紧后工作的开始节点位置号的最小值。如 B：紧后工作 D、E 的开始节点位置分别为 1、2，则其节点位置号为1。

d. 无紧后工作的工作完成节点位置号等于有紧后工作的工作完成节点位置号的最大值加1。如工作E、G的完成节点位置号等于工作C、D的完成节点位置号的最大值加1，即2+1=3。

② 绘图步骤。

a. 提供逻辑关系表，一般只要提供每项工作的紧前工作；

b. 确定各工作的紧后工作；

c. 确定各工作开始节点位置号和完成节点位置号；

d. 根据节点位置号和逻辑关系绘出初始网络图；

e. 检查、修改、调整，绘制正式网络图。

【例4-1】 已知网络图的资料见表4-3，试绘制双代号网络图。

表4-3 网络图资料

工　作	A	B	C	D	E	G
紧前工作	—	—	—	B	B	C、D

【解】 (1) 列出关系表，确定出紧后工作和节点位置号，见表4-4。

表4-4 关系表

工　作	A	B	C	D	E	G
紧前工作	—	—	—	B	B	C、D
紧后工作	—	D、E	G	G	—	—
开始节点的位置号	0	0	0	1	1	2
完成节点的位置号	3	1	2	2	3	4

(2) 绘出网络图，如图4-25所示。

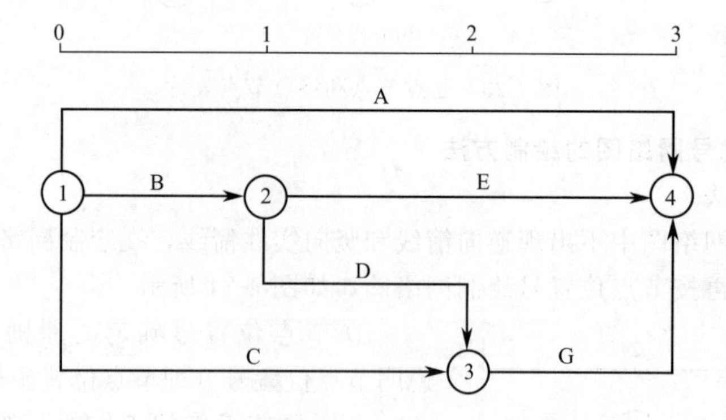

图4-25 网络图

【例4-2】 已知网络图的资料见表4-5，试绘制双代号网络图。

表4-5 网络图资料

工　作	A	B	C	D	E	G	H
紧前工作	—	—	—	—	A、B	B、C、D	C、D

【解】 第一步：用矩阵图确定紧后工作。其方法是先绘出以各项工作为纵横坐标的矩阵

图；再在横坐标方向上，根据网络资料表，是紧前工作者标注 1；然后查看纵坐标方向，凡标注有 1 者，即为该工作的紧后工作，如图 4-26 所示。

第二步：列出关系表，确定出节点位置号，见表 4-6。

表 4-6　关系表

工　作	A	B	C	D	E	G	H
紧前工作	—	—	—	—	A、B	B、C、D	C、D
紧后工作	E	E、G	G、H	G、H	—	—	—
开始节点的位置号	0	0	0	0	1	1	1
完成节点的位置号	1	1	1	1	2	2	2

第三步：绘制初始网络图。根据表 4-6 给定的逻辑关系及节点位置号，绘制出初始网络图，如图 4-27 所示。

	A	B	C	D	E	G	H
A							
B							
C							
D							
E	/	/					
G		/	/	/			
H			/	/			

图 4-26　矩阵图

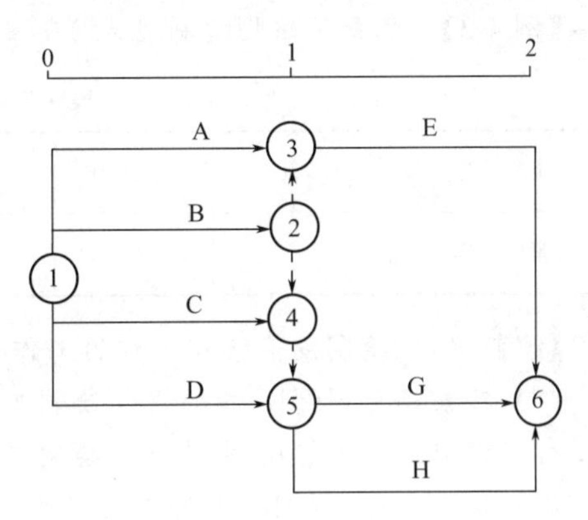

图 4-27　初始网络图

第四步：绘制正式网络图。检查、修改并进行结构调整，最后绘出正式网络图，如图 4-28 所示。

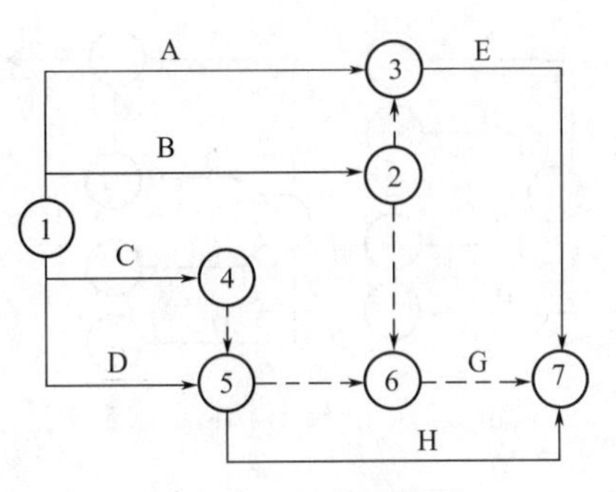

图 4-28　正式网络图

（2）逻辑草稿法

先根据网络图的逻辑关系，绘制出网络图草图，再结合绘图规则进行调整布局，最后形成正式网络图。当已知每一项工作的紧前工作时，可按下述步骤绘制双代号网络图：

① 绘制没有紧前工作的工作，使它们具有相同的箭尾节点，即起点节点。

② 依次绘制其他各项工作。这些工作的绘制条件是将其所有紧前工作都已经绘制出来。绘制原则为：

a. 当所绘制的工作只有一个紧前工作时，则将该工作的箭线直接画在其紧前工作的完成节点之后即可。

b. 当所绘制的工作有多个紧前工作时，应按以下四种情况分别考虑：

ⓐ 如果在其紧前工作中存在一项只作为本工作紧前工作的工作（即在紧前工作栏目中，

该紧前工作只出现一次)，则应将本工作箭线直接画在该紧前工作完成节点之后，然后用虚箭线分别将其他紧前工作的完成节点与本工作的开始节点相连，以表达它们之间的逻辑关系。

ⓑ 如果在其紧前工作中存在多项只作为本工作紧前工作的工作，则应将这些紧前工作的完成节点合并（利用虚工作或直接合并)，再从合并后的节点开始，画出本工作箭线，最后用虚箭线将其他紧前工作的箭头节点分别与工作开始节点相连，以表达他们之间的逻辑关系。

ⓒ 如果不存在情况ⓐ、ⓑ，应判断本工作的所有紧前工作是否都同时作为其他工作的紧前工作（即紧前工作栏目中，这几项紧前工作是否均同时出现若干次)。如果这样，应先将它们完成节点合并后，再从合并后的节点开始画出本工作箭线。

ⓓ 如果不存在情况ⓐ、ⓑ、ⓒ，则应将本工作箭线单独画在其紧前工作箭线之后的中部，然后用虚工作将紧前工作与本工作相连，表达逻辑关系。

③ 合并没有紧后工作的箭线，即为终点节点。

④ 确认无误，进行节点编号。

【例 4-3】 已知网络图资料见表 4-7，试绘制双代号网络图。

表 4-7 工作逻辑关系表

工　作	A	B	C	D	E	G	H
紧前工作	—	—	—	—	A、B	B、C、D	C、D

【解】 (1) 绘制没有紧前工作的工作箭线 A、B、C、D，如图 4-29(a) 所示。

(2) 按前述原则②b. 中情况ⓐ绘制工作 E，如图 4-29(b) 所示。

(3) 按前述原则②b. 中情况ⓒ绘制工作 H，如图 4-29(c) 所示。

(4) 按前述原则②b. 中情况ⓓ绘制工作 G，并将工作 E、G、H 合并，如图 4-29(d) 所示。

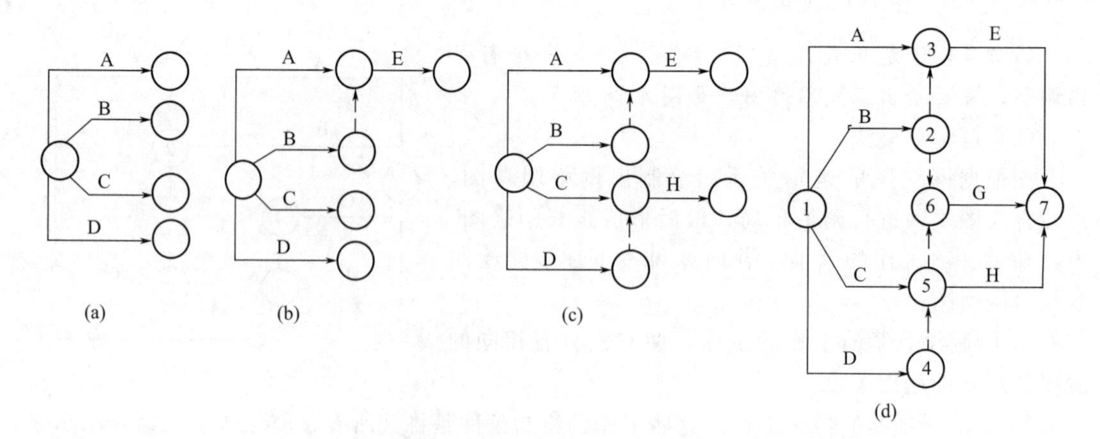

图 4-29 双代号网络图绘图

4.2.2.3 绘制双代号网络图注意事项

① 网络图布局要条理清楚、重点突出　虽然网络图主要用以表达各工作之间的逻辑关系，但为了使用方便，布局应条理清楚、层次分明、行列有序，同时还应突出重点，尽量把关键工作和关键线路布置在中心位置。

② 正确应用虚箭线进行网络图的断路　应用虚箭线进行网络图断路，是正确表达工作之间逻辑关系的关键。如图 4-30 所示，某双代号网络图出现多余联系可采用以下两种方法进行断路：一种是横向用虚箭线切断无逻辑关系的工作之间联系，称为横向断路法，如图 4-31 所示，这种方法主要用于无时间坐标的网络；另一种是在纵向用虚箭线切断无逻辑关系的工作之间的联系，称为纵向断路法，如图 4-32 所示，这种方法主要用于有时间坐标的网络图中。

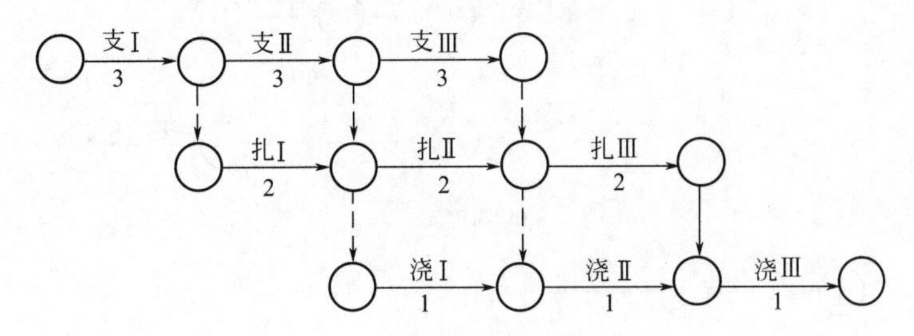

图 4-30　某多余联系代号网络图

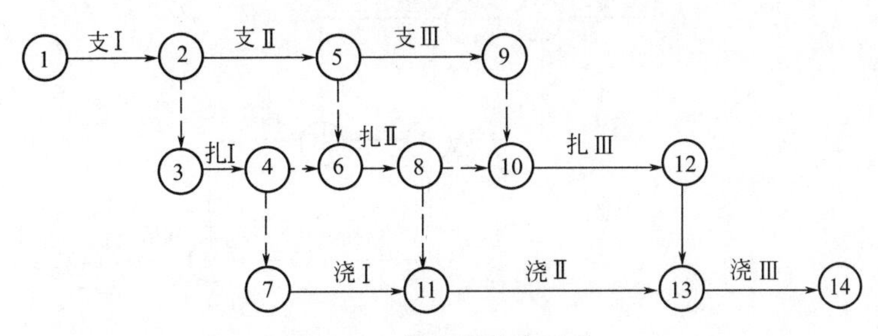

图 4-31　横向断路法示意

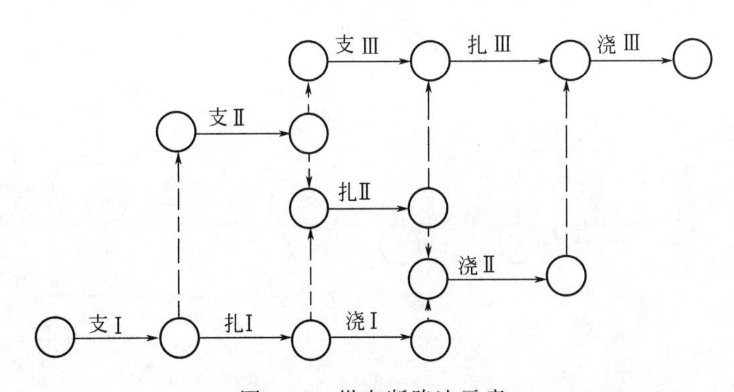

图 4-32　纵向断路法示意

③ 力求减少不必要的箭线和节点　双代号网络图中，应在满足规则和两个节点一根箭线代表一项工作的原则基础上，力求减少不必要的箭线和节点，使网络图简捷，减少时间参数的计算量。如图 4-33(a) 所示，该图在施工顺序、流水关系及逻辑关系上均是合理的，但它过于烦琐。如果将不必要的节点箭线去掉，网络图则更加明快、简单，同时并不改变原有的逻辑关系，如图 4-33(b) 所示。

④ 网络图的分解　当网络图中的工作任务较多时，可以把它分成几个小块来绘制。分界点一般选择在箭线和节点较少的位置，或按施工部位分块。分界点要用重复编号，即前一块的最后一节点编号与后一块的第一个节点编号相同。如图 4-34 所示为一民用建筑基础工程和主体工程的分解。

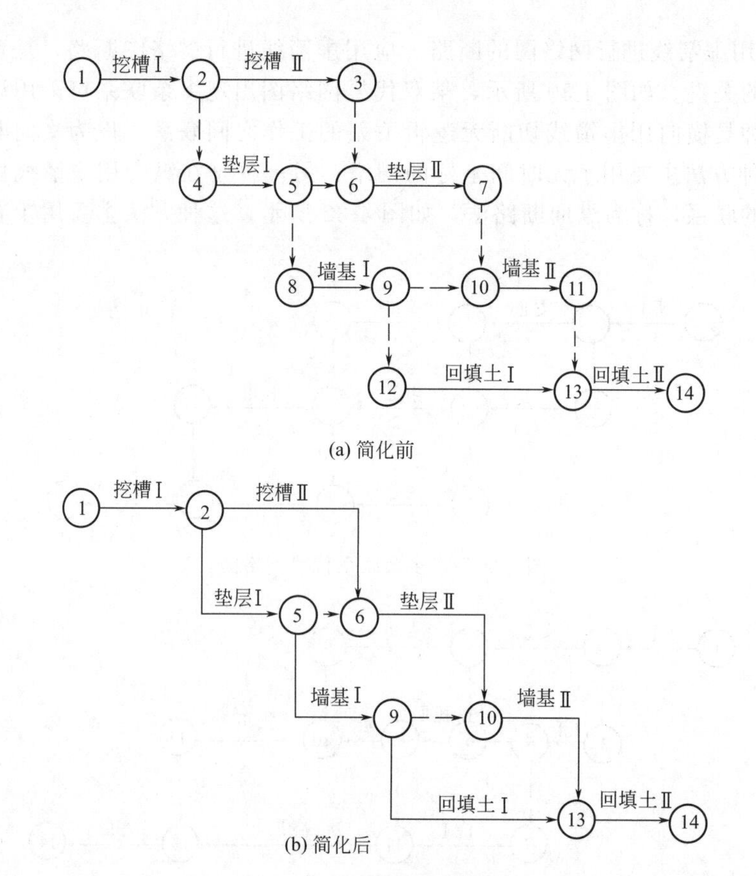

(a) 简化前

(b) 简化后

图 4-33　网络图简化示意

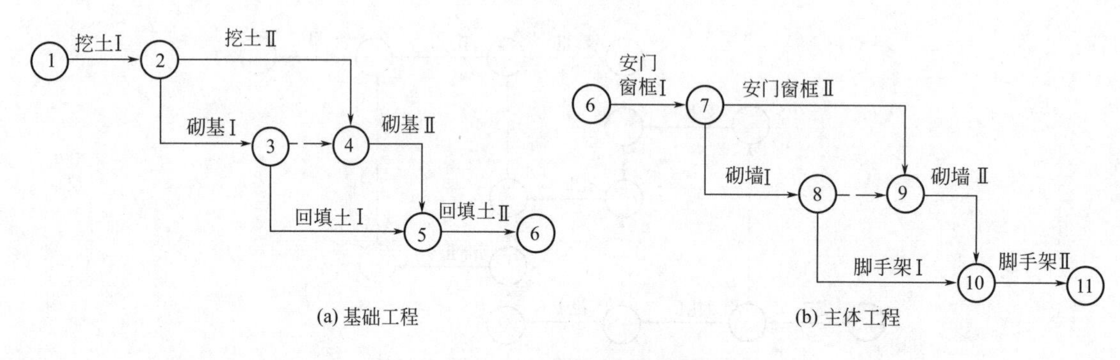

(a) 基础工程　　(b) 主体工程

图 4-34　网络图的分解

4.2.2.4　网络图的拼图

（1）网络图的排列

网络图采用正确的排列方式，逻辑关系准确清晰，形象直观，便于计算与调整。主要排列方式有以下几种。

二维码4.1

网络图的绘制

① 混合排列。对于简单的网络图，可根据施工顺序和逻辑关系将各施工过程对称排列，如图 4-35 所示。其特点是构图美观、形象、大方。

② 按施工过程排列。根据施工顺序把各施工过程按垂直方向排列，施工段按水平方向排列，如图 4-36 所示。其特点是相同工种在同一水

平线上，突出不同工种的工作情况。

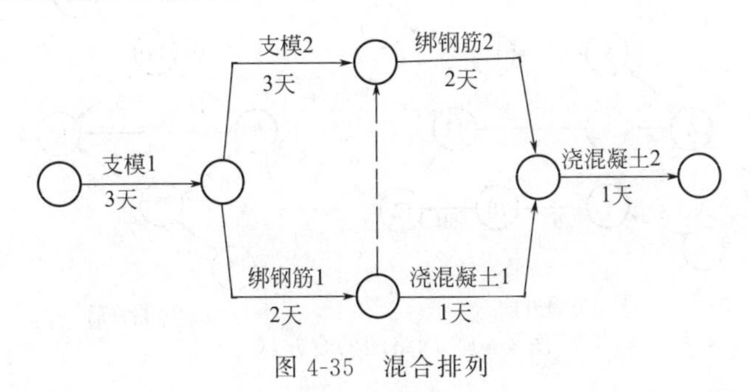

图 4-35　混合排列

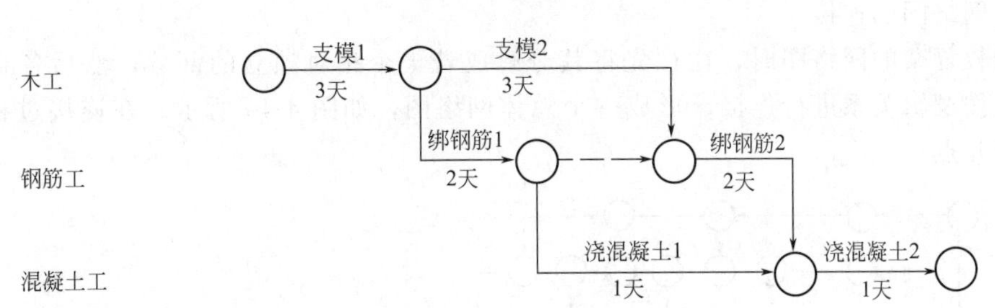

图 4-36　按施工过程排列

③ 按施工段排列。同一施工段上的有关施工过程按水平方向排列，施工段按垂直方向排列，如图 4-37 所示。其特点是同一施工段的工作在同一水平线上，反映出分段施工的特征，突出工作面的利用情况。

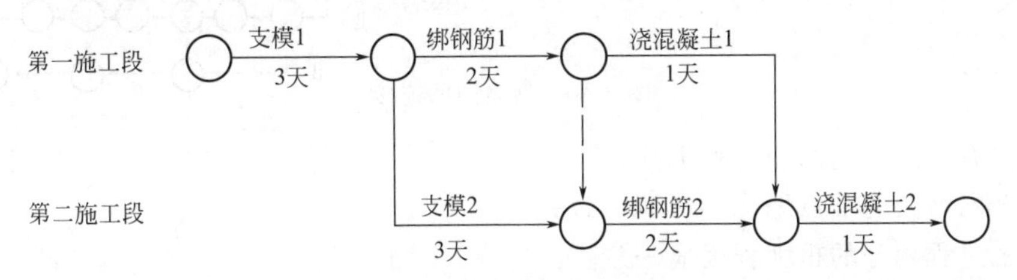

图 4-37　按施工段排列

（2）网络图的工作合并

为了简化网络图，可将较详细的相对独立的局部网络图变为较概括的少箭线的网络图。

网络图工作合并的基本方法是：保留局部网络图中与外部工作相联系的节点，合并后箭线所表达的工作持续时间为合并前该部分网络图中相应最长线路段的工作时间之和。如图 4-38、图 4-39 所示。

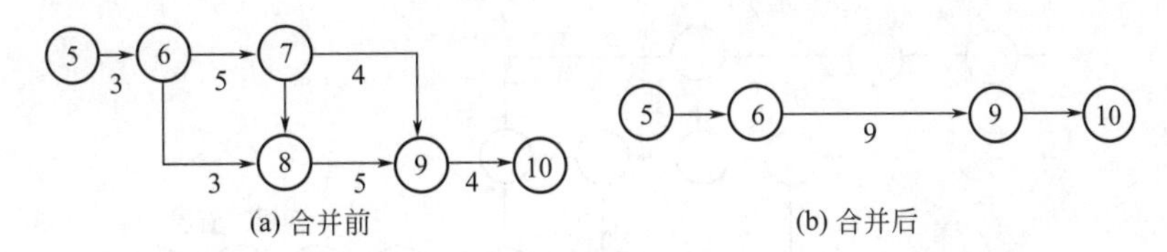

图 4-38　网络图的合并（一）

网络图的合并主要适用于群体工程施工控制网络图和施工单位的季度、年度控制网络图的编制。

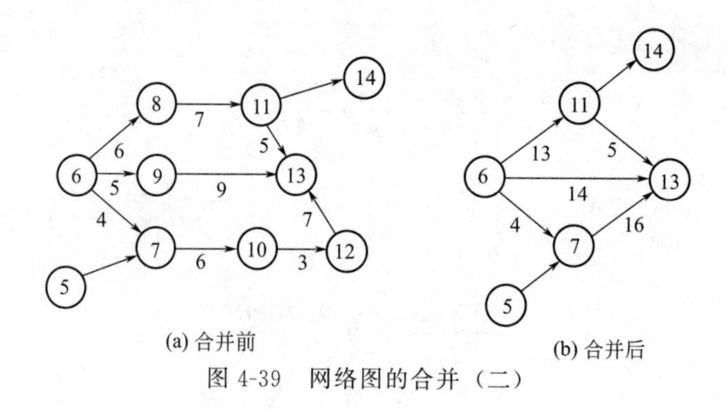

图 4-39　网络图的合并（二）

（3）网络图的连接

绘制较复杂的网络图时，往往先将其分解成若干个相对独立的部分，然后各自分头绘制，最后按逻辑关系进行连接，形成一个总体网络图，如图 4-40 所示。在连接过程中，应注意以下几点。

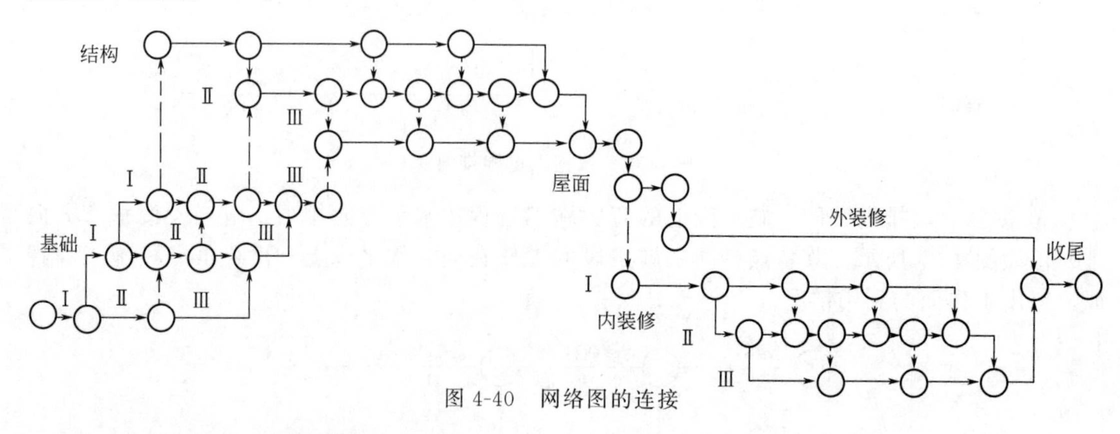

图 4-40　网络图的连接

① 必须有统一的构图和排列形式；

② 整个网络图的节点编号要协调一致；

③ 施工过程划分的粗细程度应一致：

④ 各分部工程之间应预留连接节点。

（4）网络图的详略组合

在网络图的绘制中，为了简化网络图图画，更是为了突出网络计划的重点，常常采取“局部详细、整体简略”绘制的方式，称为详略组合。例如，编制有标准层的多高层住宅或公寓写字楼等工程施工网络计划，可以先将施工工艺和工程量与其他楼层均相同的标准网络图绘出，其他则简略为一根箭线表示，如图 4-41 所示。

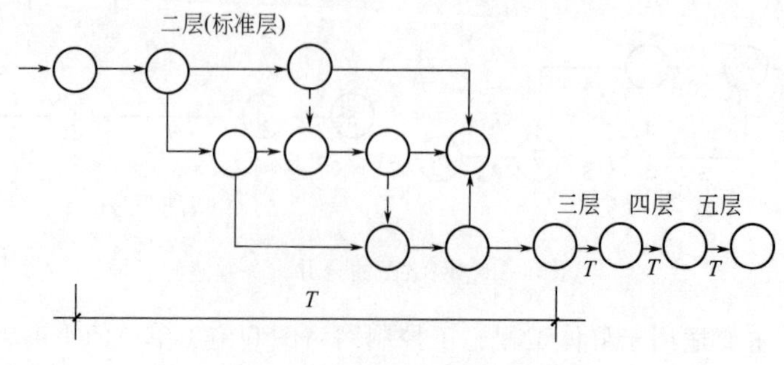

图 4-41　网络图的详略组合

4.2.3 双代号网络计划时间参数的计算

根据工程对象各项工作的逻辑关系和绘图规则绘制网络是一种定性的过程，只有进行时间参数的计算这样一个定量的过程，才使网络计划具有实际应用价值。计算网络计划时间参数的目的主要有三个：第一，确定关键线路和关键工作，便于施工中抓住重点，向关键线路要时间；第二，明确非关键工作及其在施工中时间上有多大的机动性，便于挖掘潜力，统筹全局，部署资源；第三，确定总工期，做到工程进度心中有数。

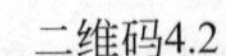
二维码4.2

双代号网络图
时间参数的计算

4.2.3.1 网络计划时间参数的概念及符号

(1) 工作持续时间

工作持续时间是指一项工作从开始到完成的时间，用 D 表示。其主要计算方法有：

① 参照以往实践经验估算；

② 经过试验推算；

③ 有标准可查，按定额计算。

(2) 工期　工期是指完成一项任务所需要的时间，一般有以下三种工期。

① 计算工期：是指根据时间参数计算所得到的工期，用 T_c 表示；

② 要求工期：是指任务委托人提出的指令性工期，用 T_r 表示；

③ 计划工期：是指根据要求工期和计划工期所确定的作为实施目标的工期，用 T_p 表示。

当规定了要求工期时：$T_p \leqslant T_r$

当未规定要求工期时：$T_p = T_c$

(3) 网络计划中工作的时间参数

网络计划中的时间参数有六个：最早开始时间、最早完成时间、最迟完成时间、最迟开始时间、总时差、自由时差。

① 最早开始时间和最早完成时间。最早开始时间指各紧前工作全部完成后，本工作有可能完成的最早时刻。工作的最早开始用 ES 表示。

最早完成时间是指各紧前工作全部完成后，本工作有可能完成的最早时刻。工作的最早完成时间用 EF 表示。

此类时间参数的实质是提出了紧后工作与紧前工作的关系，即紧后工作若提前开始，也不能提前到其紧前工作未完成之前。就整个网络图而言，受到起点的控制。因此，其计算程序为：自起点节开始，顺着箭线方向，用累加的方法计算到终点节点。

② 最迟完成时间和最迟开始时间。最迟完成时间是指在不影响整个任务按期完成的前提下，工作必须完成的最迟时刻。工作的最迟完成时间用 LF 表示。

最迟开始时间是指在不影响整个任务按期完成的前提下，工作必须开始的最迟时刻。工作的最迟开始时间用 LS 表示。

此类时间参数的实质是提出紧前工作与紧后工作的关系，即紧前工作要推迟开始，不能影响其紧后工作的按期完成。就整个网络图而言，受到终点节点（即计算工期）的控制。因此，其计算程序为：自终点节点开始，逆着箭线方向，用累减的方法计算到起点节点。

③ 总时差和自由时差。总时差是指在不影响总工期的前提下，本工作可以利用的机动

时间。工作的总时差用 TF 表示。

自由时差是指在不影响其紧后工作最早开始时间的前提下，本工作可以利用的机动时间。工作的自由时差用 FF 表示。

（4）网络计划中节点的时间参数及其计算程序

① 节点最早时间。双代号网络计划中，以该节点为开始节点的各项工作的最早开始时间，称为节点最早时间。节点 i 的最早时间用 ET_i 表示。其计算程序为：自起点节点开始，顺着箭线方向，用累加的方法计算到终点节点。

② 节点最迟时间。双代号网络计划中，以该节点为结束节点的各项工作的最迟开始时间，称为节点最迟时间。节点 i 的最迟时间用 LT_i 表示。其计算程序为：自终点节点开始，逆着箭线方向，用累减的方法计算到起点节点。

（5）常用符号

设有线路 h-i-j-k，则：

$D_{i\text{-}j}$——工作 i-j 的持续时间；

$D_{h\text{-}i}$——工作 i-j 的紧前工作 h-i 的持续时间；

$D_{j\text{-}k}$——工作 i-j 紧后工作 j-k 的持续时间；

$ES_{i\text{-}j}$——工作 i-j 的最早开始时间；

$EF_{i\text{-}j}$——工作 i-j 的最早完成时间；

$LF_{i\text{-}j}$——在总工期已经确定的情况下，i-j 的最迟完成时间；

$LS_{i\text{-}j}$——在总工期已经确定的情况下，i-j 的最迟开始时间；

ET_i——节点 i 的最早时间；

LT_i——节点 i 的最迟时间；

$TF_{i\text{-}j}$——工作 i-j 的总时差；

$FF_{i\text{-}j}$——工作 i-j 的自由时差。

4.2.3.2 双代号网络计划时间参数的计算

双代号网络计划时间参数的计算方法通常有工作计算法、节点计算法、图上计算法和表上计算法四种。

（1）工作计算法

按工作计算法计算时间参数应在确定了各项工作的持续时间之后进行。虚工作也必须视同工作进行计算，其持续时间为零。时间参数的计算结果应标注在箭线之上，如图 4-42 所示。

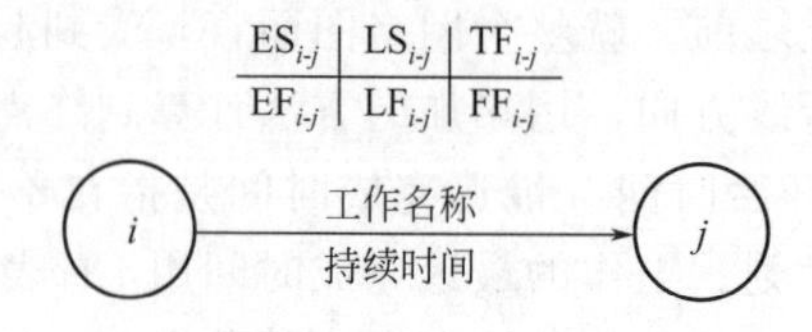

图 4-42　按工作计算法的标注内容

下面以某双代号网络计划（图 4-43）为例，说明其计算步骤。

① 计算各工作的最早开始时间和最早完成时间。各项工作的最早完成时间等于其最早开始时间加上工作持续时间，即

$$EF_{i\text{-}j}=ES_{i\text{-}j}+D_{i\text{-}j} \tag{4-1}$$

计算工作最早时间参数时，一般有以下三种情况：

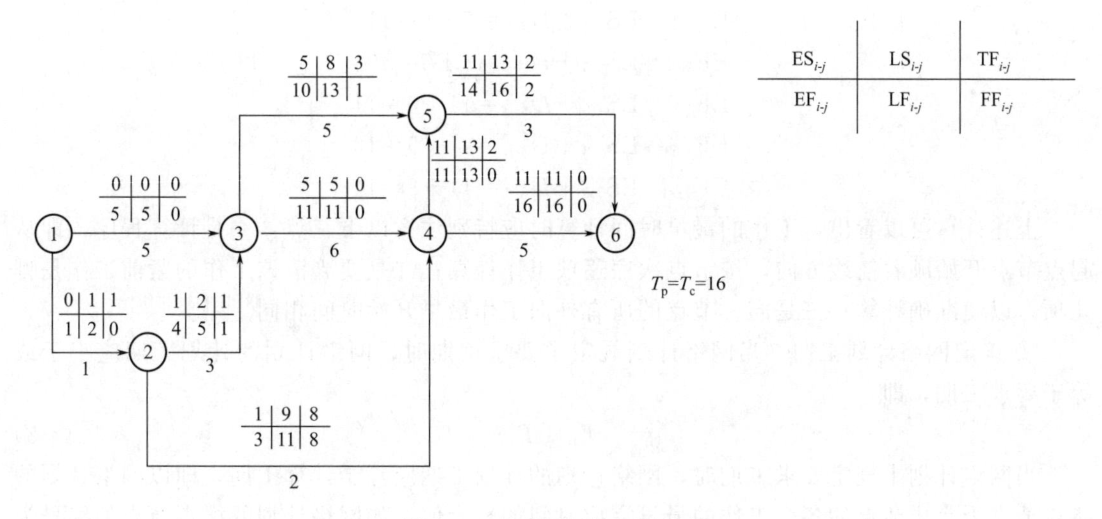

图 4-43 某代号网络图的计算

a. 当工作以起点节点为开始节点时，其最早开始时间为零（或规定时间），即：

$$ES_{i\text{-}j}=0 \tag{4-2}$$

b. 当工作只有一项紧前工作时，该工作的最早开始时间应为其紧前工作的最早完成时间，即：

$$ES_{i\text{-}j}=EF_{h\text{-}i}=ES_{h\text{-}i}+D_{h\text{-}i} \tag{4-3}$$

c. 当工作有多个紧前工作时，该工作的最早开始时间应为其所有紧前工作的最早完成时间最大值，即：

$$ES_{i\text{-}j}=\max\{EF_{h\text{-}i}\}=\max\{ES_{h\text{-}i}+D_{h\text{-}i}\} \tag{4-4}$$

如图 4-43 所示的网络计划中，各工作的最早开始时间和最早完成时间计算如下。

工作的最早开始时间：

$$ES_{1\text{-}2}=ES_{1\text{-}3}=0$$

$$ES_{2\text{-}3}=ES_{1\text{-}2}+D_{1\text{-}2}=0+1=1$$

$$ES_{2\text{-}4}=ES_{2\text{-}3}=1$$

$$ES_{3\text{-}4}=\max\begin{Bmatrix}ES_{1\text{-}3}+D_{1\text{-}3}\\ES_{2\text{-}3}+D_{2\text{-}3}\end{Bmatrix}=\max\begin{Bmatrix}0+5\\1+3\end{Bmatrix}=5$$

$$ES_{3\text{-}5}=ES_{3\text{-}4}=5$$

$$ES_{4\text{-}5}=\max\begin{Bmatrix}ES_{2\text{-}4}+D_{2\text{-}4}\\ES_{3\text{-}4}+D_{3\text{-}4}\end{Bmatrix}=\max\begin{Bmatrix}1+2\\5+6\end{Bmatrix}=11$$

$$ES_{4\text{-}6}=ES_{4\text{-}5}=11$$

$$ES_{5\text{-}6}=\max\begin{Bmatrix}ES_{3\text{-}5}+D_{3\text{-}5}\\ES_{4\text{-}5}+D_{4\text{-}5}\end{Bmatrix}=\max\begin{Bmatrix}5+5\\11+0\end{Bmatrix}=11$$

工作的最早完成时间：

$$EF_{1\text{-}2}=ES_{1\text{-}2}+D_{1\text{-}2}=0+1=1$$

$$EF_{1\text{-}3}=ES_{1\text{-}3}+D_{1\text{-}3}=0+5=5$$

$$EF_{2\text{-}3}=ES_{2\text{-}3}+D_{2\text{-}3}=1+3=4$$

$$EF_{2\text{-}4}=ES_{2\text{-}4}+D_{2\text{-}4}=1+2=3$$

$$EF_{3\text{-}4}=ES_{3\text{-}4}+D_{3\text{-}4}=5+6=11$$
$$EF_{3\text{-}5}=ES_{3\text{-}5}+D_{3\text{-}5}=5+5=10$$
$$EF_{4\text{-}5}=ES_{4\text{-}5}+D_{4\text{-}5}=11+0=11$$
$$EF_{4\text{-}6}=ES_{4\text{-}6}+D_{4\text{-}6}=11+5=16$$
$$EF_{5\text{-}6}=ES_{5\text{-}6}+D_{5\text{-}6}=11+3=14$$

上述计算可以看出，工作的最早时间计算时应特别注意以下三点：一是计算程序，即从起点节点开始顺着箭线方向，按节点次序逐项工作计算；二是要弄清该工作的紧前工作是哪几项，以便准确计算；三是同一节点的所有外向工作最早开始时间相同。

② 确定网络计划工期。当网络计划规定了要求工期时，网络计划的计划工期应小于或等于要求工期，即

$$T_p \leqslant T_t \tag{4-5}$$

当网络计划未规定要求工期时，网络计划的计划工期应等于计算工期，即以网络计划的终点节点为完成节点的各个工作的最早完成时间的最大值，如网络计划的终点节点的编号为 n，则计算工期 T_c 为：

$$T_p=T_c=\max\{EF_{i\text{-}n}\} \tag{4-6}$$

如图 4-43 所示，网络计划的计算工期为：$T_c=\max\begin{Bmatrix}EF_{4\text{-}6}\\EF_{5\text{-}6}\end{Bmatrix}=\max\begin{Bmatrix}16\\14\end{Bmatrix}=16$

③ 计算各工作的最迟完成时间和最迟开始时间。各工作的最迟开始时间等于其最迟完成时间减去工作持续时间，即

$$LS_{i\text{-}j}=LF_{i\text{-}j}-D_{i\text{-}j} \tag{4-7}$$

计算工作最迟完成时间参数时，一般有以下三种情况。

a. 当工作的终点节点为完成节点时，其最迟完成时间为网络计划的计划工期，即

$$LF_{i\text{-}n}=T_p \tag{4-8}$$

b. 当工作只有一项紧后工作时，该工作的最迟完成时间应为其紧后工作的最迟开始时间，即：

$$LF_{i\text{-}j}=LS_{j\text{-}k}=LF_{j\text{-}k}-D_{j\text{-}k} \tag{4-9}$$

c. 当工作有多项紧后工作时，该工作的最迟完成时间应为其多项紧后工作最迟开始时间的最小值，即：

$$LF_{i\text{-}j}=\min\{LS_{j\text{-}k}\}=\min\{LF_{j\text{-}k}-D_{j\text{-}k}\} \tag{4-10}$$

如图 4-43 所示的网络计划中，各工作的最迟完成时间和最迟开始时间计算如下：

工作的最迟完成时间：

$$LF_{4\text{-}6}=T_c=16$$
$$LF_{5\text{-}6}=LF_{4\text{-}6}=16$$
$$LF_{3\text{-}5}=LF_{5\text{-}6}-D_{5\text{-}6}=16-3=13$$
$$LF_{4\text{-}5}=LF_{3\text{-}5}=13$$
$$LF_{2\text{-}4}=\max\begin{Bmatrix}LF_{4\text{-}5}-D_{4\text{-}5}\\LF_{4\text{-}6}-D_{4\text{-}6}\end{Bmatrix}=\min\begin{Bmatrix}13-0\\16-5\end{Bmatrix}=11$$
$$LF_{3\text{-}4}=LF_{2\text{-}4}=11$$
$$LF_{1\text{-}3}=\min\begin{Bmatrix}LF_{3\text{-}4}-D_{3\text{-}4}\\LF_{3\text{-}5}-D_{3\text{-}5}\end{Bmatrix}=\min\begin{Bmatrix}11-6\\13-5\end{Bmatrix}=5$$

$$LF_{2\text{-}3}=LF_{1\text{-}3}=5$$

$$LF_{1\text{-}2}=\min\begin{Bmatrix}LF_{3\text{-}4}-D_{3\text{-}4}\\LF_{3\text{-}5}-D_{3\text{-}5}\end{Bmatrix}=\min\begin{Bmatrix}5-3\\11-2\end{Bmatrix}=2$$

工作的最迟开始时间：

$$LS_{4\text{-}6}=LF_{4\text{-}6}-D_{4\text{-}6}=16-5=11$$
$$LS_{5\text{-}6}=LF_{5\text{-}6}-D_{5\text{-}6}=16-3=13$$
$$LS_{3\text{-}5}=LF_{3\text{-}5}-D_{3\text{-}5}=13-5=8$$
$$LS_{4\text{-}5}=LF_{4\text{-}5}-D_{4\text{-}5}=13-0=13$$
$$LS_{2\text{-}4}=LF_{2\text{-}4}-D_{2\text{-}4}=11-2=9$$
$$LS_{3\text{-}4}=LF_{3\text{-}4}-D_{3\text{-}4}=11-6=5$$
$$LS_{1\text{-}3}=LF_{1\text{-}3}-D_{1\text{-}3}=5-5=0$$
$$LS_{2\text{-}3}=LF_{2\text{-}3}-D_{2\text{-}3}=5-3=2$$
$$LS_{1\text{-}2}=LF_{1\text{-}2}-D_{1\text{-}2}=2-1=1$$

上述计算可以看出，工作的最迟时间计算时应特别注意以下三点：一是计算程序，即从终点节点开始逆着箭线方向，按节点次序逐项工作计算；二是要弄清该工作紧后工作有哪几项，以便正确计算；三是同一节点的所有内向工作最迟完成时间相同。

④ 计算各工作的总时差。如图 4-44 所示，在不影响总工期的前提下，一项工作可以利用的时间范围是从该工作最早开始时间到最迟完成时间，即工作从最早开始时间或最迟开始时间开始，均不会影响工期。而工作实际需要的持续时间是 $D_{i\text{-}j}$，扣去 $D_{i\text{-}j}$ 后，余下的一段时间就是工作可以利用的机动时间，即为总时差。所以总时差等于最迟开始时间减去最早开始时间，或最迟完成时间减去最早完成时间，即：

$$TF_{i\text{-}j}=LS_{i\text{-}j}-ES_{i\text{-}j} \tag{4-11}$$

或 $$TF_{i\text{-}j}=LF_{i\text{-}j}-EF_{i\text{-}j} \tag{4-12}$$

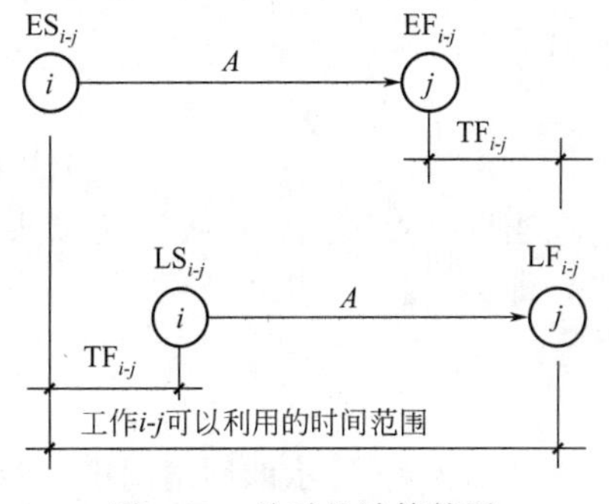

图 4-44　总时差计算简图

如图 4-43 所示的网络图中，各工作的总时差计算如下；

$$TF_{1\text{-}2}=LS_{1\text{-}2}-ES_{1\text{-}2}=1-0=1$$
$$TF_{1\text{-}3}=LS_{1\text{-}3}-ES_{1\text{-}3}=0-0=0$$
$$TF_{2\text{-}3}=LS_{2\text{-}3}-ES_{2\text{-}3}=2-1=1$$
$$TF_{2\text{-}4}=LS_{2\text{-}4}-ES_{2\text{-}4}=9-1=8$$
$$TF_{3\text{-}4}=LS_{3\text{-}4}-ES_{3\text{-}4}=5-5=0$$
$$TF_{3\text{-}5}=LS_{3\text{-}5}-ES_{3\text{-}5}=8-5=3$$
$$TF_{4\text{-}5}=LS_{4\text{-}5}-ES_{4\text{-}5}=13-11=2$$
$$TF_{4\text{-}6}=LS_{4\text{-}6}-ES_{4\text{-}6}=11-11=0$$
$$TF_{5\text{-}6}=LS_{5\text{-}6}-ES_{5\text{-}6}=13-11=2$$

通过计算不难看出总时差有如下特性：

a. 凡是总时差为最小的工作就是关键工作；由关键工作连接构成的线路为关键线路；关键线路上各工作时间之和即为总工期。如图 4-43 所示，工作 1-3、3-4、4-6 为关键工作，线路 1-3-4-6 为关键线路。

b. 当网络计划的计划工期等于计算工期时，凡总时差大于零的工作为非关键工作，凡是具有非关键工作的线路即为非关键线路。非关键线路与关键线路相交时的相关节点把非关键线路划分成若干个非关键线路段，各段有各段的总时差，相互没有关系。

c. 总时差的使用具有双重性，它既可以被该工作使用，但又属于某非关键线路所共有。当某项工作使用了全部或部分总时差时，则将引起通过该工作的线路上所有工作总时差重新分配。例如图 4-43 中，非关键线路段 3-5-6 中，$TF_{3\text{-}5}=3$ 天，$TF_{5\text{-}6}=2$ 天，如果工作 3-5 使用了 3 天机动时间，则工作 5-6 就没有总时差可利用；反之若工作 5-6 使用了 2 天机动时间，则工作 3-5 就只有 1 天时差可以利用了。

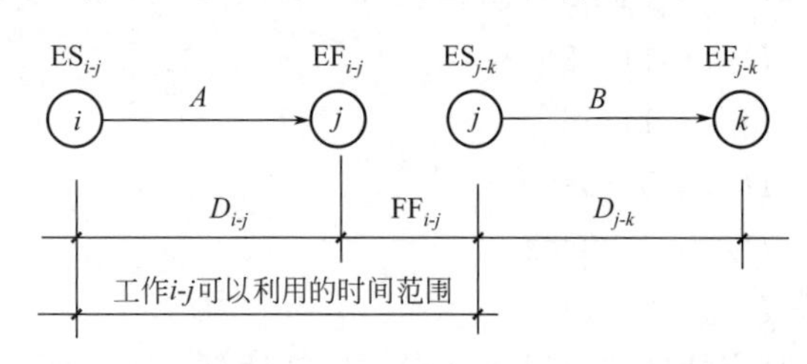

图 4-45　自由时差的计算简图

⑤ 计算各工作的自由时差。如图 4-45 所示，在不影响其紧后工作最早开始时间的前提下，一项工作可以利用的时间范围是从该工作最早开始时间至其紧后工作最早开始时间。

而工作实际需要的持续时间是 $D_{i\text{-}j}$，那么扣去 $D_{i\text{-}j}$ 后，尚有的一段时间就是自由时差。其计算如下所述。

当工作有紧后工作时，该工作的自由时差等于紧后工作的最早开始时间减本工作最早完成时间。

$$\text{即：}FF_{i\text{-}j}=ES_{j\text{-}k}-EF_{i\text{-}j} \tag{4-13}$$

$$\text{或 }FF_{i\text{-}j}=ES_{j\text{-}k}-ES_{i\text{-}j}-D_{i\text{-}j} \tag{4-14}$$

当以终点节点（$j=n$）为箭头节点的工作，其自由时差应按网络计划的计划工期 T_p 确定，即：

$$FF_{i\text{-}n}=T_p-EF_{i\text{-}n} \tag{4-15}$$

$$\text{或 }FF_{i\text{-}n}=T_p-ES_{i\text{-}n}-D_{i\text{-}n} \tag{4-16}$$

如图 4-43 所示的网络图中，各工作的自由时差计算如下：

$$FF_{1\text{-}2}=ES_{2\text{-}3}-ES_{1\text{-}2}-D_{1\text{-}2}=1-0-1=0$$

$$FF_{1\text{-}3}=ES_{3\text{-}4}-ES_{1\text{-}3}-D_{1\text{-}3}=5-0-5=0$$

$$FF_{2\text{-}3}=ES_{3\text{-}4}-ES_{2\text{-}3}-D_{2\text{-}3}=5-1-3=1$$

$$FF_{2\text{-}4}=ES_{4\text{-}5}-ES_{2\text{-}4}-D_{2\text{-}4}=11-1-2=8$$

$$FF_{3\text{-}4}=ES_{4\text{-}5}-ES_{3\text{-}4}-D_{3\text{-}4}=11-5-6=0$$

$$FF_{3\text{-}5}=ES_{5\text{-}6}-ES_{3\text{-}5}-D_{3\text{-}5}=11-5-5=1$$

$$FF_{4\text{-}5}=ES_{5\text{-}6}-ES_{4\text{-}5}-D_{4\text{-}5}=11-11-0=0$$

$$FF_{4\text{-}6}=T_p-ES_{4\text{-}6}-D_{4\text{-}6}=16-11-5=0$$

$$FF_{5\text{-}6}=T_p-ES_{5\text{-}6}-D_{5\text{-}6}=16-11-3=2$$

通过计算不难看出自由时差有如下特性：

a. 自由时差为某非关键工作独立使用的机动时间，利用自由时差，不会影响其紧后工作的最早开始时间。例如图 4-43 中，工作 3-5 有 1 天自由时差，如果使用了 1 天机动时间，也不影响紧后工作 5-6 的最早开始时间。

b. 非关键工作的自由时差必小于或等于其总时差。

(2) 节点计算法

按节点计算法计算时间参数，其计算结果应标注在节点之上，如图 4-46 所示。

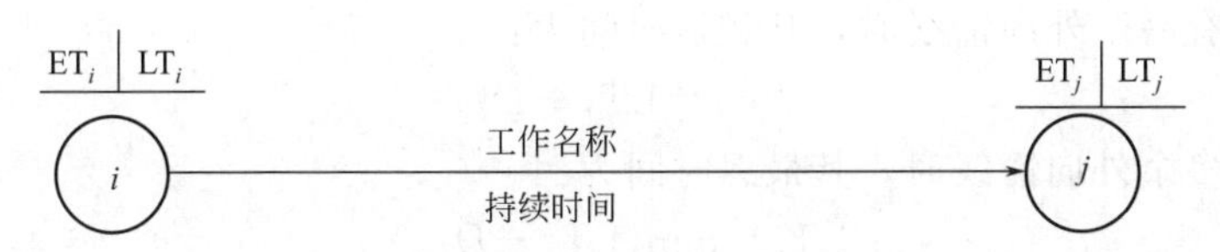

图 4-46 按节点计算法的标注内容

下面以图 4-47 为例，说明其计算步骤：

① 计算各节点最早时间。节点的最早时间是以该节点为开始节点的工作的最早开始时间，其计算有以下三种情况。

a. 起点节点 i 如未规定最早时间，其值应等于零，即：

$$ET_i = 0(i = 1) \tag{4-17}$$

b. 当节点 j 只有一条内向箭线时，最早时间应为：

$$ET_j = ET_i + D_{i\text{-}j} \tag{4-18}$$

c. 当节点 j 有多条内向箭线时，其最早时间应为：

$$ET_j = \max\{ET_i + D_{i\text{-}j}\} \tag{4-19}$$

终点节点 n 的最早时间即为网络计划的计算工期，即：

$$T_c = ET_n \tag{4-20}$$

如图 4-47 所示的网络计划中，各节点最早时间计算如下所述。

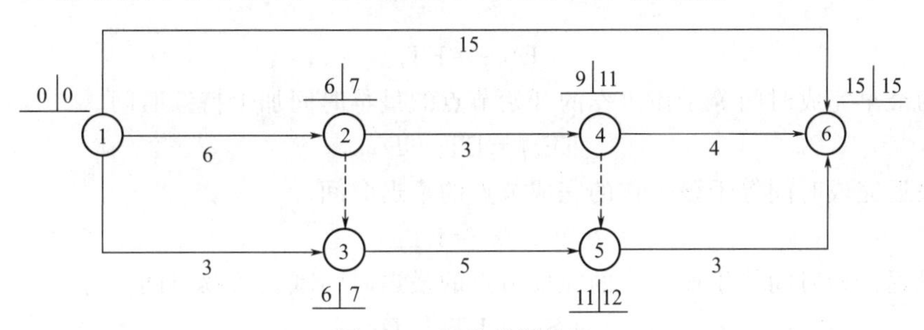

图 4-47 网络计划计算

$$ET_1 = 0$$

$$ET_2 = ET_1 + D_{1\text{-}2} = 0 + 6 = 6$$

$$ET_3 = \max\begin{Bmatrix} ET_2 + D_{2\text{-}3} \\ ET_1 + D_{1\text{-}3} \end{Bmatrix} = \max\begin{Bmatrix} 6+0 \\ 0+3 \end{Bmatrix} = 6$$

$$ET_4 = ET_2 + D_{2\text{-}4} = 6 + 3 = 9$$

$$ET_5 = \max\begin{Bmatrix} ET_4 + D_{4\text{-}5} \\ ET_3 + D_{3\text{-}5} \end{Bmatrix} = \max\begin{Bmatrix} 9+0 \\ 6+5 \end{Bmatrix} = 11$$

$$ET_6 = \max\begin{Bmatrix} ET_1 + D_{1\text{-}6} \\ ET_4 + D_{4\text{-}6} \\ ET_5 + D_{5\text{-}6} \end{Bmatrix} = \max\begin{Bmatrix} 0+15 \\ 9+4 \\ 11+3 \end{Bmatrix} = 15$$

② 计算各节点最迟时间。节点最迟时间是以该节点为完成节点的工作的最迟完成时间，其计算有以下两种情况。

终点节点的最迟时间应等于网络计划的计划工期，即：

$$LT_n = T_p \tag{4-21}$$

若分期完成的节点，则最迟时间等于该节点规定的分期完成的时间。

当节点 i 只有一个外向箭线时，其最迟时间为：

$$LT_i = LT_j - D_{i\text{-}j} \tag{4-22}$$

当节点 i 有多余外向箭线时，其最迟时间为：

$$LT_i = \min\{LT_j - D_{i\text{-}j}\} \tag{4-23}$$

如图 4-47 所示的网络计划中，各节点的最迟时间计算如下：

$$LT_6 = T_p = T_c = ET_6 = 15$$

$$LT_5 = LT_6 - D_{5\text{-}6} = 15 - 3 = 12$$

$$LT_4 = \min\begin{Bmatrix} LT_6 - D_{4\text{-}6} \\ LT_5 - D_{4\text{-}5} \end{Bmatrix} = \min\begin{Bmatrix} 15-4 \\ 12-0 \end{Bmatrix} = 11$$

$$LT_3 = LT_5 - D_{3\text{-}5} = 12 - 5 = 7$$

$$LT_2 = \min\begin{Bmatrix} LT_4 - D_{2\text{-}4} \\ LT_3 - D_{2\text{-}3} \end{Bmatrix} = \min\begin{Bmatrix} 11-3 \\ 7-0 \end{Bmatrix} = 7$$

$$LT_1 = \min\begin{Bmatrix} LT_6 - D_{1\text{-}6} \\ LT_2 - D_{1\text{-}2} \\ LT_3 - D_{1\text{-}3} \end{Bmatrix} = \min\begin{Bmatrix} 15-15 \\ 7-6 \\ 7-3 \end{Bmatrix} = 0$$

③ 根据节点时间参数计算工作时间参数。工作最早开始时间等于该工作的开始节点的最早时间。

$$ES_{i\text{-}j} = ET_i \tag{4-24}$$

工作的最早完成时间等于该工作的开始节点的最早时间加上持续时间。

$$EF_{i\text{-}j} = ET_i + D_{i\text{-}j} \tag{4-25}$$

工作最迟完成时间等于该工作的完成节点的最迟时间。

$$LF_{i\text{-}j} = LT_j \tag{4-26}$$

工作最迟开始时间等于该工作的完成节点的最迟时间减去持续时间。

$$LS_{i\text{-}j} = LT_j - D_{i\text{-}j} \tag{4-27}$$

工作总时差等于该工作的完成节点最迟时间减去该工作开始节点的最早时间再减去持续时间。

$$TF_{i\text{-}j} = LT_j - ET_i - D_{i\text{-}j} \tag{4-28}$$

工作自由时差等于该工作的完成节点最早时间减去该工作开始节点的最早时间再减去持续时间。

$$FF_{i\text{-}j} = ET_j - ET_i - D_{i\text{-}j} \tag{4-29}$$

如图 4-47 所示网络计划中，根据节点时间参数计算工作的六个时间参数如下。

工作最早开始时间：

$$ES_{1\text{-}6} = ES_{1\text{-}2} = ES_{1\text{-}3} = ET_1 = 0$$

$$ES_{2\text{-}4} = ET_2 = 6$$

$$ES_{3\text{-}5} = ET_3 = 6$$

$$ES_{4\text{-}6} = ET_4 = 9$$

$$ES_{5\text{-}6} = ET_5 = 11$$

工作最早完成时间：

$$EF_{1\text{-}6} = ET_1 + D_{1\text{-}6} = 0 + 15 = 15$$

$$EF_{1\text{-}2} = ET_1 + D_{1\text{-}2} = 0 + 6 = 6$$

$$EF_{1-3}=ET_1+D_{1-3}=0+3=3$$
$$EF_{2-4}=ET_2+D_{2-4}=6+3=9$$
$$EF_{3-5}=ET_3+D_{3-5}=6+5=11$$
$$EF_{4-6}=ET_4+D_{4-6}=9+4=13$$
$$EF_{5-6}=ET_5+D_{5-6}=11+3=14$$

工作最迟完成时间：

$$LF_{1-6}=LT_6=15$$
$$LF_{1-2}=LT_2=7$$
$$LF_{1-3}=LT_3=7$$
$$LF_{2-4}=LT_4=11$$
$$LF_{3-5}=LT_5=12$$
$$LF_{4-6}=LT_6=15$$
$$LF_{5-6}=LT_6=15$$

工作最迟开始时间：

$$LS_{1-6}=LT_6-D_{1-6}=15-15=0$$
$$LS_{1-2}=LT_2-D_{1-2}=7-6=1$$
$$LS_{1-3}=LT_3-D_{1-3}=7-3=4$$
$$LS_{2-4}=LT_4-D_{2-4}=11-3=8$$
$$LS_{3-5}=LT_5-D_{3-5}=12-5=7$$
$$LS_{4-6}=LT_6-D_{4-6}=15-4=11$$
$$LS_{5-6}=LT_6-D_{5-6}=15-3=12$$

总时差：

$$TF_{1-6}=LT_6-ET_1-D_{1-6}=15-0-15=0$$
$$TF_{1-2}=LT_2-ET_1-D_{1-2}=7-0-6=1$$
$$TF_{1-3}=LT_3-ET_1-D_{1-3}=7-0-3=4$$
$$TF_{2-4}=LT_4-ET_2-D_{2-4}=11-6-3=2$$
$$TF_{3-5}=LT_5-ET_3-D_{3-5}=12-6-5=1$$
$$TF_{4-6}=LT_6-ET_4-D_{4-6}=15-9-4=2$$
$$TF_{5-6}=LT_6-ET_5-D_{5-6}=15-11-3=1$$

自由时差：

$$FF_{1-6}=ET_6-ET_1-D_{1-6}=15-0-15=0$$
$$FF_{1-2}=ET_2-ET_1-D_{1-2}=6-0-6=0$$
$$FF_{1-3}=ET_3-ET_1-D_{1-3}=6-0-3=3$$
$$FF_{2-4}=ET_4-ET_2-D_{2-4}=9-6-3=0$$
$$FF_{3-5}=ET_5-ET_3-D_{3-5}=11-6-5=0$$
$$FF_{4-6}=ET_6-ET_4-D_{4-6}=15-9-4=2$$
$$FF_{5-6}=ET_6-ET_5-D_{5-6}=15-11-3=1$$

(3) 图上计算法

图上计算法是根据工作计算法或节点计算法的时间参数计算公式，在图上直接计算的一种较直观、简便的方法。

① 计算工作的最早开始时间和最早完成时间。以起点节点为开始节点的工作，其最早开始时间一般记为 0，如图 4-48 所示的工作 1-2 和工作 1-3。

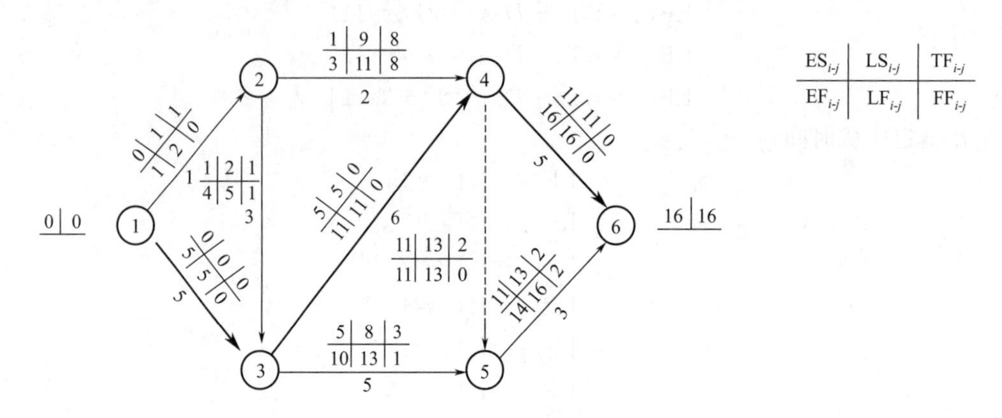

图 4-48　图上计算法

其余工作的最早开始时间可采用“沿线累加，逢圈取大”的计算方法求得。即从网络图的起点节点开始，沿每一条线路将各工作的作业时间累加起来，在每一个圆圈（节点）处，取到达该圆圈的各条线路累计时间的最大值，就是以该节点为开始节点的各工作的最早开始时间。

工作的最早完成时间等于该工作最早开始时间与本工作持续时间之和。

将计算结果标注在箭线上方各工作图例对应的位置上（图 4-49）。

② 计算工作的最迟完成时间和最迟开始时间。以终点节点为完成节点的工作，其最迟完成时间就等于计划工期，如图 4-48 所示的工作 4-6 和工作 5-6。

其余工作的最迟完成时间可采用“逆线累减，逢圈取小”的计算方法求得。即从网络图的终点节点逆着每条线路将计划工期依次减去各工作的持续时间，在每一个圆圈处取后续线路累减时间的最小值，就是以该节点为完成节点的各工作的最迟完成时间。

工作的最迟开始时间等于该工作最迟完成时间与本工作持续时间之差。

将计算结果标注在箭线上方各工作图例对应的位置上（图 4-49）。

③ 计算工作的总时差。工作的总时差可采用“迟早相减，所得之差”的计算方法求得。即工作的总时差等于该工作的最迟开始时间减去工作的最早开始时间，或者等于该工作的最迟完成时间减去工作的最早完成时间。将计算结果标注在箭线上方各工作图例对应的位置上（图 4-49）。

④ 计算工作的自由时差。工作的自由时差等于紧后工作的最早开始时间减去本工作的最早完成时间。可在图上相应位置直接相减得到，并将计算结果标注在箭线上方各工作图例对应的位置上（图 4-49）。

⑤ 计算节点最早时间。起点节点的最早时间一般记为 0，如图 4-49 所示的①节点。

其余节点的最早时间也可采用“沿线累加，逢圈取大”的计算方法求得。

将计算结果标注在相应节点图例对应的位置上（图 4-49）。

⑥ 计算节点最迟时间。终点节点的最迟时间等于计划工期。当网络计划有规定工期时，其最迟时间就等于规定工期；当没有规定工期时，其最迟时间就等于终点节点的最早时间。其余节点的最迟时间也可采用“逆线累减，逢圈取小”的计算方法求得。将计算结果标注在相应节点图例对应的位置上（图 4-49）。

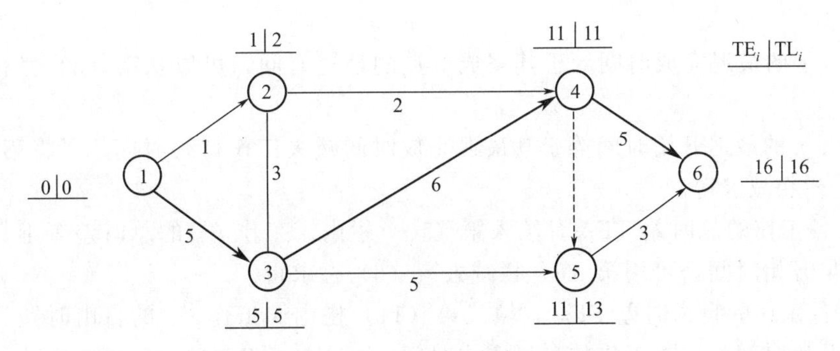

图 4-49　图上计算法

（4）表上计算法

为了网络图的清晰和计算数据条理化，依据工作计算法和节点计算法所建立的关系式，可采用表格进行时间参数的计算。表上计算法的格式见表 4-8。

表 4-8　网络计划时间参数表

节点	TE_i	TL_i	工作	D_{i-j}	ES_{i-j}	EF_{i-j}	LS_{i-j}	LF_{i-j}	TF_{i-j}	FF_{i-j}
(1)	(2)	(3)	(4)	(5)	(6)	(7)	(8)	(9)	(10)	(11)
①	0	0	1-2 1-3	1 5	0 0	1 5	1 0	2 5	1 0	0 0
②	1	2	2-3 2-4	3 2	1 1	4 3	2 9	5 11	1 8	1 8
③	5	5	3-4 3-5	6 5	5 5	11 10	5 8	11 13	0 3	0 1
④	11	11	4-5 4-6	0 5	11 11	11 16	13 11	13 16	2 0	0 0
⑤	11	13	5-6	3	11	14	13	16	2	2
⑥	16	16			16					

现仍以表 4-8 为例，介绍表上计算法的计算步骤。

① 将节点编号、工作代号及工作持续时间填入表格第（1）、（4）、（5）栏内。

② 自上而下计算各节点的最早时间 TE_i，填入第（2）栏内。

a. 起点节点的最早时间为零；

b. 根据各节点的内向箭线个数及工作持续时间计算其余节点的最早时间；

$$TE_j = \max\{TE_i + D_{i-j}\}$$

③ 自下而上计算各个节点的最迟时间 TL_i，填入第（3）栏内。

a. 设终点节点的最迟时间等于其最早时间，即 $TL_n = TE_n$；

b. 根据各节点的外向箭线个数及工作持续时间计算其余节点的最迟时间：

$$TL_i = \min\{TL_i - D_{i-j}\}$$

④ 计算各工作的最早开始时间 ES_{i-j}，分别填入第（6）、（7）栏内。

a. 工作 i-j 的最早开始时间等于其开始节点的最早时间，可以从第（2）栏相应的节点中查出；

b. 工作 i-j 的最早完成时间等于其最早开始时间加上工作持续时间，可将第（6）栏与该行第（5）栏相加求得。

⑤ 计算各工作的最迟完成时间 LF_{i-j} 及最迟开始时间 LS_{i-j}，分别填入第（8）、（9）

栏内。

a. 工作 $i\text{-}j$ 的最迟完成时间等于其完成节点的最迟时间，可以从第（3）栏相应的节点中查出；

b. 工作 $i\text{-}j$ 的最迟开始时间等于其最迟完成时间减去工作持续时间，可将第（9）栏与该行第（5）栏相减求得。

⑥ 计算各工作的总时差 $TF_{i\text{-}j}$，填入第（10）栏内。工作 $i\text{-}j$ 的总时差等于其最迟开始时间减去最早开始时间，可用第（8）栏减去第（6）栏求得。

⑦ 计算各工作的自由时差 $FF_{i\text{-}j}$，填入第（11）栏内。工作 $i\text{-}j$ 的自由时差等于其紧后工作的最早开始时间减去本工作的最早完成时间，可用紧后工作的第（6）栏减去本工作的第（7）栏求得。

（5）关键工作和关键线路的确定

① 关键工作。在网络计划中，总时差为最小的工作为关键工作；当计划工期等于计算工期时，总时差为零的工作为关键工作。

当进行节点时间参数计算时，凡满足下列三个条件的工作必为关键工作。

$$\left.\begin{aligned} LT_i - ET_i &= T_p - T_c \\ LT_j - ET_j &= T_p - T_c \\ LT_j - ET_i - D_{i\text{-}j} &= T_p - T_c \end{aligned}\right\} \tag{4-30}$$

如图 4-49 所示，工作 1-3、3-4、4-6 满足式(4-30)，即为关键工作。

② 关键节点。在网络计划中，如果节点最迟时间与最早时间的差值最小，则该节点就是关键节点。当网络计划的计划工期等于计算工期时，凡是最早时间等于最迟时间的节点就是关键节点。如图 4-50 中，节点①、③、④、⑥为关键节点。

在网络计划中，当计划工期等于计算工期时，关键节点具有如下特性。

a. 关键工作两端的节点必为关键节点，但两关键节点之间的工作不一定是关键工作。如图 4-50 中，节点①、⑨为关键节点，而工作 1-9 为非关键工作。

b. 以关键节点为完成节点的工作总时差和自由时差相等。如图 4-50 中，工作 3-9 的总时差和自由时差均为 3；工作 6-9 的总时差和自由时差均为 2。

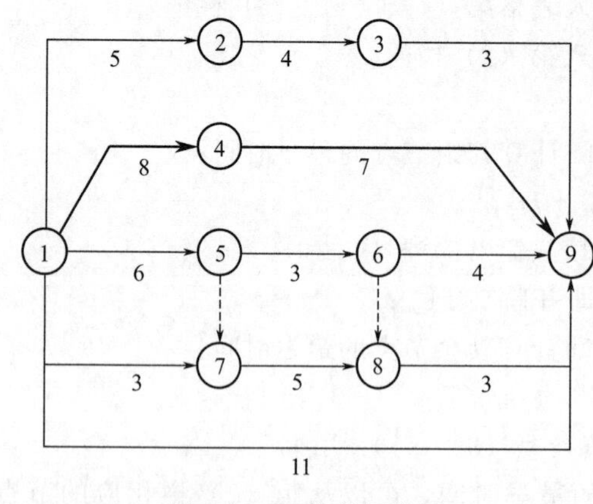

图 4-50　双代号网络图

c. 当关键节点间有多项工作，且工作间的非关键节点无其他内向箭线和外向箭线时，则该线路上的各项工作的总时差相等，除了以关键节点为完成节点的工作自由时差等于总时差外，其他工作的自由时差均为零。如图 4-50 中，线路 1-2-3-9 上的工作 1-2、2-3、3-9 的总时差均为 3，而且除了工作 3-9 的自由时差为 3 外，其他工作的自由时差均为零。

d. 当关键节点间有多项工作，且工作间的非关键节点存在外向箭线或内向箭线时，该线路段上各项工作的总时差不一定相等，若多项工作间的非关键节点只有外向箭线而无其他内向箭线，则除了以关键节点为完成节点的工作自由时差等于总时差外，其他工作的自由时差为零。如图 4-50 中，线路 1-5-6-9 上工作的总时差不尽相等，而除了工作 6-9 的自由时差和其总时差均为 2 外，工作 1-5 和工作 5-6 的自由时差均为零。

③ 关键线路的确定方法。

a. 利用关键工作判断。网络计划中，自始至终全部由关键工作（必要时经过一些虚工作）组成或线路上总的工作持续时间最长的线路应为关键线路。如图 4-49 所示，线路 1-3-4-6 为关键线路。

b. 用关键节点判断。由关键节点的特性可知，在网络计划中，关键节点必然处在关键线路上。如图 4-49 中，节点①、③、④、⑥必然处在关键线路上。再由式(4-30) 判断关键节点之间的关键工作，从而确定关键线路。

c. 用网络破圈判断。从网络计划的起点到终点顺着箭线方向，对每个节点进行考察，凡遇到节点有两个以上的内向箭线时，都可以按线路段工作时间长短，采取留长去短而破圈，从而得到关键线路。如图 4-51 所示，通过考察节点③、⑤、⑥、⑦、⑨、⑪、⑫，去掉每个节点内向箭线所在线路段工作时间之和较短的工作，余下的工作即为关键工作，如图 4-51 中粗线所示。

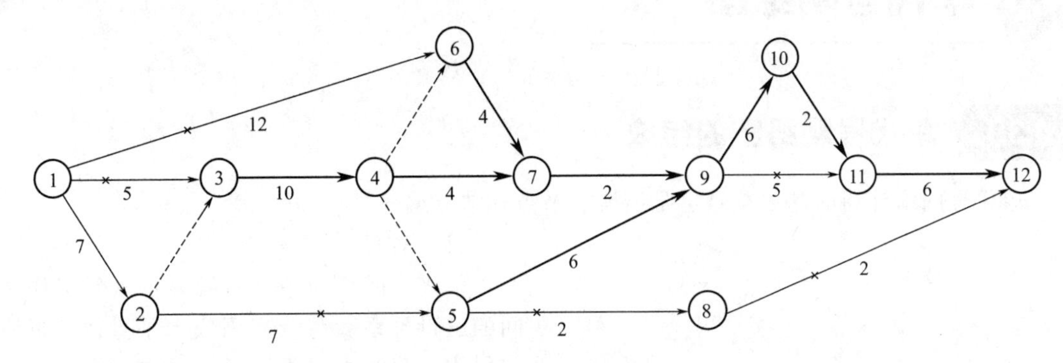

图 4-51　网络破圈法

d. 利用标号法判断。标号法是一种快速寻求网络计划计算工期和关键线路的方法。它利用节点计算法的基本原理，对网络计划中的每个节点进行标号，然后利用标号值确定网络计划的计算工期和关键线路。

如图 4-52 所示网络计划为例，说明用标号法确定计算工期和关键线路的步骤。

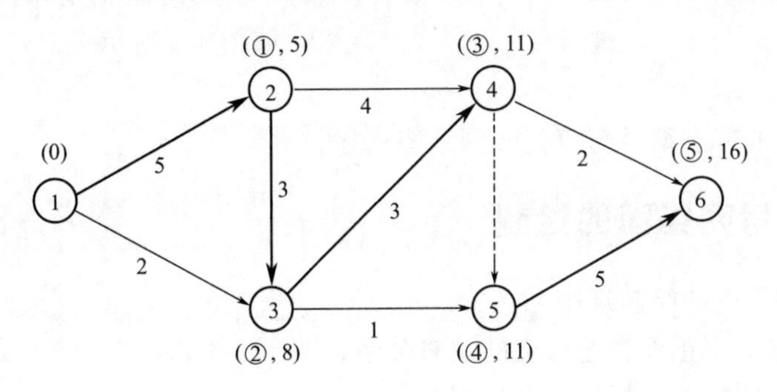

图 4-52　标号法确定关键线路

ⓐ 确定节点标号值（a，b_j）。网络计划起点节点的标号值为零。本例中，节点①的标号值为零，即：$b_1=0$。

其他节点的标号值等于以该节点为完成节点的各项工作的开始节点标号值加其持续时间所得之和的最大值，即：

$$b_j=\max\{b_i+D_{i\text{-}j}\} \tag{4-31}$$

式中　b_j——工作 i-j 的完成节点 j 的标号值；

b_i——工作 i-j 的开始节点 i 的标号值；

$D_{i\text{-}j}$——工作 i-j 的持续时间。

节点的标号宜用双标号法，即用源节点（得出标号值的节点）号 a 作为第一标号，用标号值作为第二标号 b_j。

本例中各节点标号值如图 4-52 所示。

ⓑ 确定计算工期。网络计划的计算工期就是终点节点的标号值。本例中，其计算工期为终点节点⑥的标号值 16。

ⓒ 确定关键线路。自终点节点开始，逆着箭线跟踪源节点即可确定。本例中，从终点节点⑥开始跟踪源节点分别为⑤、④、③、②、①，即得关键线路 1-2-3-4-5-6。

4.3 单代号网络图

4.3.1 单代号网络图的组成

单代号网络计划的基本符号也是箭线、节点和节点编号。

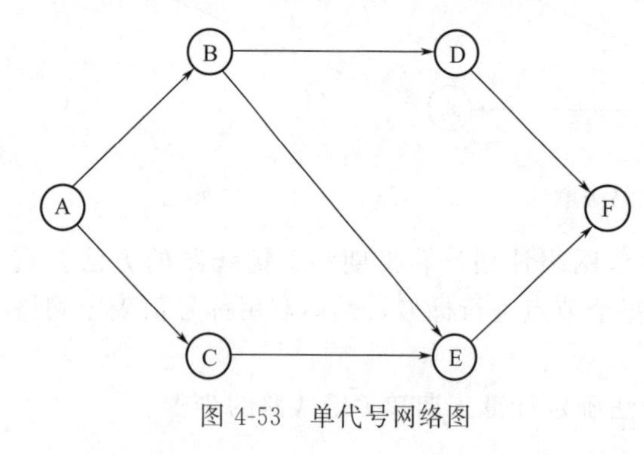

图 4-53　单代号网络图

（1）箭线

单代号网络图中，箭线表示紧邻工作之间的逻辑关系。箭线应画成水平直线、折线或斜线。箭线水平投影的方向自左向右，表达工作的进行方向，如图 4-53 所示。

（2）节点

单代号网络图中每一个节点表示一项工作，宜用圆圈或矩形表示。节点所表示的工作名称、持续时间和工作代号等应标注在节点内，如图 4-2 所示。

（3）节点编号

单代号网络图的节点编号与双代号网络图一样。

4.3.2 单代号网络图的绘制

（1）单代号网络图的绘制规则

① 单代号网络必须正确表述已定的逻辑关系；

② 单代号网络图中，严禁出现循环回路；

③ 单代号网络图中，严禁出现双向箭头或无箭头的连线；

④ 单代号网络图中，严禁出现没有箭尾节点的箭线和没有箭头节点的箭线；

⑤ 绘制网络图时，箭线不宜交叉，当交叉不可避免时，可采用过桥法和指向法绘制；

⑥ 单代号网络图中只应有一个起点节点和一个终点节点，当网络图中有多项起点节点或多项终点节点时，应在网络图的两端分别设置一个虚拟的起点节点和终点节点；

⑦ 单代号网络图中不允许出现有重复编号的工作，一个编号只能代表一项工作。而且

箭头节点编号要大于箭尾节点编号。

(2) 单代号网络图的绘制方法

单代号网络图的绘制方法与双代号网络图的绘制方法基本相同，而且由于单代号网络图逻辑关系容易表达，因此绘制方法更为简便，其绘制步骤如下：先根据网络图的逻辑关系，绘制出网络图草图，再结合绘图规则进行调整布局，最后形成正式网络图。

① 提供逻辑关系表，一般只要提供每项工作的紧前工作；

② 用矩阵图确定紧后工作；

③ 绘制没有紧后工作的工作，当网络图中有多项起点节点时，应在网络图的末端设置一项虚拟的起点节点；

④ 依次绘制其他各项工作一直到终点节点。当网络图中有多项终点时，应在网络图的末端设置一项虚拟的终点节点；

⑤ 检查、修改并进行结构调整，最后绘出正式网络图。

4.3.3 单代号网络计划时间参数的计算

4.3.3.1 单代号网络计划常用符号

设有线路 h-i-j 则：

D_i——工作 i 的持续时间；

D_h——工作 i 的紧前工作 h 的持续时间；

D_j——工作 i 的紧后工作 j 的持续时间；

ES_i——工作 i 的最早开始时间；

EF_i——节点 i 的最早完成时间；

LF_i——在总工期已经确定的情况下，工作 i 的最迟完成时间；

LS_i——在总工期已经确定的情况下，工作 i 的最迟开始时间；

TF_i——工作 i 的总时差；

FF_i——工作 i 的自由时差。

4.3.3.2 单代号网络计划时间参数的计算

(1) 工作最早开始时间的计算应符合下列规定

① 工作 i 的最早开始时间 ES_i 应从网络图的起点节点开始，顺着箭线方向依次逐个计算。

② 起点节点的最早开始时间 ES_1 如无规定时，其值等于零，即：

$$ES_1=0 \tag{4-32}$$

③ 其他工作的最早开始时间 ES_i 应为

$$ES_i=\max\{ES_h+D_h\} \tag{4-33}$$

式中 ES_h——工作 i 的紧前工作 h 的最早开始时间；

D_h——工作 i 的紧前工作 h 的持续时间。

(2) 工作 i 的最早完成时间 EF_i 的计算应符合式(4-34) 规定

$$EF_i=ES_i+D_i \tag{4-34}$$

(3) 网络计划计算工期 T_c 的计算应符合式(4-35) 规定

$$T_c=EF_n \tag{4-35}$$

式中 EF_n——终点节点 n 的最早完成时间。

（4）网络计划的计划工期 T_p 应按下列情况分别确定

① 当已规定了要求工期 T_t 时

$$T_p \leqslant T_r \tag{4-36}$$

② 当未规定要求工期时

$$T_p = T_c \tag{4-37}$$

（5）相邻两项工作 i 和 j 之间的时间间隔 $LAG_{i,j}$ 的计算应符合式(4-38) 规定

$$LAG_{i,j} = ES_j - EF_i \tag{4-38}$$

式中　ES_j——工作 j 的最早开始时间。

（6）工作总时差的计算应符合下列规定

① 工作 i 的总时差 TF_i 应从网络图的终点节点开始，逆着箭线方向依次逐项计算。当部分工作分期完成时，有关工作的总时差必须从分期完成的节点开始逆向逐项计算。

② 终点节点所代表的工作 n 的总时差 TF_n 值为零，即

$$TF_n = 0 \tag{4-39}$$

分期完成的工作的总时差值为零。

③ 其他工作的总时差 TF_i 的计算应符合式(4-40) 规定：

$$TF_i = \min\{LAG_{i,j} + TF_j\} \tag{4-40}$$

式中　TF_j——工作 i 的紧后工作 j 的总时差。

当已知各项工作的最迟完成时间 LF_i 或最迟开始时间 TS_i 时，工作的总时差 TF_i 计算也应符合下列规定：

$$TF_i = LS_i - ES_i \tag{4-41}$$

$$\text{或 } TF_i = LF_i - EF_i \tag{4-42}$$

（7）工作 i 的自由时差 FF_i 的计算应符合下列规定

$$FF_i = \min\{LAG_{i,j}\} \tag{4-43}$$

$$FF_i = \min\{ES_j - EF_i\} \tag{4-44}$$

$$\text{或符合下式规定：} FF_i = \min\{ES_j - ES_i - D_i\} \tag{4-45}$$

（8）工作最迟完成时间的计算应符合下列规定

① 工作 i 的最迟完成时间 LF_i 应从网络图的终点节点开始，逆着箭线方向依次逐项计算。当部分工作分期完成时，有关工作的最迟完成时间应从分期完成的节点开始逆向逐项计算。

② 终点节点所代表的工作 n 的最迟完成时间 LF_n 应按网络计划的计划工期 T_p 确定，即

$$LF_n = T_p \tag{4-46}$$

分期完成那项工作的最迟完成时间应等于分期完成的时刻。

③ 其他工作 i 的最迟完成时间 LF_i 应为

$$LF_i = \min\{LF_j - D_j\} \tag{4-47}$$

式中　LF_j——工作 i 的紧后工作 j 的最迟完成时间；

　　　D_j——工作 i 的紧后工作 j 的持续时间。

（9）工作 i 的最迟开始时间 LS_i 的计算应符合下列规定

$$LS_i = LF_i - D_i \tag{4-48}$$

【例 4-4】 试计算如图 4-54 所示单代号网络计划的时间参数。

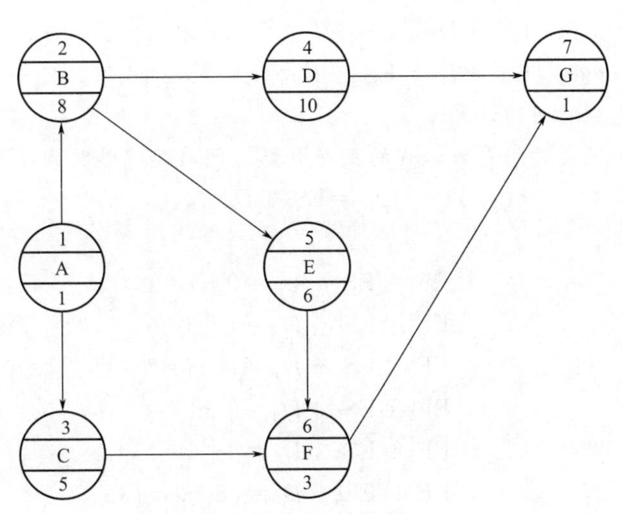

图 4-54 单代号网络计划

【解】 计算结果如图 4-55 所示。现对其计算方法说明如下：

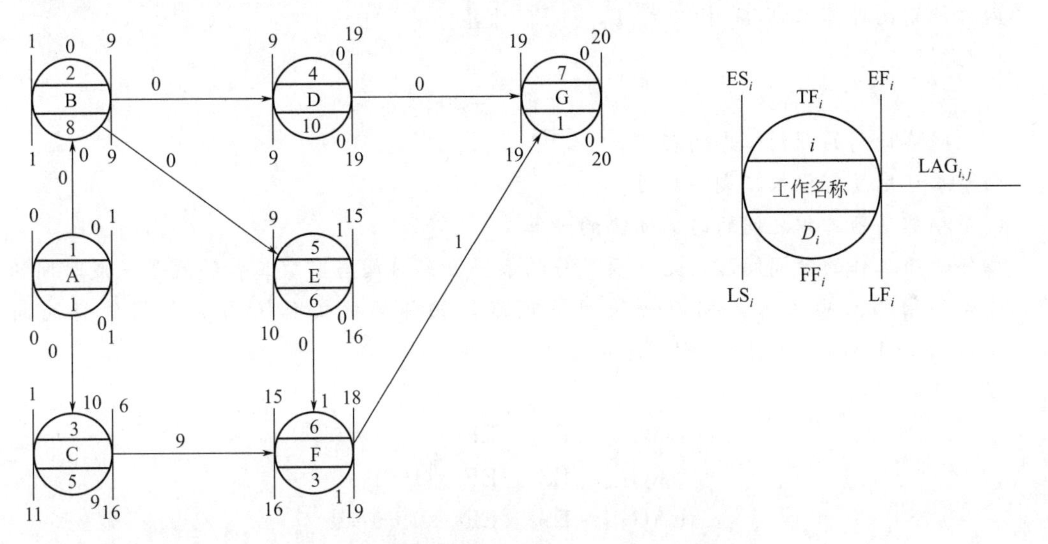

图 4-55 单代号网络计划的时间参数计算结果

(1) 工作最早开始时间的计算

工作的最早开始时间从网络图的起点节点开始，顺着箭线方向自左至右，依次逐个计算。因起点节点的最早开始时间未做出规定，故

$$ES_1 = 0$$

其后续工作的最早开始时间是其各紧前工作的最早开始时间与其持续时间之和，并取其最大值，其计算公式为

$$ES_i = \max\{ES_h + D_h\}$$

由此得到：

$$ES_2 = ES_1 + D_1 = 0 + 1 = 1$$

$$ES_3 = ES_1 + D_1 = 0 + 1 = 1$$

$$ES_4 = ES_2 + D_2 = 1 + 8 = 9$$

$$ES_5 = ES_2 + D_2 = 1 + 8 = 9$$

$$ES_6=\max\{ES_3+D_3, ES_5+D_5\}=\max\{1+5, 9+6\}=15$$
$$ES_7=\max\{ES_4+D_4, ES_6+D_6\}=\max\{9+10, 15+3\}=19$$

(2) 工作最早完成时间的计算

每项工作的最早完成时间是该工作的最早开始时间与其持续时间之和，其计算公式为：

$$EF_i=ES_i+D_i$$

因此可得：

$$EF_1=ES_1+D_1=0+1=1$$
$$EF_2=ES_2+D_2=1+8=9$$
$$EF_3=ES_3+D_3=1+5=6$$
$$EF_4=ES_4+D_4=9+10=19$$
$$EF_5=ES_5+D_5=9+6=15$$
$$EF_6=ES_6+D_6=15+3=18$$
$$EF_7=ES_7+D_7=19+1=20$$

(3) 网络计划的计算工期

网络计划的计算工期 T_c 按公式 $T_c=EF_n$ 计算。

由此得到：

$$T_c=EF_7=20$$

(4) 网络计划的计划工期的确定

由于本计划没有要求工期，故 $T_p=T_c=20$。

(5) 相邻两项工作之间的时间间隔的计算

相邻两项工作的时间间隔，是后项工作的最早开始时间与前项工作的最早完成时间的差值，它表示相邻两项工作之间有一段时间间歇，相邻两项工作 i 与 j 之间的时间间隔 $LAG_{i,j}$ 按公式 $LAG_{i,j}=EF_j-EF_i$ 计算。

因此可得到：

$$LAG_{1,2}=ES_2-EF_1=1-1=0$$
$$LAG_{1,3}=ES_3-EF_1=1-1=0$$
$$LAG_{2,4}=ES_4-EF_2=9-9=0$$
$$LAG_{2,5}=ES_5-EF_2=9-9=0$$
$$LAG_{3,6}=ES_6-EF_3=15-6=9$$
$$LAG_{5,6}=ES_6-EF_5=15-15=0$$
$$LAG_{4,7}=ES_7-EF_4=19-19=0$$
$$LAG_{6,7}=ES_7-EF_6=19-18=1$$

(6) 工作总时差的计算

每项工作的总时差，是该项工作在不影响计划工期前提下所具有的机动时间。它的计算应从网络图的终点节点开始，逆着箭线方向依次计算。终点节点所代表的工作的总时差 TF_n 值，由于本例没有给出规定工期，故应为零，即

$$TF_n=0$$
$$故\ TF_7=0$$

其他工作的总时差 TF_i 可按公式 $TF_i=\min\{LAG_{i,j}+TF_j\}$ 计算。

当已知各项工作的最迟完成时间 LF_i 或最迟开始时间 LS_i 时，工作的总时差 TF_i 也可

按公式 $TF_i = LS_i - ES_i$ 或公式 $TF_i = LF_i - EF_i$ 计算。

计算的结果是

$$TF_6 = LAG_{6,7} + TF_7 = 1 + 0 = 1$$
$$TF_5 = LAG_{5,6} + TF_6 = 0 + 1 = 1$$
$$TF_4 = LAG_{4,7} + TF_7 = 0 + 0 = 0$$
$$TF_3 = LAG_{3,6} + TF_6 = 9 + 1 = 10$$
$$TF_2 = \min\{LAG_{2,4} + TF_4,\ LAG_{2,5} + TF_5\} = \min\{0+0,\ 0+1\} = 0$$
$$TF_1 = \min\{LAG_{1,2} + TF_2,\ LAG_{1,3} + TF_3\} = \min\{0+0,\ 0+10\} = 0$$

(7) 工作自由时差的计算

工作 i 的自由时差 FF_i 由公式

$$FF_i = \min\{LAG_{i,j}\}$$

可算得：

$$FF_7 = 0$$
$$FF_6 = LAG_{6,7} = 1$$
$$FF_5 = LAG_{5,6} = 0$$
$$FF_4 = LAG_{4,7} = 0$$
$$FF_3 = LAG_{3,6} = 9$$
$$FF_2 = \min\{LAG_{2,4},\ LAG_{2,5}\} = \min\{0,\ 0\} = 0$$
$$FF_1 = \min\{LAG_{1,2},\ LAG_{1,3}\} = \min\{0,\ 0\} = 0$$

(8) 工作最迟完成时间的计算

工作 i 的最迟完成时间 LF_i 应从网络图的终点节点开始，逆着箭线方向依次逐项计算。终点节点 n 所代表的工作的最迟完成时间 LF_n，应按公式 $LF_n = T_p$ 计算：

其他工作 i 的最迟完成时间 LF_i 按公式 $LF_i = \min\{LF_j - D_j\}$

计算得到：

$$LF_6 = LF_7 - D_7 = 20 - 1 = 19$$
$$LF_5 = LF_6 - D_6 = 19 - 3 = 16$$
$$LF_4 = LF_7 - D_7 = 20 - 1 = 19$$
$$LF_3 = LF_6 - D_6 = 19 - 3 = 16$$
$$LF_2 = \min\{LF_4 - D_4,\ LF_5 - D_5\} = \min\{19-10,\ 16-6\} = 9$$
$$LF_1 = \min\{LF_2 - D_2,\ LF_3 - D_3\} = \min\{9-8,\ 16-5\} = 1$$

(9) 工作最迟开始时间的计算

工作 i 的最迟开始时间 LS_i 按公式 $LS_i = LF_i - D_i$ 进行计算。

因此可得：

$$LS_7 = LF_7 - D_7 = 20 - 1 = 19$$
$$LS_6 = LF_6 - D_6 = 19 - 3 = 16$$
$$LS_5 = LF_5 - D_5 = 16 - 6 = 10$$
$$LS_4 = LF_4 - D_4 = 19 - 10 = 9$$
$$LS_3 = LF_3 - D_3 = 16 - 5 = 11$$
$$LS_2 = LF_2 - D_2 = 9 - 8 = 1$$
$$LS_1 = LF_1 - D_1 = 1 - 1 = 0$$

4.3.3.3 关键工作和关键线路的确定

（1）关键工作的确定

网络计划中机动时间最少的工作称为关键工作。因此，网络计划中工作总时间差最小的工作也就是关键工作。当计划工期等于计算工期时，关键工作总时差为零；当计划工期小于计算工期时，此时工期无法满足计划要求，应研究更多措施以缩短计算工期；当计划工期大于计算工期时，关键工作的总时差为正值，说明计划已留有余地，进度控制主动了。

（2）关键线路的确定

网络计划中自始至终全由关键工作组成的线路称为关键线路。在肯定型网络计划中是指线路上工作总持续时间最长的线路。关键线路在网络图中宜用粗线、双线或彩色线标注。

单代号网络计划中将相邻两项关键工作之间的间隔时间为零的关键工作连接起来而形成的自起点节点到终点节点的通路就是关键线路。因此，上例中的关键线路是 1-2-4-7。

4.3.3.4 单代号网络图与双代号网络图的比较

① 单代号网络图绘制方便，不必增加虚工作。在此点上，弥补了代号网络图的不足。

② 单代号网络图具有便于说明，容易被非专业人员所理解和易于修改的优点。这对于推广应用统筹法编制工程进度计划，进行全面科学管理是有益的。

③ 双代号网络表示工程进度比用单代号网络图更为形象，特别是在应用带时间坐标网络图中。

④ 双代号网络图在应用电子计算机进行计算和优化过程方面更加简便，这是因为双代号网络图中用两个代号代表一项工作，可直接反映其紧前或紧后工作的关系。而单代号网络图就必须按工作逐个列出其紧前、紧后工作关系，这在计算机中需占用更多的存储单元。

由于单代号和双代号网络图有上述各自的优缺点，故两种表示法在不同情况下，其表现的繁简程度是不同的。有些情况下，应用单代号表示法较为简单；有些情况下，使用双代号表示法则更为清楚。因此，单代号和双代号网络图是两种互为补充、各具特色的表现方法。

4.4 双代号时标网络计划

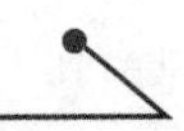

4.4.1 双代号时标网络计划的概念与特点

（1）双代号时标网络计划的概念

双代号时标网络计划是以时间坐标为尺度绘制的网络计划，他具有横道计划图的直观性，工作间不仅逻辑关系明确，而且时间关系也一目了然。采用时标网络计划为施工管理进度的调整与控制，以及进行资源优化，提供了便利。时标网络计划适用于编制工作项目较少，工艺过程较简单的施工计划。对于大型复杂的工程，可先编制总的施工网络计划，然后根据工程的性质，所需网络计划的详细程度，每隔一段时间对下段时间应施工的工程区段绘制详细的时标网络计划。

（2）双代号时标网络计划的特点

如图 4-56 所示为一项双代号时标网络计划，其特点如下：

① 时标网络计划中，箭线的长短与时间有关；

② 可直接显示各工作的时间参数和关键线路，不必计算；

③ 由于受到时间坐标的限制，所以时标网络计划不会产生闭合回路；

④ 可以直接在时标网络图的下方绘出资源动态曲线，便于分析，平衡调度；

⑤ 由于箭线的长度和位置受时间坐标的限制，因而调整和修改不太方便。

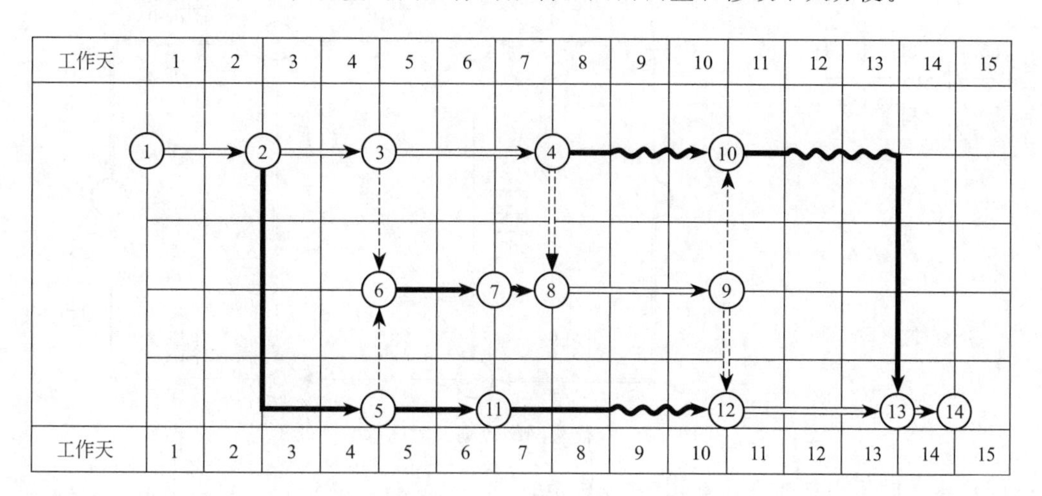

图 4-56 时标网络计划

4.4.2 时标网络计划的绘制

4.4.2.1 时标网络计划的绘制要求

二维码4.3

时标网络图的绘制

① 双代号时标网络计划必须以水平时间坐标为尺度表示工作时间。时标的时间单位应根据需要在编制网络计划之前确定，可为时、天、周、月或季。

② 时标网络计划应以实箭线表示工作，以虚箭线表示虚工作，以波形线表示工作的自由时差。

③ 时标网络计划中所有符号在时间坐标上的水平投影位置，都必须与其时间参数相对应。节点中心必须对准相应的时标位置。虚工作必须以垂直方向的虚箭线表示，由自由时差加波形线表示。

4.4.2.2 时标网络计划的绘制方法

时标网络计划一般按工作的最早开始时间绘制。其绘制方法有间接绘制法和直接绘制法。

(1) 间接绘制法

间接绘制法是先计算网络计划的时间参数，再根据时间参数在时间坐标上进行绘制的方法。其绘制步骤和方法如下：

① 先绘制双代号网络图，计算时间参数，确定关键工作及关键线路。

② 根据需要确定时间单位并绘制时标横轴。

③ 根据工作最早开始时间或节点的最早时间确定各节点的位置。

④ 依次在各节点间绘制箭线及时差。绘制时宜先画关键工作、关键线路，再画非关键工作。如箭线长度不足以达到工作的完成节点时，用波形线补足，箭头画在波形线与节点连接处。

⑤ 用虚箭线连接各有关节点，将有关的工作连接起来。

【例 4-5】 试将图 4-57 所示双代号网络计划绘制成时标网络计划。

【解】（1）计算网络计划的时间参数，如图 4-57 所示。

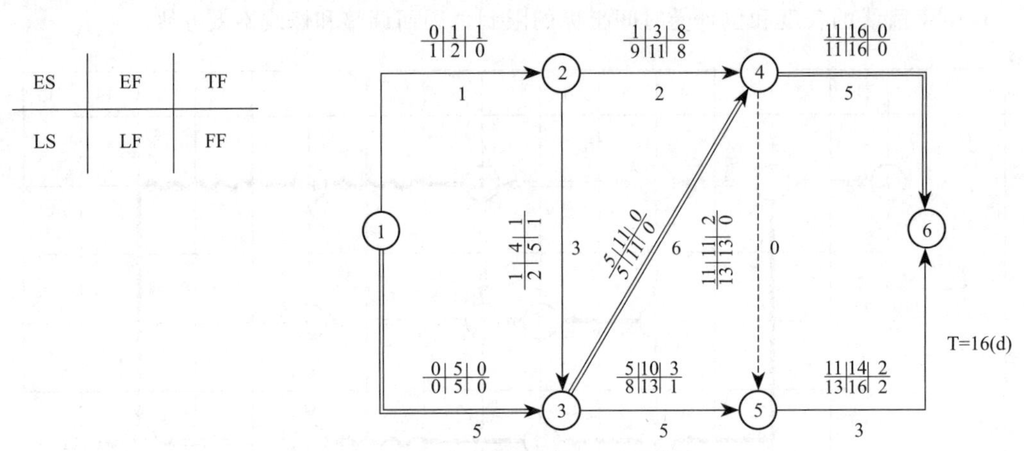

图 4-57　双代号网络计划及时间参数

（2）建立时间坐标体系，如图 4-58 所示。

（3）根据时标网络计划的时间参数，由起点节点依次将各节点定位于时间坐标的纵轴上，

并绘出各节点的箭线及时差。如图 4-59、图 4-60 所示。

工作天	1	2	3	4	5	6	7	8	9	10	11	12	13	14	15	16	17
网络计划																	
工作天	1	2	3	4	5	6	7	8	9	10	11	12	13	14	15	16	17

图 4-58　时间坐标体系

工作天	1	2	3	4	5	6	7	8	9	10	11	12	13	14	15	16	17
	②																
网络计划 ①					③						④					⑥	
											⑤						
工作天	1	2	3	4	5	6	7	8	9	10	11	12	13	14	15	16	17

图 4-59　各节点在时标图中的位置

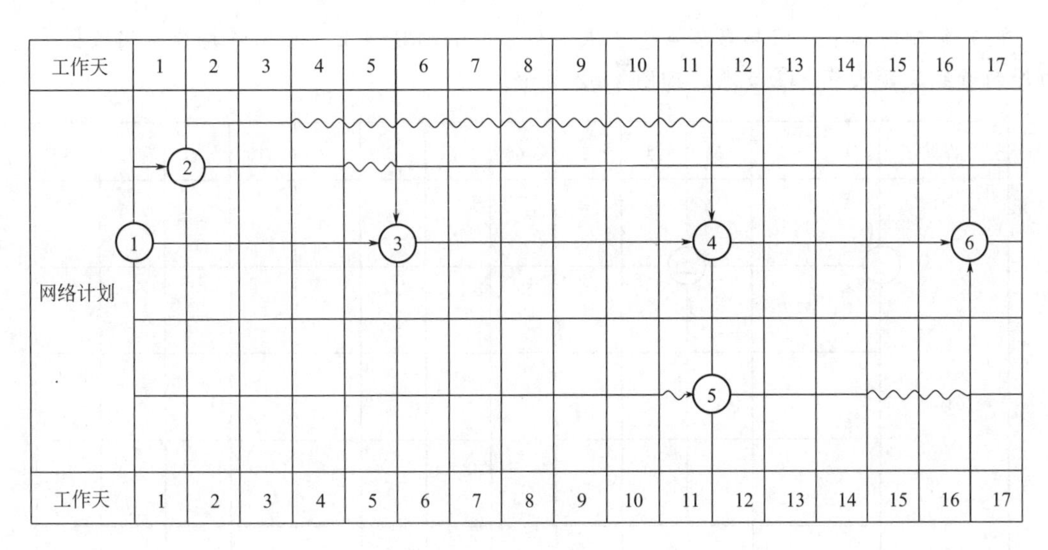

图 4-60　时标网络计划

（2）直接绘制法

直接绘制法是不计算网络计划时间参数，直接在时间坐标上进行绘制的方法。其绘制步骤和方法可归纳为如下绘图口诀："时间长短坐标限，曲直斜平利相连；箭线到齐画节点，画完节点补波线；零线尽量拉垂直，否则安排有缺陷。"

① 时间长短坐标限：箭线的长度代表着具体的施工时间，受到时间坐标的制约。

② 曲直斜平利相连：箭线的表达方式可以是直线、折线、斜线等，但布图应合理，直观清晰。

③ 箭线到齐画节点：工作的开始节点必须在该工作的全部紧前工作都画出后，定位在这些紧前工作最晚完成的时间刻度上。

④ 画完节点补波线：某些工作的箭线长度不足以达到其完成节点时，用波形线补足。

⑤ 零线尽量拉垂直：虚工作持续时间为零，应尽可能让其为垂直线。

⑥ 否则安排有缺陷：若出现虚工作占据时间的情况，其原因是工作面停歇或施工作业队组工作不连续。

【例 4-6】 某工程有 A、B、C 三个施工过程，分三段施工，各施工过程的流水节拍为 $t_A=3$ 天，$t_B=1$ 天，$t_C=2$ 天。试绘制其时标网络计划。

【解】（1）绘制双代号网络图，如图 4-61 所示。其关键线路为①→②→③→⑦→⑨→⑩。工期为 12 天。

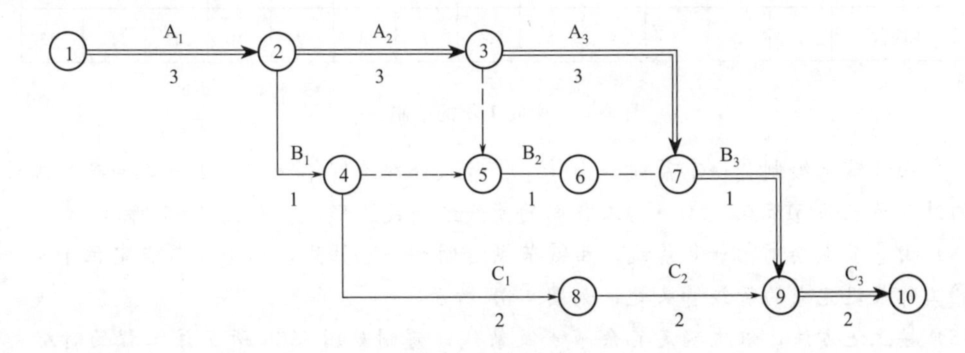

图 4-61　双代号网络计划

（2）绘制时标表，将起点节点①节点定位于起始刻度线上，按工作持续时间做出①节点的外向箭线及箭头节点②节点。如图 4-62 所示。

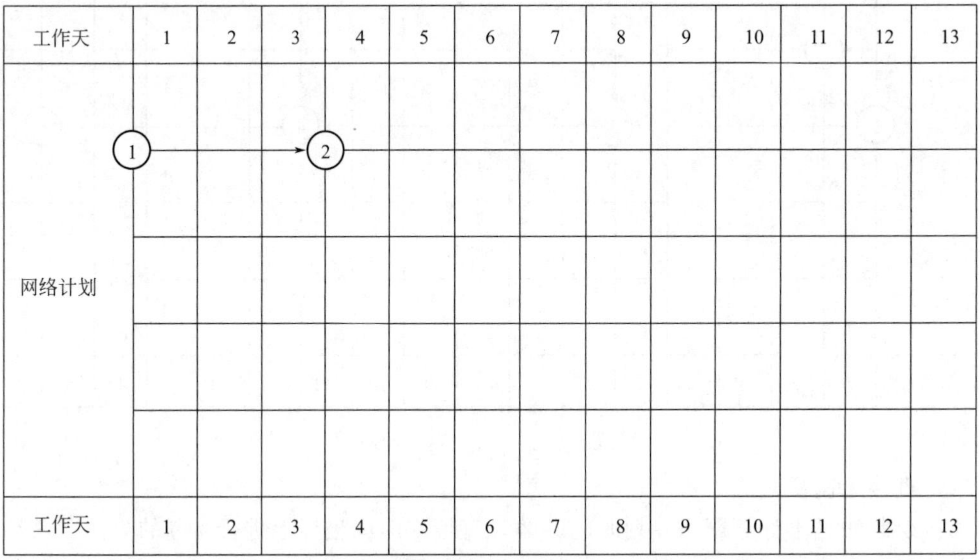

工作天	1	2	3	4	5	6	7	8	9	10	11	12	13
网络计划													
工作天	1	2	3	4	5	6	7	8	9	10	11	12	13

图 4-62　时标坐标系及起始工作的绘制

（3）由②节点按工作持续时间绘制其外向箭线及箭头节点③节点和④节点，如图 4-63 所示。

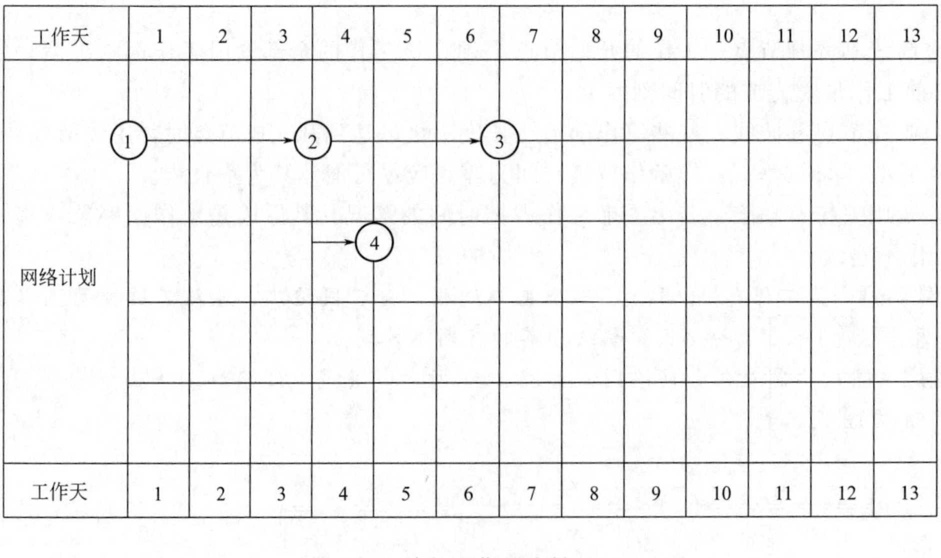

工作天	1	2	3	4	5	6	7	8	9	10	11	12	13
网络计划													
工作天	1	2	3	4	5	6	7	8	9	10	11	12	13

图 4-63　中间工作的绘制（一）

（4）由③节点绘制③→⑦箭线，由③、④节点分别绘制③→⑤和④→⑤两项虚工作，其共同的结束节点为⑤节点。④→⑤工作间的箭线绘制成波形线。如图 4-64 所示。

（5）由⑤节点绘制⑤→⑥箭线，由⑥节点绘制⑥→⑧箭线，其中⑧节点定位于④→⑧与⑥→⑧工作最迟完成的箭线箭头处，如图 4-65 所示。

（6）按上述方法，依次确定其余节点及箭线，得到如图 4-66 所示该工程的时标网络计划图。

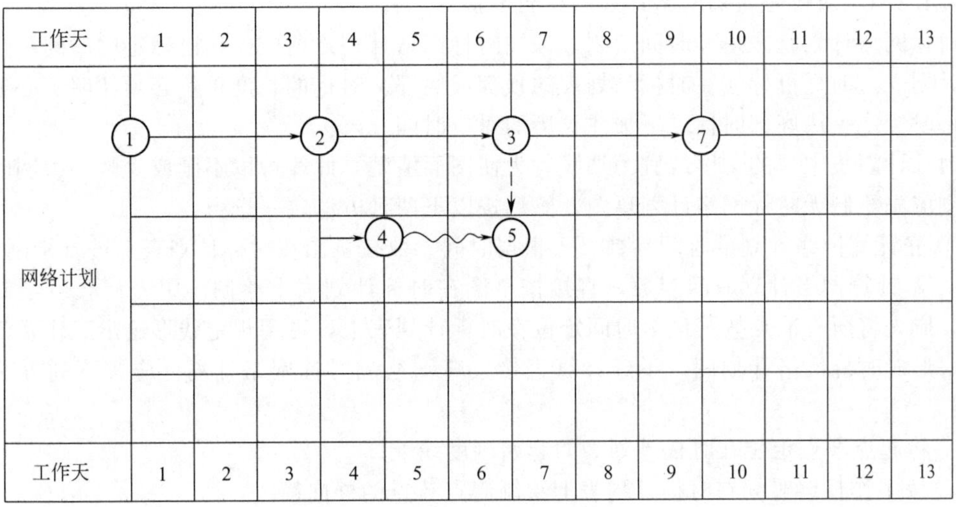

工作天 1 2 3 4 5 6 7 8 9 10 11 12 13

网络计划

1 2 3 7

4 5

工作天 1 2 3 4 5 6 7 8 9 10 11 12 13

图 4-64 中间工作的绘制（二）

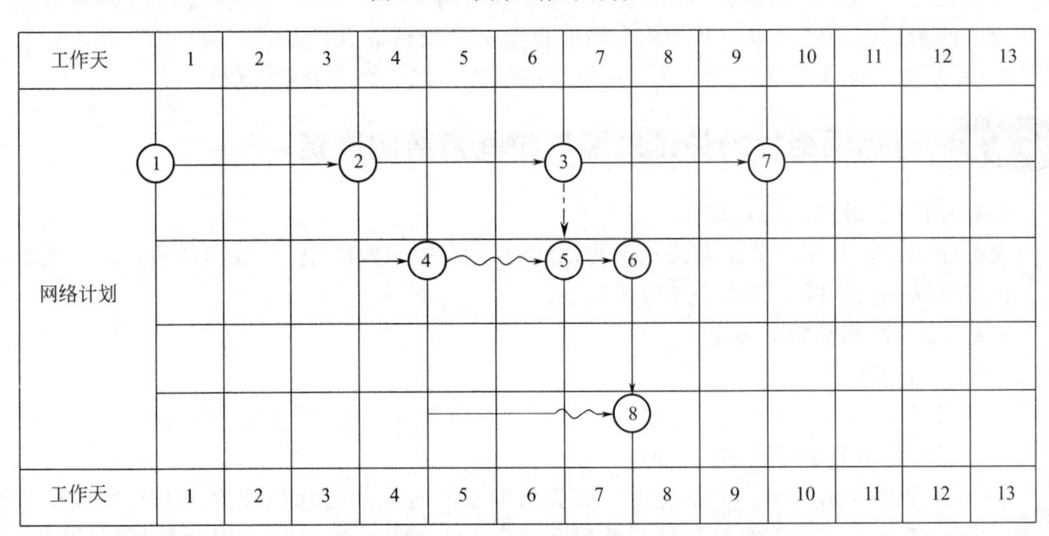

图 4-65 中间工作的绘制（三）

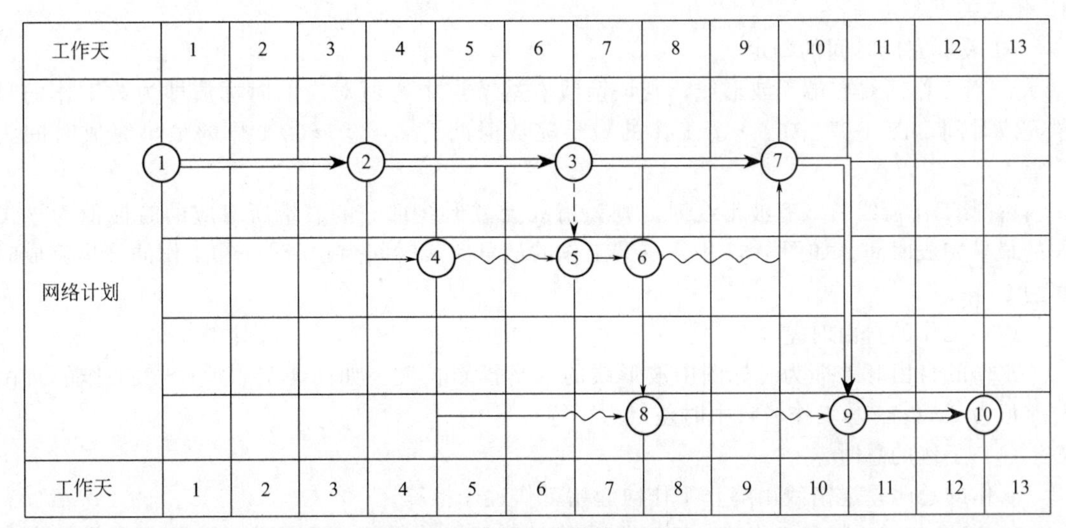

图 4-66 中间工作的绘制（四）

4.4.2.3 双代号时标网络计划的绘制步骤

时标网络计划宜按最早时间编制。编制时标网络计划之前应先按已确定的时间单位绘出时标计划表。时标可标注在时标计划表的顶部或底部。时标的长度单位必须注明。必要时可在顶部时标之上或底部时标之下加注日历的对应时间。

时标计划表中部的刻度线宜为细线。为使图面清楚，此线可以不画或少画。编制时标网络计划应先绘制无时标网络计划草图，然后按以下两种方法之一进行：

① 先计算网络计划的时间参数，再根据时间参数按草图在时标计划表上进行绘制。

② 不计算网络计划时间参数，直接按草图在时标计划表上绘制。用先计算后绘制的方法时，应先将所有节点按其最早时间定位在时标计划表上，再用规定线形绘出工作及其自由时差，形成时标网络计划图。不经计算直接按草图绘制时标网络计划，应按下列方法逐步进行：

a. 将起点节点定位在时标计划表的起始刻度线上；

b. 按工作持续时间在时标计划表上绘制起点节点的外向箭线；

c. 除起点节点以外的其他节点必须在其所有内向箭线绘出以后定位在这些内向箭线最早完成时间最迟的箭线末端。其他内向箭线长度不足以到达该节点时，用波形线补足；

d. 用上述方法自左至右依次确定其他节点位置，直至终点节点定位绘完。

4.4.3 时标网络计划关键线路与时间参数的判定

4.4.3.1 关键线路的判定

在时标图中，自起点节点至终点节点的所有线路中，未出现波形线的线路，即为关键线路。关键线路应用双线、粗线等加以明确标注。

4.4.3.2 时间参数的确定

（1）工期的确定

时标网络计划的计算工期，应视其终点节点与起点节点所在位置的时标值之差。

（2）工作最早开始时间和完成时间

① 工作最早开始时间。工作箭线左端节点中心所对应的时标值即为该工作的最早开始时间。图 4-67 中①→②工作的最早开始时间为 0，②→③，②→④工作的最早开始时间为 3，依次类推。

② 最早完成时间的判定。

a. 当工作箭线右端无波形线，则该箭线右端节点中心所对应的时标值即为该工作的最早完成时间。图 4-67 中①→②工作的最早完成时间为 3，②→④工作的最早完成时间为 4 等。

b. 当工作箭线右端有波形线时，则该箭线无波形线部分的右端所对应的时标值为该工作的最早完成时间。如图 4-67 中④→⑧工作的最早完成时间为 6，⑧→⑨工作的最早完成时间为 9 等。

（3）工作的自由时差

工作的自由时差即为时标图中波形线的水平投影长度。如图 4-67 中④→⑤工作的自由时差值为 2，⑧→⑨工作的自由时差值为 1 等。

（4）工作的总时差

工作的总时差逆箭线由终止工作向起始工作逐个推算。

① 当只有一项紧后工作时，该工作的总时差等于其紧后工作的总时差与本工作的自由

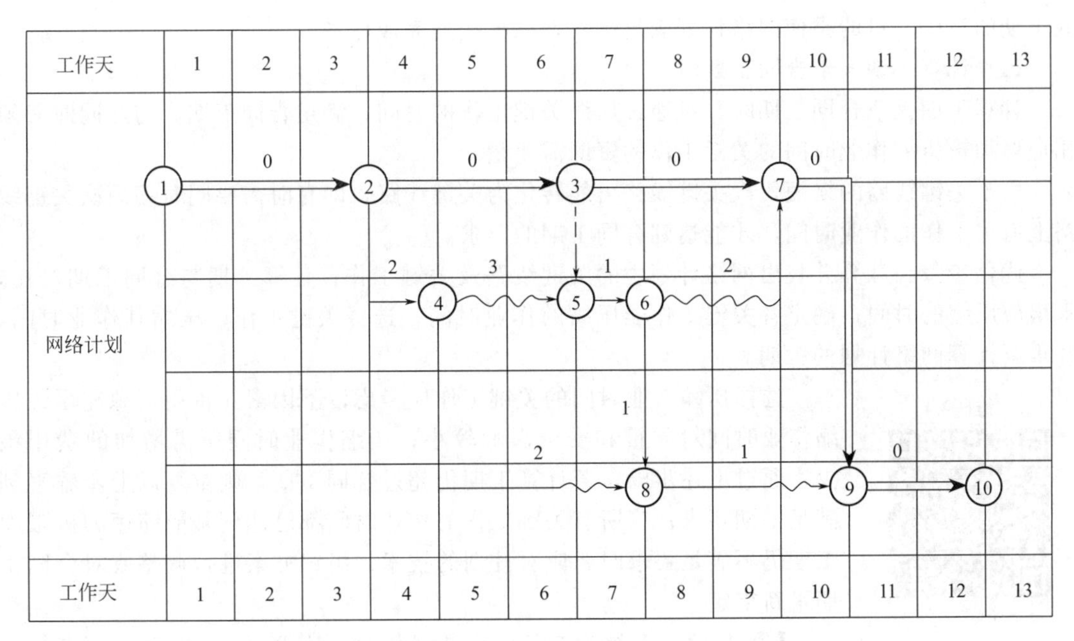

图 4-67　时标网络计划

时差之和。即：

$$TF_{i\text{-}j}=TF_{j\text{-}k}+FF_{i\text{-}j}$$

② 当有多项紧后工作时，该工作的总时差等于其所有紧后工作总时差的最小值与本工作自由时差之和。即：

$$TF_{i\text{-}j}=\min\{TF_{j\text{-}k}\}+FF_{i\text{-}j}$$

（5）工作最迟开始和完成时间

工作的最迟开始和完成时间，可由最早时间推算。如图 4-67 所示，②→④工作的最迟开始时间为 3＋2＝5，其最迟完成时间为 4＋2＝6；④→⑧工作的最迟开始时间为 4＋2＝6，其最迟完成时间为 6＋2＝8。

4.5 网络计划的优化

网络计划的绘制和时间参数的计算，只是完成网络计划的第一步，得到的只是计划的初始方案，是一种可行方案，但不一定是最优方案。由初始方案形成最优方案，即要对网络计划进行优化。

网络计划的优化，就是在满足既定约束条件下，按某一目标，通过不断改进网络计划寻求满意方案。

网络计划的优化目标应按计划任务的需要和条件选定，一般有工期目标、费用目标和资源目标等。网络计划的优化，按其优化达到的目标不同，一般分为工期优化、费用优化、资源优化。

4.5.1 工期优化

工期优化是指在一定约束条件下，按合同工期目标，通过延长或缩短计算工期以达到合同工期的目标。目的是使网络计划满足工期，保证按期完成任务。

(1) 计算工期大于合同工期时

计算工期大于合同工期时，可通过压缩关键工作的时间，满足合同工期，与此同时必须相应增加被压缩作业时间的关键工作的资源需要量。

由于关键线路的缩短，次关键线路可能转化为关键线路，即有时需要同时缩短次关键线路上有关工作的作业时间，才能达到合同工期的要求。

优化步骤：计算并找出网络计划中的关键线路及关键工作；计算工期与合同工期对比，求出应压缩的时间；确定各关键工作能压缩的作业时间；选择关键工作，压缩其作业时间，并重新计算网络计划的工期。

二维码4.4

网络图的优化
——工期优化

选择压缩作业时间的关键工作应考虑以下因素：备用资源充足；压缩作业时间对质量和安全影响较小；压缩作业时间所需增加的费用最少；通过上述步骤，若计算工期仍超过合同工期，则重复以上步骤直到满足工期要求；当所有关键工作的作业时间都已达到其能缩短的极限而工期仍不满足要求时，应对计划的技术、组织方案进行调整或对合同工期重新审定。

【例 4-7】 已知某工程双代号网络计划如图 4-68 所示，途中箭线上下方标注内容，箭线上方括号外为工作名称，括号内为优选系数；箭线下方括号外为工作正常持续时间，括号内为最短持续时间。先假定要求工期为 30 天，试对其进行工期优化。

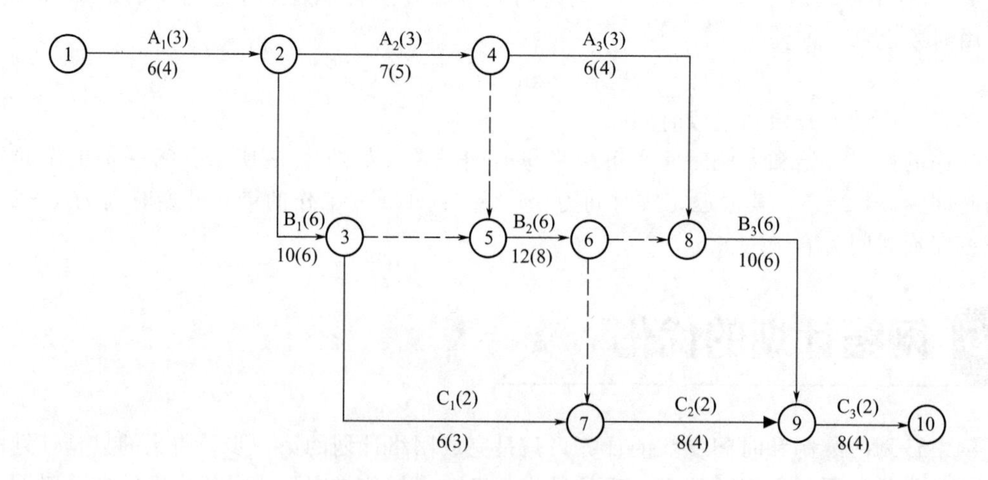

图 4-68 某工程双代号网络计划

【解】 该工程双代号网络计划工期优化可按以下步骤进行。

(1) 用简捷方法计算工作正常持续时间时，网络计划的时间参数如图 4-69 所示，标注工期、关键线路，其中关键线路用粗箭线表示。计算工期 T_c=46 天。

(2) 按要求工期 T_c 计算应缩短的时间 ΔT。

$$\Delta T = T_c - T_r = 46 - 30 = 16\text{（天）}$$

(3) 选择关键路线上优选系数较小的工作，依次进行压缩，直到满足要求工期，每次压缩后的网络计划如图 4-70～图 4-75 所示。

① 第一次压缩，根据图 4-69 中的数据，选择关键线路上优选系数最小的工作为 9-10 工

作，可压缩 4 天，压缩后网络计划如图 4-70 所示。

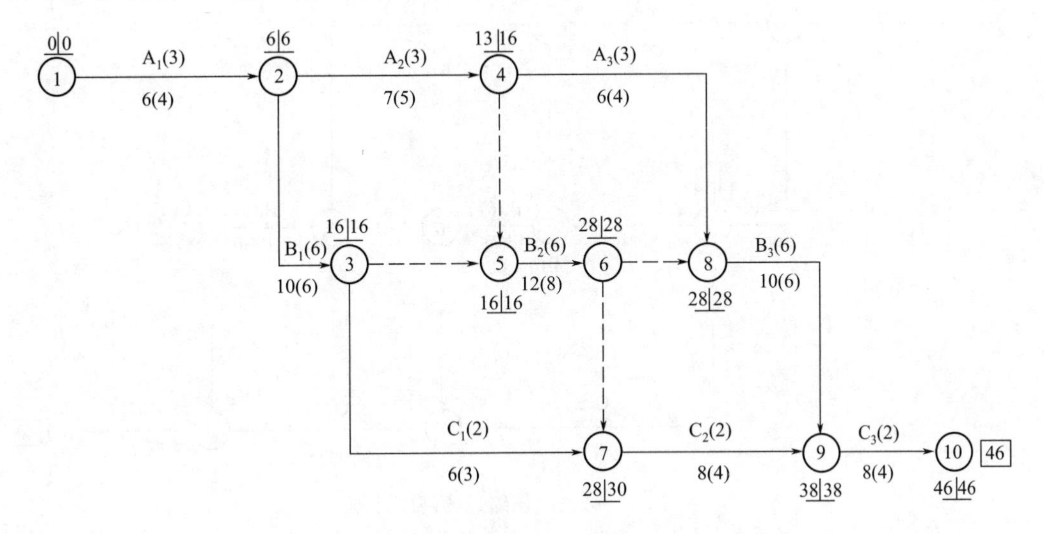

图 4-69　简捷计算法确定初始网络计划时间参数

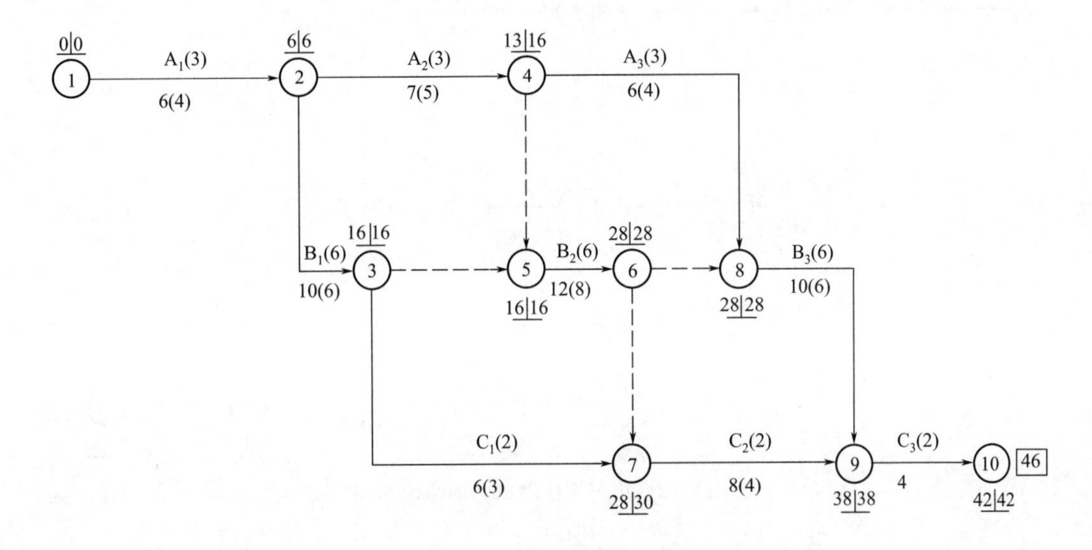

图 4-70　第一次压缩后的网络计划

② 第二次压缩，根据图 4-70 中的数据，选择关键线路上优选系数最小的工作为 1-2 工作，可压缩 2 天，压缩后网络计划如图 4-71 所示。

③ 第三次压缩，根据图 4-71 中的数据，选择关键线路上优选系数最小的工作为 2-3 工作，可压缩 3 天，则 2-4 工作也成为关键工作，压缩后网络计划如图 4-72 所示。

④ 第四次压缩，根据图 4-72 中的数据，选择关键线路上优选系数最小的工作为 5-6 工作，可压缩 4 天，压缩后网络计划如图 4-73 所示。

⑤ 第五次压缩，根据图 4-73 中的数据，选择关键线路上优选系数最小的工作为 8-9 工作，可压缩 2 天，则 7-9 工作也成为关键工作，压缩后网络计划如图 4-74 所示。

⑥ 第六次压缩，根据图 4-74 中的数据，选择关键线路上组合优选系数最小的工作为 8-9 和 7-9 工作，只需压缩 1 天，则共计压缩 16 天，压缩后网络计划如图 4-75 所示。

通过六次压缩，工期达到 30 天，满足要求的工期规定。其优化压缩过程见表 4-9。

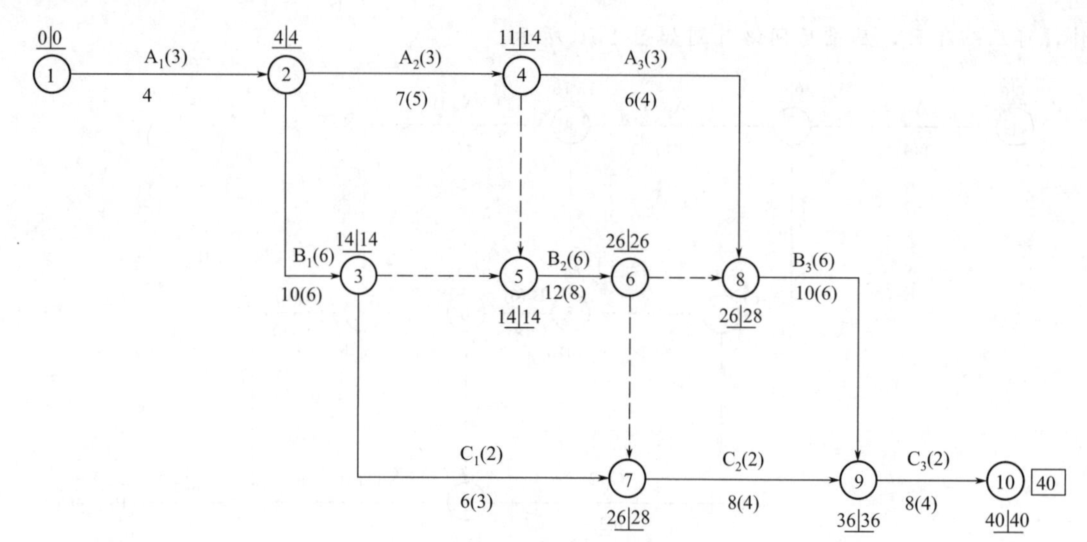

图 4-71　第二次压缩后的网络计划

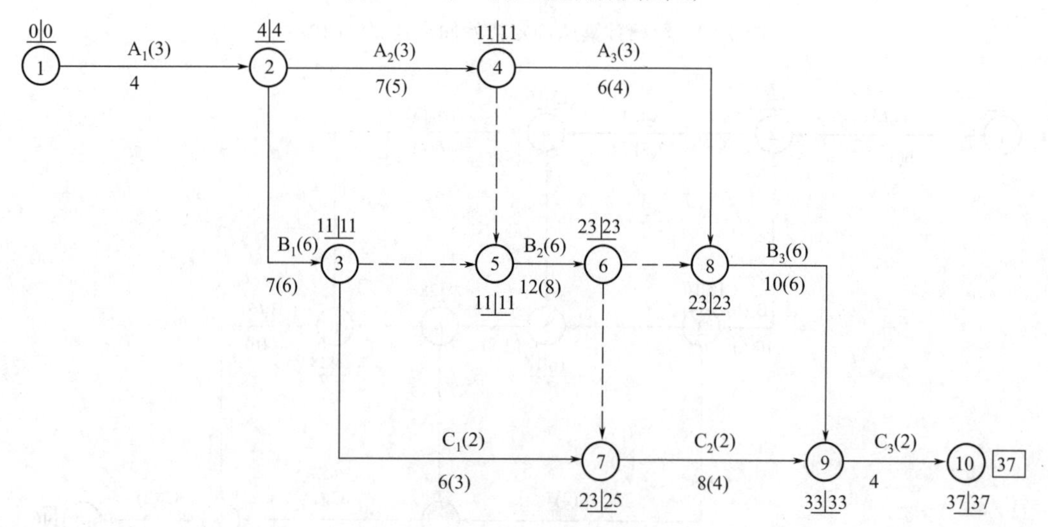

图 4-72　第三次压缩后的网络计划

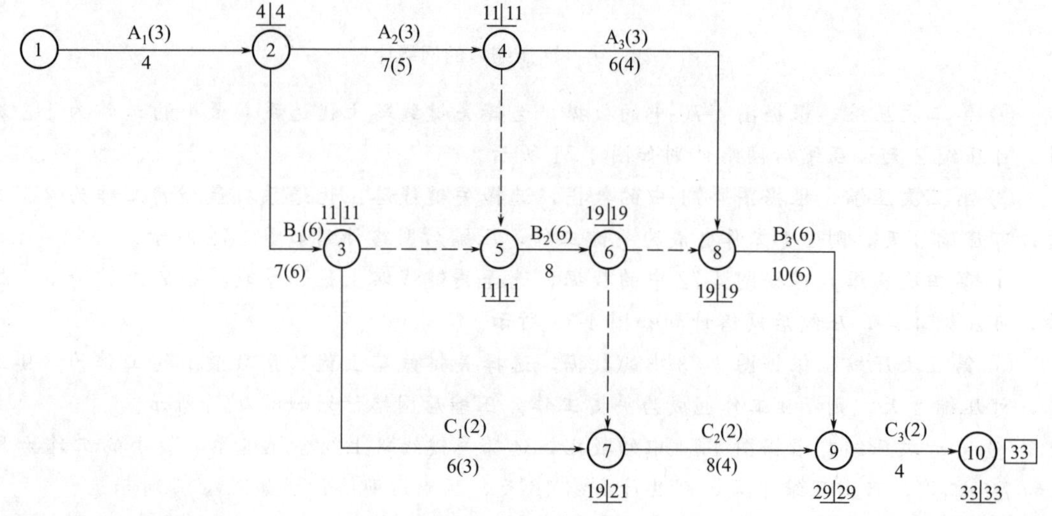

图 4-73　第四次压缩后的网络计划

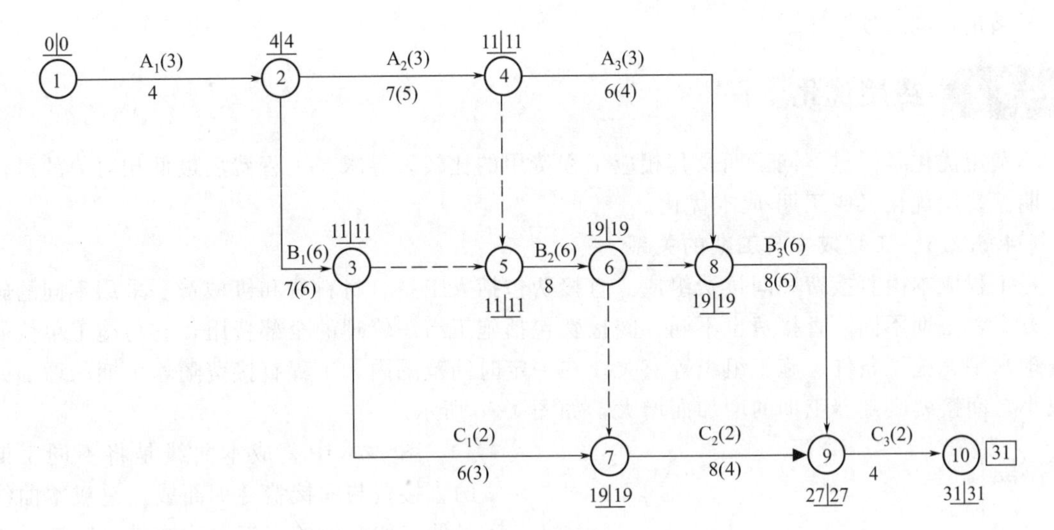

图 4-74 第五次压缩后的网络计划

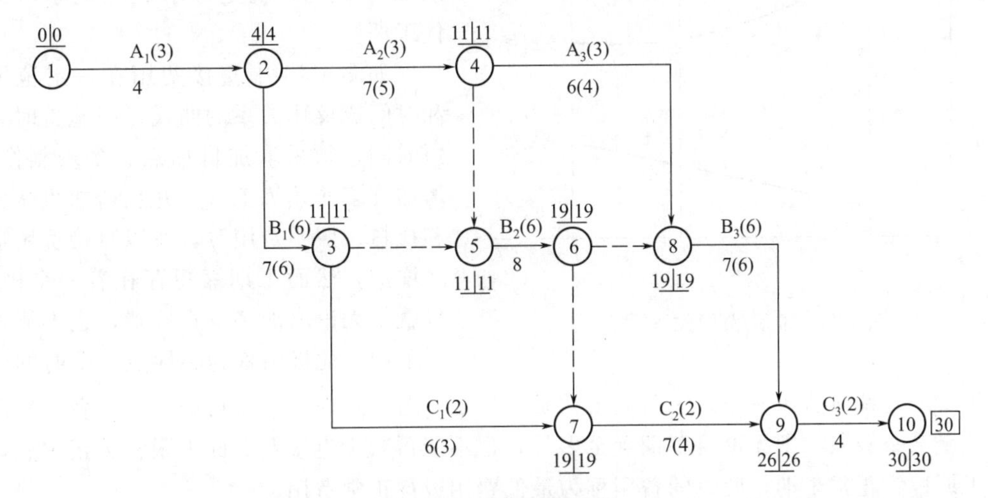

图 4-75 优化网络计划

表 4-9 某工程网络计划工期优化压缩过程表

优化次数	压缩工序	组合优选系数	压缩天数/天	工期/天	关键工作
0				46	①-②-③-⑤-⑥-⑧-⑨-⑩
1	⑨-⑩	2	4	42	①-②-③-⑤-⑥-⑧-⑨-⑩
2	①-②	3	2	40	①-②-③-⑤-⑥-⑧-⑨-⑩
3	②-③	6	3	37	①-②-③-⑤-⑥-⑧-⑨-⑩、②-④-⑤
4	⑤-⑥	6	4	33	①-②-③-⑤-⑥-⑧-⑨-⑩、②-④-⑤
5	⑧-⑨	6	2	31	①-②-③-⑤-⑥-⑧-⑨-⑩、②-④-⑤、⑥-⑦-⑨
6	⑧-⑨、⑦-⑨	8	1	30	①-②-③-⑤-⑥-⑧-⑨-⑩、②-④-⑤、⑥-⑦-⑨

(2) 计算工期小于或等于合同工期时

若计算工期小于合同工期不多或两者相等，一般可不必优化。

若计算工期小于合同工期较多，则宜进行优化。具体优化方法是：首先延长个别关键工作的持续时间，相应变化非关键工作的时差；然后重新计算各工作的时间参数，反复进行，直至满足合同工期为止。

4.5.2 费用优化

费用优化是通过不同工期及其相应工程费用的比较，寻求与工程费用最低相对应的最优工期。费用优化又叫工期-成本优化。

4.5.2.1 工程成本与工期的关系

工程成本由直接费和间接费组成。直接费包括人工费、材料费和机械费。采用不同的施工方案，工期不同，直接费也不同。间接费包括施工组织管理的全部费用，它与施工单位的管理水平、施工条件、施工组织等有关。在一定时间范围内，工程直接费随着工期的增加而减小，间接费则随着工期的增加而增大，如图 4-76 所示。

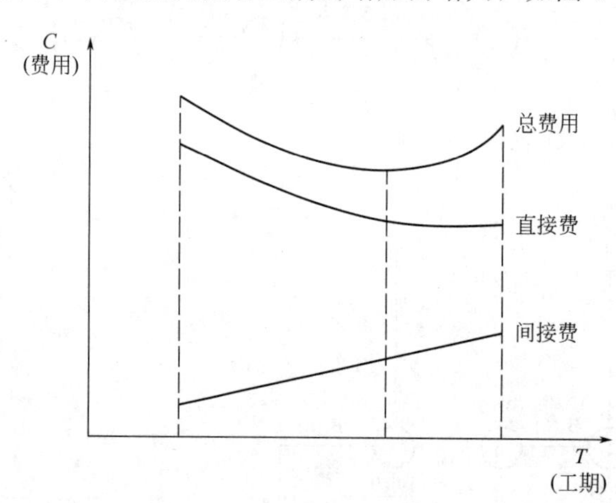

图 4-76 工期-费用关系示意

图 4-76 中总成本曲线是将不同工期的直接费与间接费叠加而成。总成本曲线最低点所对应的工期，称为最优工期，工期-成本优化，就是寻求最低成本时的最优工期。

如图 4-76 中直接费用在一定范围内和时间成反比关系的曲线，因施工时要缩短时间，须采取加班加点、多班制作业，增加许多非熟练工人，并且增加机械设备和材料、照明费用等，所以直接费用也随之增加，然而工期缩短存在着一个极限，也就是无论增加多少直接费，也不能再缩短工期。此极限称为临界点，此时的时间为最短工期，此时费用叫作最短时间直接费。反之，若延长时间，则可减少直接费，然而时间延长至某一极限，则无论将工期延至多长，也不能再减少直接费。此极限称为正常点，此时的工期称为正常工期，此时的费用称为最低费用或称正常费用。

直接费用曲线实际上并不像图中那样圆滑，而是由一系列线段组成的折线，并且越接近最高费用（极限费用），其曲线越陡。为了简化计算，一般将其曲线近似表示为直线，其斜率称为费用率，它的实际含义是表示单位时间内所需增加的直接费。在网络计划费用优化中，工作的持续时间和直接费之间的关系有以下两种情况。

（1）连续型变化关系

在工作的正常持续时间与最短持续时间内，工作可逐天缩短，工作的直接费随工作持续时间的改变而改变，呈连续的直线、曲线或折线形式。工作与费用的这种关系，我们称之为连续型变化关系。在优化中，为简化计算，当工作持续时间与费用关系呈曲线或折线形式时，也近似表示为直线，如图 4-77 所示。

图 4-77 中直线的斜率称为直接费率，即每缩短单位工作持续时间所需增加的直接费，其值为

$$\Delta C_{i\text{-}j}=(CC_{i\text{-}j}-CN_{i\text{-}j})/(DN_{i\text{-}j}-DC_{i\text{-}j}) \tag{4-49}$$

式中 $CC_{i\text{-}j}$——工作最短持续时间的直接费；

$CN_{i\text{-}j}$——工作正常持续时间的直接费；

DN_{i-j}——工作最短持续时间；

DC_{i-j}——工作正常持续时间。

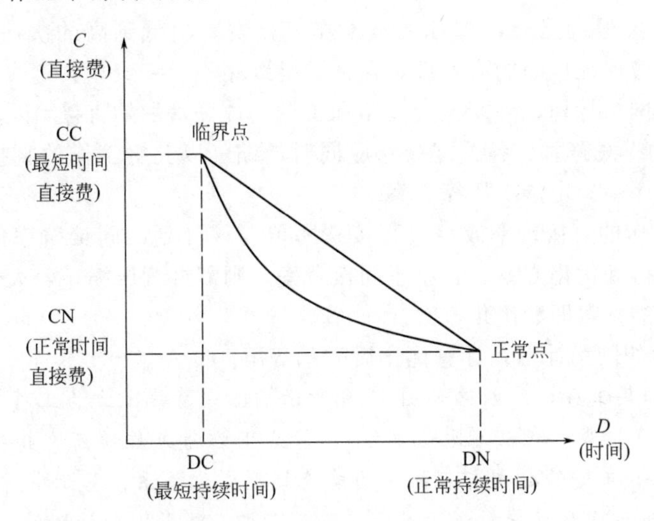

图 4-77 时间与直接费的关系示意

根据式(4-49) 可推算出在最短持续时间与正常持续时间内，任意一个持续时间的费用。网络计划中，关键工作的持续时间决定着计划的工期值，压缩工作持续时间，进行费用优化，正是从压缩直接费率最低的关键工作开始的。

(2) 非连续型变化关系

工作的持续时间和直接费呈非连续型变化关系，是指计划中二者的关系是相互独立的若干个点或短线，如图 4-78 所示。

这种关系多属于机械施工方案。当选用不同的施工方案时，产生不同的工期和费用，各方案之间没有任何关系。工作不能逐天缩短，只能在几个方案中进行选择。

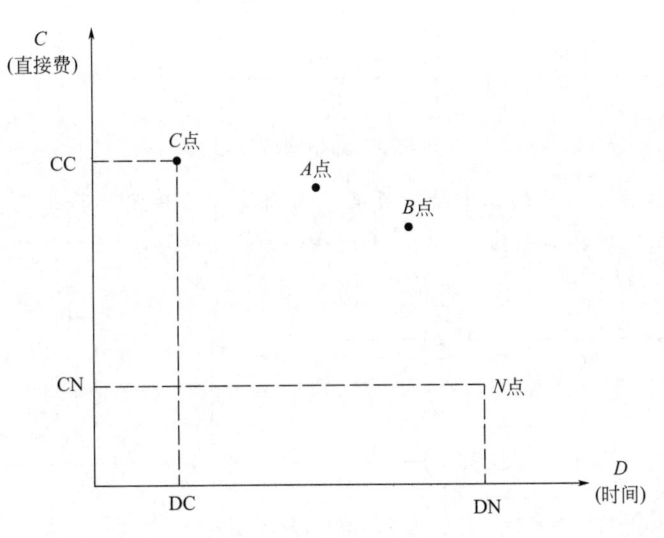

图 4-78 非连续型的时间-直接费关系示意

4. 5. 2. 2 费用优化计算步骤

① 确定初始网络计划的关键线路，计算工期。

② 计算初始网络计划的工程直接费和总成本。

③ 计算各项工作的直接费率 $\Delta C_{i\text{-}j}$。

④ 确定压缩方案，逐步压缩，寻求最优工期。

a. 当只有一条关键线路时，按各关键工作直接费率由低到高的次序，确定压缩方案。每一次的压缩值，应保证压缩的有效性，保证关键线路不会变成非关键线路。压缩之后，需重新绘制调整后的网络计划，确定关键线路和工期，计算增加的直接费及相应的总成本。

b. 当有多条关键线路时，各关键线路应同时压缩。以关键工作的直接费率或组合直接费率由低到高的次序，确定依次压缩方案。

c. 将被压缩工作的直接费率或组合直接费率值与该计划的间接费率值进行比较，若等于间接费率，则已得到优化方案；若小于间接费率，则需继续压缩；若大于间接费率，则在此前小于间接费率的方案即为优化方案。

d. 绘出优化后的网络计划，计算优化后的总费用。

【例 4-8】 已知某工程计划网络如图 4-79 所示，图中箭线上方为工作的正常时间的直接费用和最短时间的直接费用（以万元为单位），箭线下方为工作的正常持续时间和最短持续时间（天）。其中 2-5 工作的时间与直接费为非连续型变化关系，其正常时间及直接费用为 8 天，5.5 万元；最短时间及直接费用为 6 天，6.2 万元。整个工程计划的间接费率为 0.35 万元/天，最短工期时的间接费为 8.5 万元。试对此计划进行费用优化，确定工期-费用关系曲线，求出费用最少的相应工期。

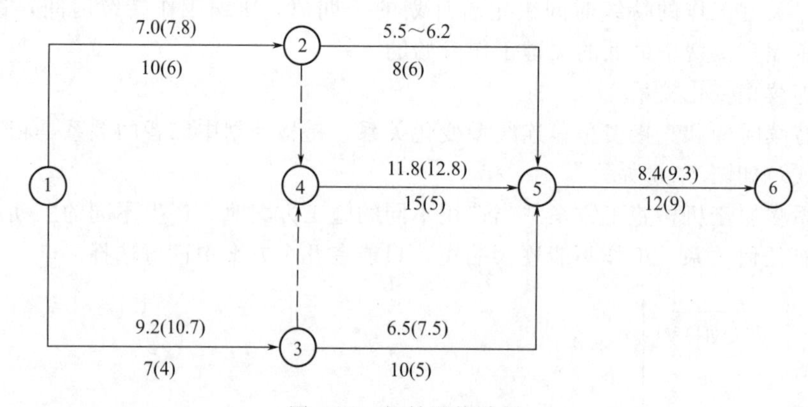

图 4-79 初始网络计划

【解】 (1) 按各项工作的正常持续时间，用简捷方法确定计算工期、关键线路、总费用，如图 4-80 所示。计算工期为 37 天，关键线路为 1-2-4-5-6。

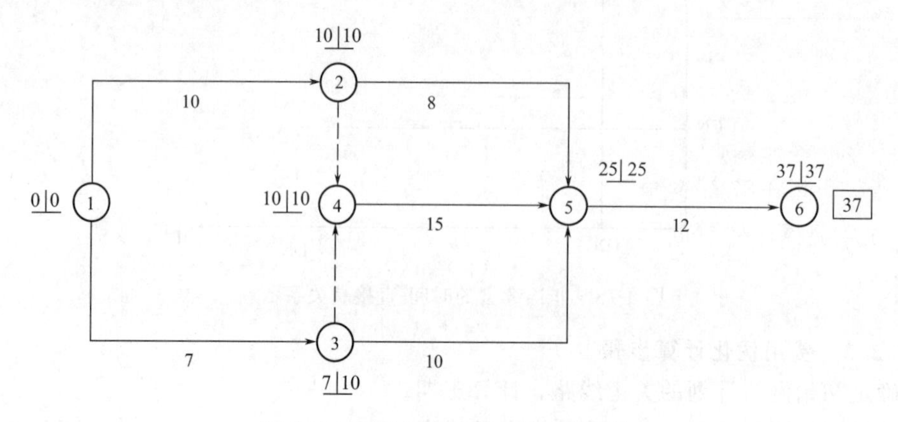

图 4-80 初始网络计划中的关键线路

按各项工作的最短持续时间，用简捷方法确定计算工期，如图 4-81 所示。计算工期为 21 天。

正常持续时间时的总直接费用＝各项工作的正常持续时间时的直接费用之和＝7.0＋9.2＋5.5＋11.8＋6.5＋8.4＝48.4（万元）。

正常持续时间时的总间接费用＝最短工期时的间接费＋(正常工期－最短工期)×间接费率＝8.5＋0.35×(37－21)＝14.1（万元）。

正常持续时间时的总费用＝正常持续时间时总直接费用＋正常持续时间时总间接费用＝48.4＋14.1＝62.5（万元）。

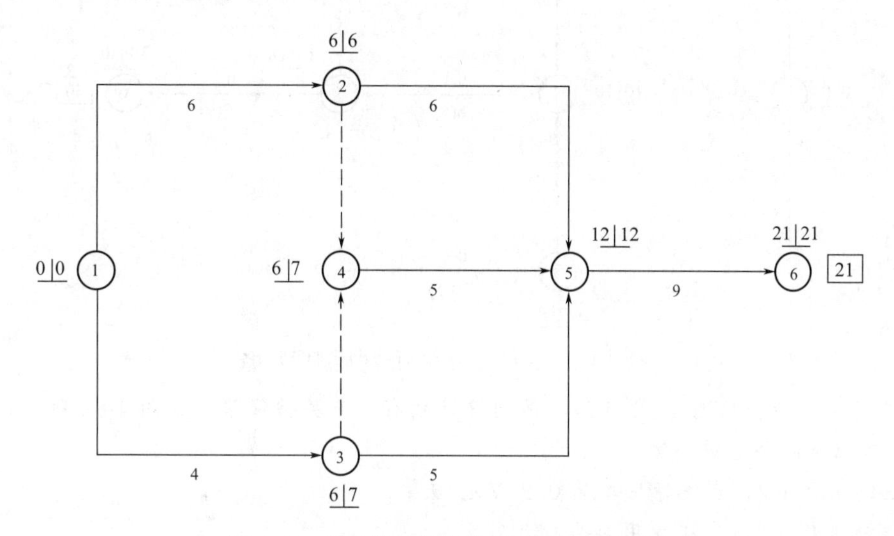

图 4-81　各工作最短持续时间时的关键线路

(2) 按公式计算各项工作的直接费率，见表 4-10。

表 4-10　各项工作直接费用率

工作代号	正常持续时间/天	最短持续时间/天	正常时间直接费用/万元	最短时间直接费用/万元	直接费用率/(万元/天)
①→②	10	6	7.0	7.8	0.2
①→③	7	4	9.2	10.7	0.5
②→⑤	8	6	5.5	6.2	
④→⑤	15	5	11.8	12.8	0.1
③→⑤	10	5	6.5	7.5	0.2
⑤→⑥	12	9	8.4	9.3	0.3

(3) 不断压缩关键线路上有压缩可能且费用最少的工作，进行费用优化，压缩过程的网络图如图 4-82～图 4-87 所示。

① 第一次压缩：从图 4-81 可知，该网络计划的关键线路上有三项工作，有以下三个压缩方案。

a. 压缩工作 1-2，直接费用率为 0.2 万元/天。

b. 压缩工作 4-5，直接费用率为 0.1 万元/天。

c. 压缩工作 5-6，直接费用率为 0.3 万元/天。

在上述压缩方案中，由于工作 4-5 的直接率最小，故应选择工作 4-5 作为压缩对象。工作 4-5 的直接费率为 0.1 万元/天，小于间接费用率 0.35 万元/天，说明压缩工作 4-5 可以使工程总费用降低。将工作 4-5 的工作时间缩短 7 天，则工作 2-5 也成为关键工作，第一次压缩后的网络计划如图 4-82 所示。图中箭线上方的数字为工作的直接费用率（工作 2-5 除外）。

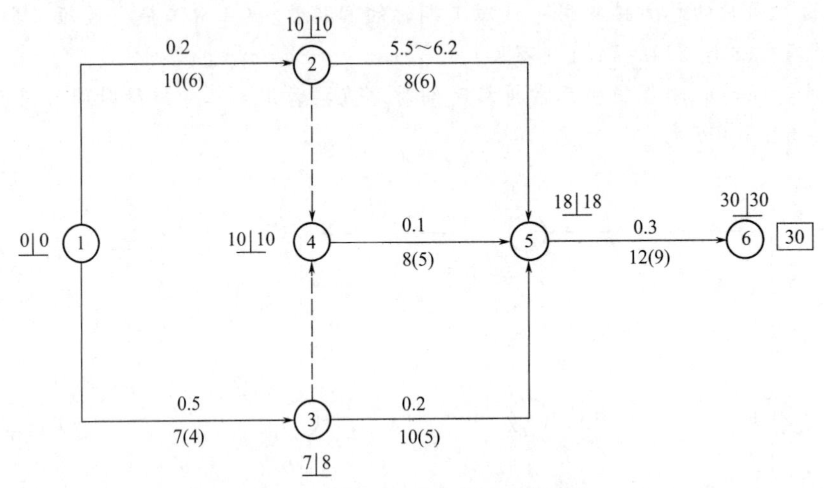

图 4-82　第一次压缩后的网络计划

② 第二次压缩：从图 4-82 可知，该网络计划有 2 条关键线路，如图 4-82 所示，为了缩短工期，有以下两个压缩方案。

a. 压缩工作 1-2，直接费用率为 0.2 万元/天；

b. 压缩工作 5-6，直接费用率为 0.3 万元/天。

而同时压缩工作 2-5 和 4-5，只能一次压缩 2 天，且经分析会使原关键线路变为非关键线路，故不可取。

上述两个压缩方案中，工作 1-2 的直接费用率较小，故应选择工作 1-2 为压缩对象。工作 1-2 的直接费用率为 0.2 万元/天，小于间接费率 0.35 万元/天，说明压缩工作 1-2 可使工程总费用降低，将工作 1-2 的工作时间缩短 1 天，则工作 1-3 和 3-5 也成为关键工作。第二次压缩后的网络计划如图 4-83 所示。

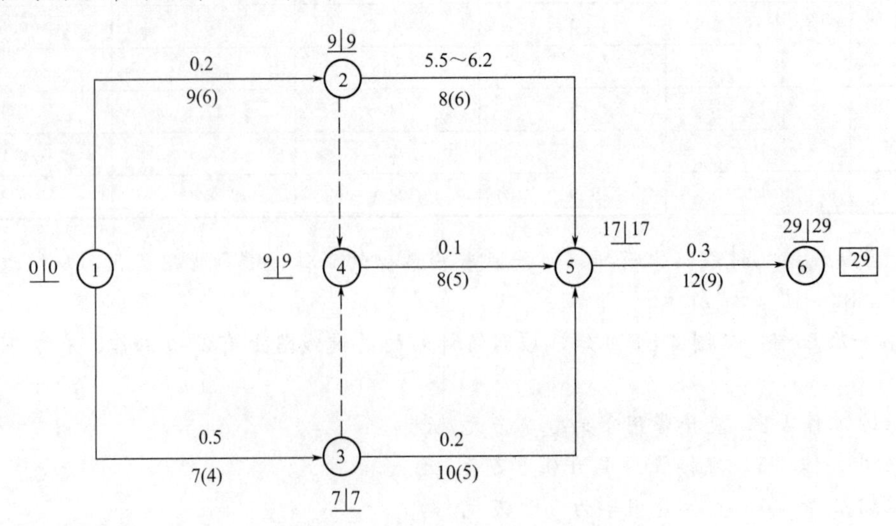

图 4-83　第二次压缩后的网络计划

③ 第三次压缩：从图 4-83 可知，该网络计划有 3 条关键线路，为了缩短工期，有以下三个压缩方案。

a. 压缩工作 5-6，直接费用率为 0.3 万元/天；

b. 同时压缩工作 1-2 和 3-5，组合直接费用率为 0.4 万元/天；

c. 同时压缩工作 1-3、2-5 及 4-5，只能一次压缩 2 天，共增加直接费 1.9 万元，平均每天直接费为 0.95 万元。

上述三个方案中，工作 5-6 的直接费用率较小，故应选择工作 5-6 作为压缩对象。工作 5-6 的直接费率为 0.3 万元/天，小于间接费用率 0.35 万元/天，说明压缩工作 5-6 可使工程总费用降低。将工作 5-6 的工作时间缩短 3 天，则工作 5-6 的持续时间已达最短，不能再压缩，第三次压缩后的网络计划如图 4-84 所示。

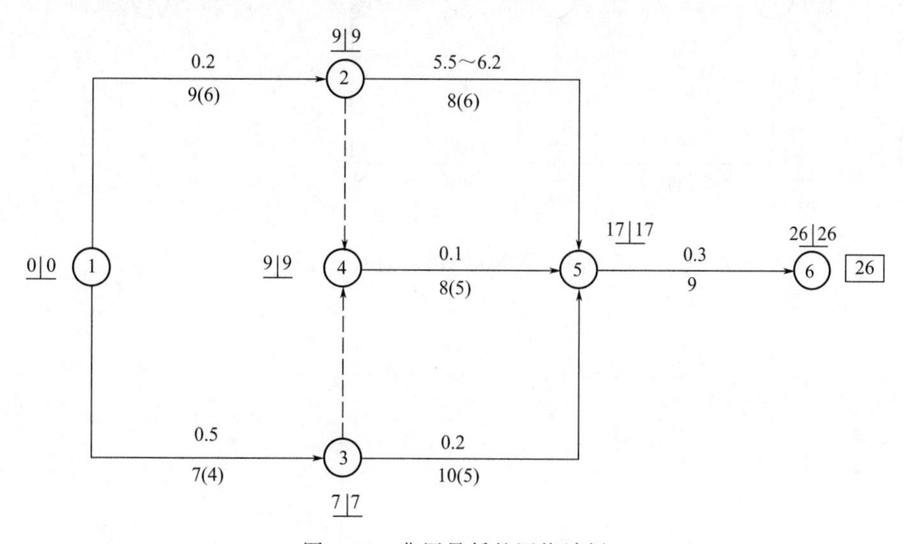

图 4-84　费用最低的网络计划

④ 第四次压缩：从图 4-84 可知，该网络计划有 3 条关键线路，有以下两个压缩方案。

a. 同时压缩工作 1-2 和 3-5，组合直接费用率 0.4 万元/天；

b. 同时压缩工作 1-3、2-5 及 4-5，只能一次压缩 2 天，共增加直接费 1.9 万元，平均每天直接费为 0.95 万元。

上述两个方案中，工作 1-2 和 3-5 的组合直接费用率较小，故应选择 1-2 和 3-5 同时压缩。但是由于其组合直接费率为 0.4 万元/天，大于间接费率 0.35 万元/天，说明此次压缩会使工程总费用增加。因此，优化方案在第三次压缩后已得到，如图 4-84 所示即为优化后费用最小的网络计划，其相应工期为 26 天。

将工作 1-2 和 3-5 的工作时间同时缩短 2 天。第四次压缩后的网络计划如图 4-85 所示。

⑤ 第五次压缩：从图 4-85 可知，该网络计划有以下四个压缩方案。

a. 同时压缩工作 1-2 和 1-3，组合直接费率为 0.7 万元/天；

b. 同时压缩 2-5、4-5 和 3-5，只能一次压缩 2 天，共增加直接费 1.3 万元，平均每天直接费为 0.65 万元；

c. 同时压缩工作 1-2 和 4-5、3-5，组合直接费率为 0.5 万元/天；

d. 同时压缩工作 1-3 和 2-5、4-5，只能一次压缩 2 天，共增加直接费 1.9 万元，平均每天直接费为 0.95 万元。

上述四个方案中，同时压缩工作 1-2 和 4-5、3-5 的组合直接费率较小，故应选择 1-2

和 4-5、3-5 同时压缩，但是由于其组合直接费率为 0.5 万元/天，大于间接费率 0.35 万元/天，说明此次压缩会使工程总费用增加。将工作 1-2 和 4-5、3-5 的工作时间同时缩短 1 天，此时 1-2 工作的持续时间已达极限，不能再压缩。第五次压缩后的网络计划如图 4-86所示。

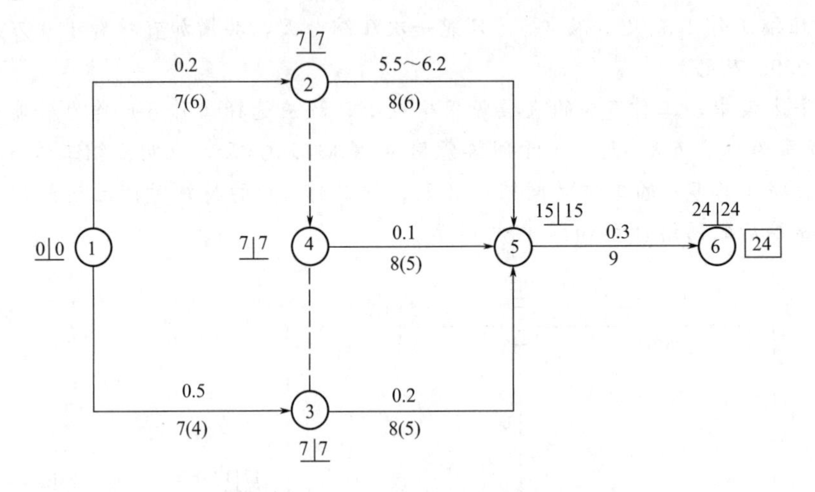

图 4-85　第四次压缩后的网络计划

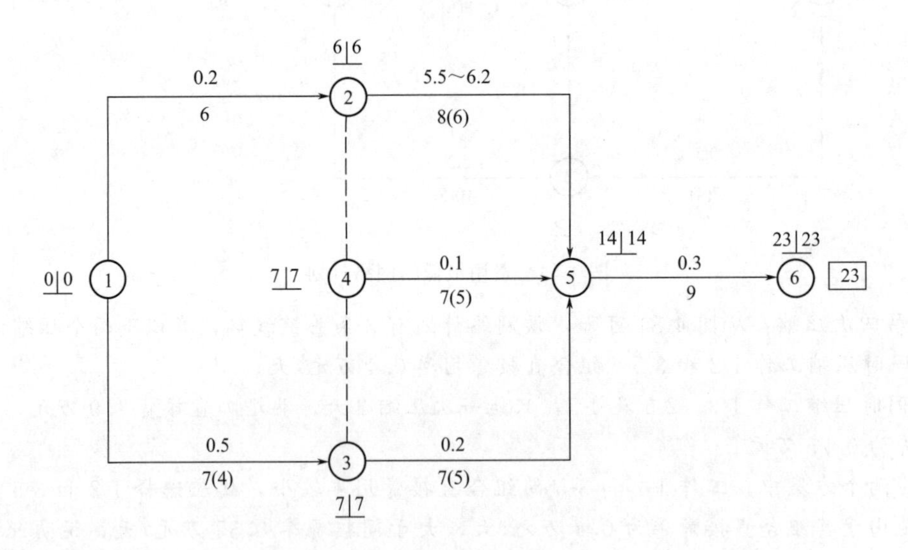

图 4-86　第五次压缩后的网络计划

⑥ 第六次压缩：从图 4-86 可知，该网络计划有以下两个压缩方案。

a. 同时压缩工作 1-3 和 2-5，只能一次压缩 2 天，且会使原关键线路变为非关键线路，故不可取；

b. 同时压缩工作 2-5，4-5 和 3-5，只能一次压缩 2 天，共增加直接费 1.3 万元。

故选择第二个方案进行压缩，将该三项工作同时缩短 2 天，此时 2-5、4-5 和 3-5 工作的持续时间均已达到极限，不能再压缩，第六次压缩后的网络计划如图 4-87 所示。

计算到此，可以看出只有 1-3 工作还可以继续缩短，但即使将其缩短只能增加费用而不能压缩工期，所以缩短工作 1-3 徒劳无益，本例的优化压缩过程至此结束。费用优化过程见表 4-11。

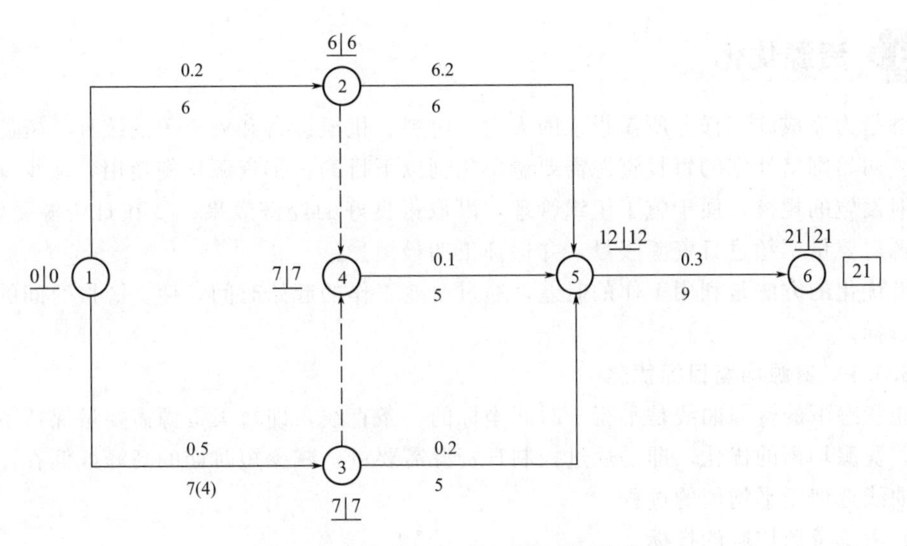

图 4-87　工期最短相对应的优化网络计划

表 4-11　某工程网络计划费用优化过程

压缩次数	被压缩工作代号	缩短时间/天	被压缩工作的直接费率或组合直接费率/(万元/天)	费率差(正或负)/(万元/天)	压缩需用总费用(正或负)/万元	总费用/万元	工期/天	备注
0						62.5	37	
1	④-⑤	7	0.1	−0.25	−1.75	60.75	30	
2	①-②	1	0.2	−0.15	−0.15	60.60	29	
3	⑤-⑥	3	0.3	−0.05	−0.15	60.45	26	优化方案
4	①-② ③-⑤	2	0.4	+0.05	+0.10	60.55	24	
5	①-② ④-⑤ ③-⑤	1	0.5	+0.15	+0.15	60.70	23	
6	②-⑤ ④-⑤ ③-⑤	2			+0.60	61.30	21	

该工程优化的工期费用关系曲线如图 4-88 所示。

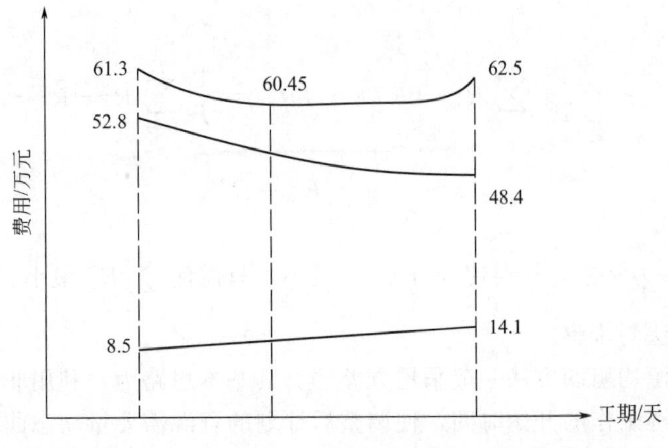

图 4-88　工期费用曲线

4.5.3 资源优化

资源是为完成施工任务所需投入的人力、材料、机械设备和资金等的统称。资源优化即通过调整初始网络计划的每日资源需要量，达到以下目的：①资源均衡使用，减少施工现场各种临时设施的规模，便于施工组织管理，以取得良好的经济效果；②在日资源受限制时，使日资源需要量不超过日资源限量，并保证工期最短。

资源优化的方法是利用工作的时差，通过改变工作的起始时间，使资源按时间的分布符合优化目标。

4.5.3.1 资源均衡目标优化

理想状态下的资源曲线是平行于时间坐标的一条直线，即每天资源需要量保持不变。工期固定，资源均衡的优化，即是通过控制日资源需要量，减少短时期的高峰或低谷，尽可能使实际曲线近似于平均值的过程。

(1) 衡量资源均衡的指标

衡量资源需要量均衡的程度，我们介绍两种指标。

① 不均衡系数 K

$$K=\frac{R_{\max}}{\overline{R}} \tag{4-50}$$

式中 $R_{\max}$——日资源需要量的最大值；

$\overline{R}$——每日资源需要量的平均值。

$$\overline{R}=\frac{R_1+R_2+\cdots+R_t}{T}=\frac{\sum_{i=1}^{t}R_i}{T} \tag{4-51}$$

式中 T——计划工期；

R_i——第 i 天的资源需要量。

不均衡系数愈接近于1，资源需要量的均衡性愈好。

② 均方差值。均方差值是每日资源需要量与日资源需要量之差的平方和的平均值。均方差愈大，资源需要量的均衡性愈差。均方差的计算公式为

$$\sigma^2=\frac{1}{T}\sum_{i=1}^{t}(R_i-\overline{R})^2 \tag{4-52}$$

将上式展开得

$$\sigma^2=\frac{1}{T}\left(\sum_{i=1}^{T}R_i^2-2RT\overline{R}+T\overline{R}^2\right)=\frac{1}{T}\sum_{i=1}^{t}R_i^2-\overline{R}^2$$

$$\sigma=\sqrt{\frac{1}{T}\sum_{i=1}^{t}R_i^2-\overline{R}^2} \tag{4-53}$$

上式中 T 与 R 为常数，故要使均方差 σ^2 最小，只需使 $\sum_{i=1}^{t}R_i^2$ 最小。

(2) 优化的方法与步骤

工期固定，资源均衡的方法一般采用方差法。其基本思路为：利用非关键工作的自由时差，逐日调整非关键工作的开始时间，使调整后计划的资源需要量动态曲线能削峰填谷，达到降低方差的目的。

设有 i-j 工作，第 m 天开始，第 n 天结束，日资源需要量为 $r_{i,j}$。将 i-j 工作向右移1天，则该计划第 m 天的资源需要量 R_m 将减少 $r_{i,j}$，第（$n+1$）天的资源需要量 R_{n+1} 将增加 $r_{i,j}$。若第（$n+1$）天新的资源量值小于第 m 天调整前的资源量值，即

$$R_{n+1}+r_{i,j}\leqslant R_m \tag{4-54}$$

则调整有效。具体步骤如下：

① 按各项工作的最早时间绘制初始网络计划的时标图及每日资源需要量动态曲线，确定计划的关键线路、非关键工作的总时差和自由时差。

② 确保工期、关键线路不做变动，对非关键工作由终点节点逆箭线逐项进行调整，每次右移1天，判定其右移的有效性，直至不能右移为止。若右移1天，不能满足式(4-54)时，可在自由时差范围内，一次向右移动2天或3天，直到自由时差用完为止。若多项工作同时结束时，对开始较晚的工作先做调整。

③ 所有非关键工作都做了调整后，在新的网络计划中，按照上述步骤，进行第二次调整，以使方差进一步缩小，直到所有工作不能再移动为止。

【例4-9】 已知网络计划如图4-89所示，箭线上方数字为每日资源需要量。试对该网络计划进行工期固定-资源均衡的优化。

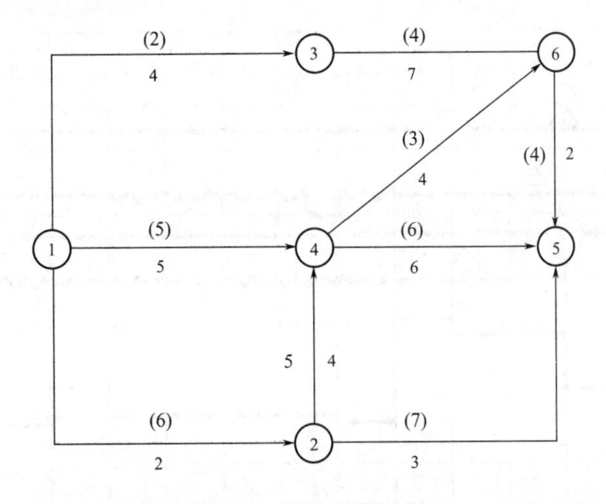

图4-89 初始网络计划

【解】 (1) 绘制初始网络计划时标图、每日资源需要量动态曲线，确定关键线路及非关键工作的总时差和自由时差，如图4-90所示。其不均衡系数 K 为

$$K=\frac{21}{\dfrac{13\times2+19\times2+21+9+13\times4+10+6+4\times2}{14}}=1.7$$

(2) 对初始网络计划调整如下：

① 逆箭线按工作开始的先后顺序调整以⑥节点为结束节点的④→⑥工作和③→⑥工作，由于④→⑥工作开始较晚，先调整④→⑥工作。

将④→⑥工作右移1天，则 $R_{11}=13$，原第7天资源量为13，故可右移1天；

将④→⑥工作再右移1天，则 $R_{12}=6+3=9<R_8=13$，可右移；

将④→⑥工作再右移1天，则 $R_{13}=4+3=7<R_9=13$，可右移；

将④→⑥工作再右移1天，则 $R_{14}=4+3=7<R_{10}=13$，可右移；

故④→⑥工作可连续右移4天。④→⑥工作调整后的时标图如图4-91所示。

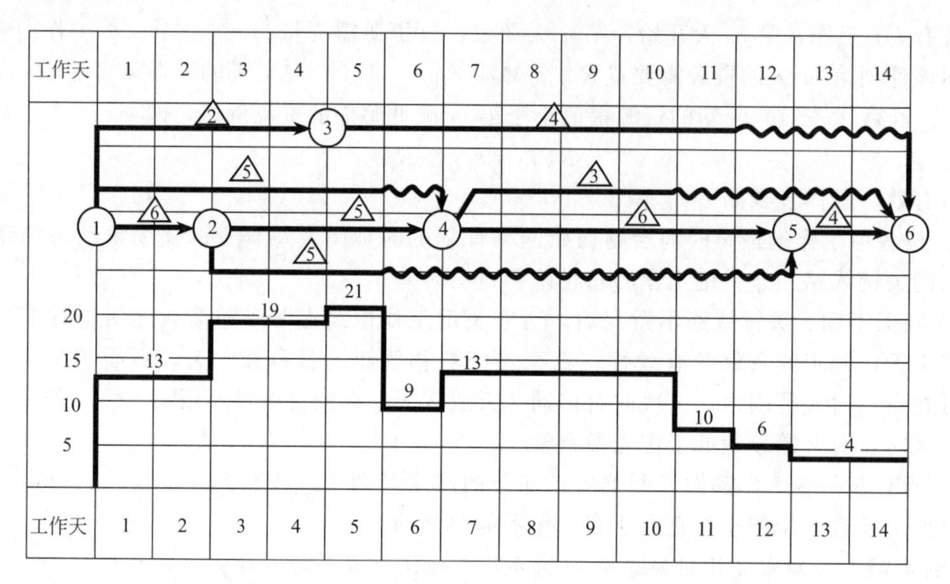

图 4-90　初始网络计划时标图（△内数字为工作的每日资源需要量）

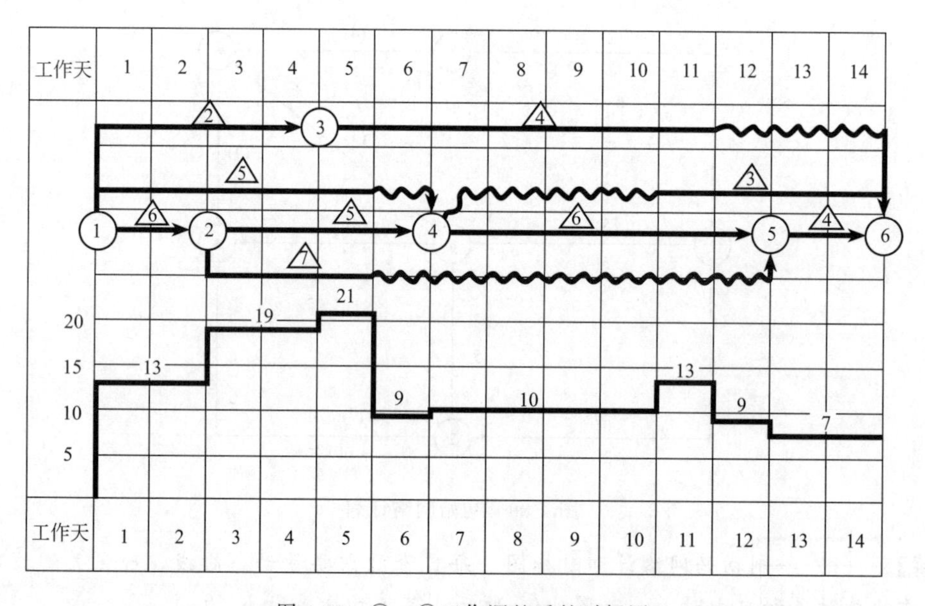

图 4-91　④→⑥工作调整后的时标图

② 调整③→⑥工作。

将③→⑥工作右移 1 天，$R_{12}=9+4=13<R_5=21$，可右移 1 天；

将③→⑥工作再右移 1 天，$R_{13}=7+4=11>R_6=9$，右移无效；

将③→⑥工作再右移 1 天，$R_{14}=7+4=11>R_7=10$，右移无效；

故③→⑥工作可右移 1 天，调整后时标图如图 4-92 所示。

③ 调整以⑤节点为结束节点的②→⑤工作。

将②→⑤工作右移 1 天，$R_6=9+7=16<R_3=19$，可右移 1 天；

将②→⑤工作再右移 1 天，$R_7=10+7=17<R_4=19$，可右移 1 天；

将②→⑤工作再右移 1 天，$R_8=10+7=17=R_5=17$，可右移 1 天；

将②→⑤工作再右移 1 天，$R_9=10+7=17>R_6=9+7=16$，右移无效；

经考察②→⑤工作可右移 3 天，调整②→⑤工作后的时标图如图 4-93 所示。

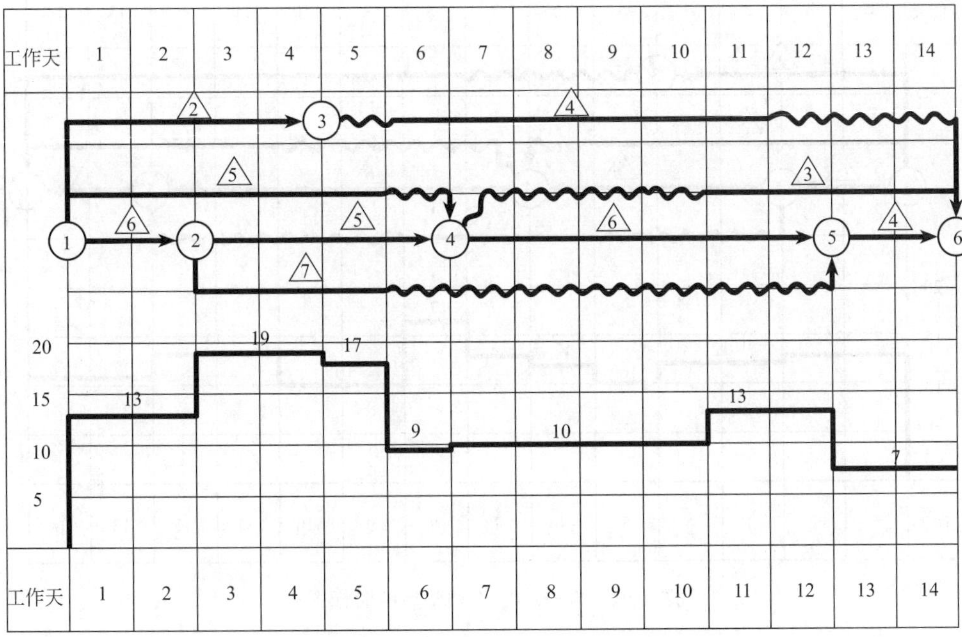

图 4-92　③→⑥工作调整后的时标图

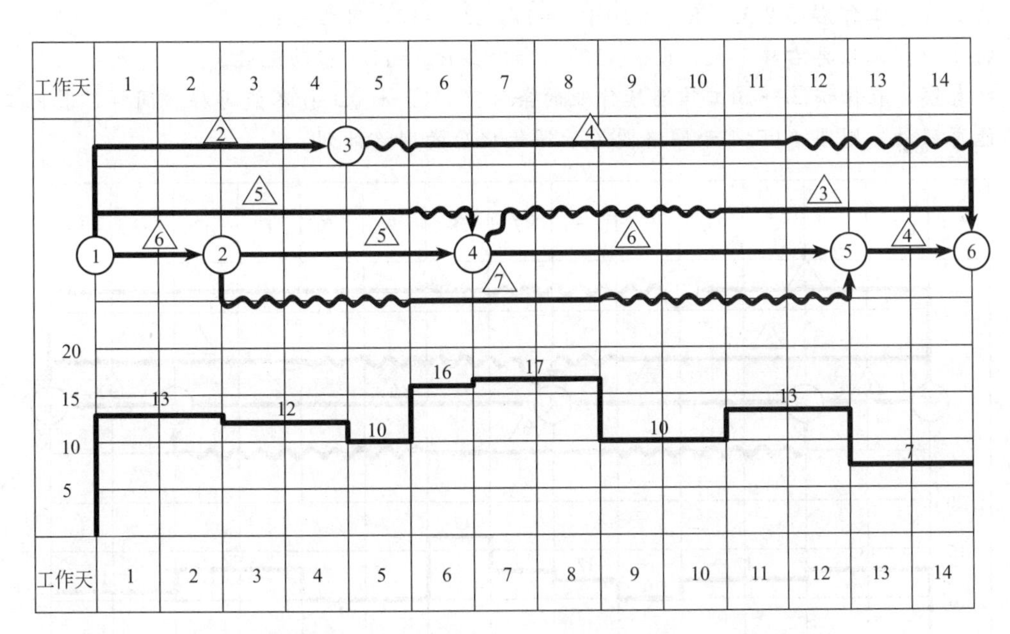

图 4-93　②→⑤工作调整后的时标图

④ 调整以④节点为结束节点的①→④工作。

将①→④工作右移 1 天，$R_6=16+5=21>R_1=13$，右移无效。

⑤ 进行第二次调整。

调整③→⑥工作，将③→⑥工作右移 1 天，$R_{13}=7+4=11<R_6=16$，可右移；

将③→⑥工作再右移 1 天，$R_{14}=7+4=11<R_7=17$，可右移；

故③→⑥工作可右移 2 天，调整后的时标图如图 4-94 所示。

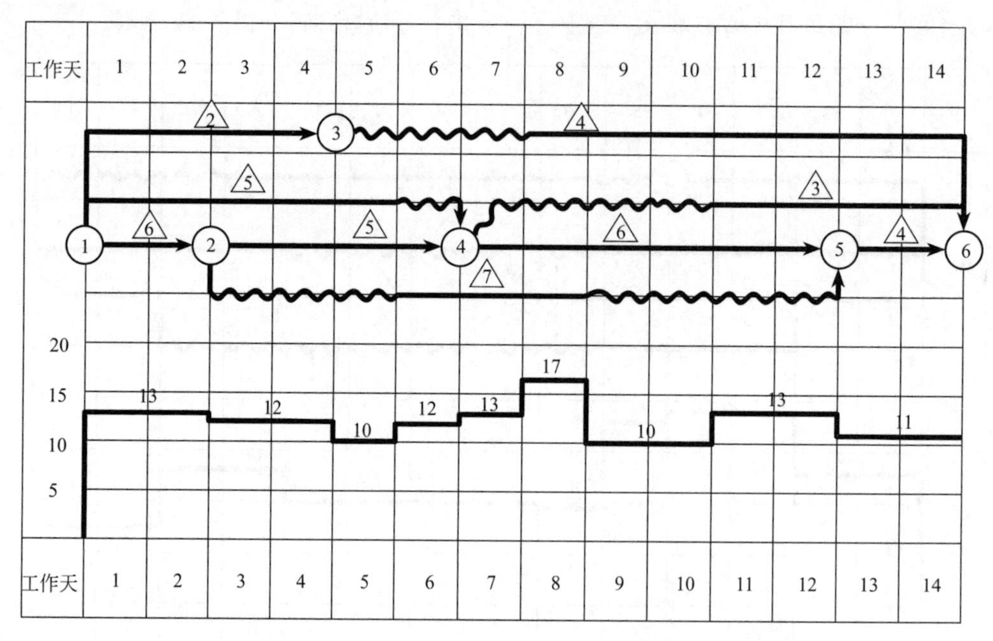

图 4-94 ③→⑥工作调整后的时标图

⑥ 调整②→⑤工作，将②→⑤工作右移 1 天，$R_9=10+7=17>R_6=12$，移动无效；

将②→⑤工作右移 2 天，$R_{10}=10+7=17>R_7=13$，可右移；

将②→⑤工作再右移 1 天，$R_{11}=13+7=20>R_8=17$，移动无效。

经考察，在保证②→⑤工作连续作业的条件下，②→⑤工作不能再移。同样，其他工作也不能再移动，则图 4-95 所示网络图为资源优化后的网络计划。

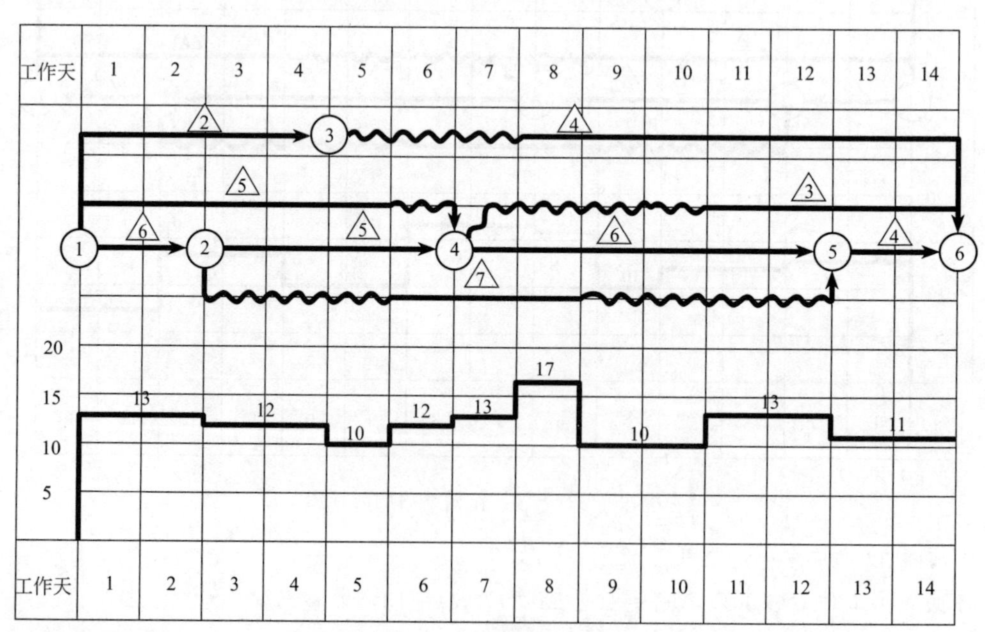

图 4-95 优化后的网络计划

优化后网络计划，其资源不均衡系数降低为

$$K=\frac{17}{(13\times2+12\times2+10+12+13+17+10\times2+13\times2+11\times2)/14}=1.4$$

4.5.3.2　资源有限，工期最短目标优化

当一项网络计划某些时段的资源需要量超过施工单位所能供应的数量时，需对初始网络计划进行调整。若该时段只有一项工作时，则根据现有资源限量值重新计算该工作的持续时间；若该时段有多项工作共同施工时，则需将该时段某些工作的开始时间向后推移，减小该时段资源需要量，满足限量值要求，调整哪些工作，调整值为多少才能在计划工期内，或工期增加量最少的情况下，满足资源限量值，对于这个问题的解决过程，即为“资源有限，工期最短”的优化。

（1）优化过程资源分配原则

优化过程中资源的分配是在保持各项工作的连续性和原有网络计划逻辑关系不变的前提下进行的。

① 按每日资源需要量由小到大的顺序，优先满足关键工作的资源需要量。

② 非关键工作在满足关键工作资源供应后，依次考虑自由时差、总时差，按时差由小到大的顺序供应资源。在时差相等时，以工作资源的叠加量不超过资源限额，并能用足限额的工作优先供应资源。在优化过程中，已被供应资源而不允许中断的工作优先供应。

（2）优化步骤

① 按照各项工作的最早开始时间安排进度计划，即绘制早时网络计划，并计算网络计划每个时间单位的资源需要量。

② 从计划开始日期起，逐个检查每个时段资源需要量是否超过所能供应的资源限量。如果在整个工期范围内每个时段的资源需要量均能满足资源限量的要求，则可行优化方案就编制完成；否则，必须转入下一步进行计划的计算调整。

③ 分析超过资源限量的时段。如果在该时段内有几项工作平行作业，则采取将一项工作安排在与之平行的另一项工作之后进行的方法，以降低该时段的资源需要量。对于两项平行作业的工作 A 和工作 B 来说，为了降低相应时段的资源需要量，可将工作 B 安排在工作 A 之后进行。

④ 编制调整后的网络计划，重新计算每个时间单位的资源需要量。

⑤ 重复上述②～④，直至网络计划整个工期范围内每个时间单位的资源需要量均满足资源限量为止。应当指出，若有多项平行工作，当调整一项工作的最早开始时间后仍不能满足资源限量要求时，应继续调整。

4.6 网络计划应用

网络计划在实际工程的具体应用中，由于工程类型不同，网络计划的体系也不同，对于大中型建设工程来讲，一般都是框架或框剪结构的建筑，可编制框架结构建筑的网络计划，而对于小型的砌体结构建筑来讲，可编制砌体结构网络计划。

无论是框架结构建筑的网络计划还是砌体结构建筑的网络计划，他们的编制步骤都是一样的。其编制步骤一般是：调查研究收集资料；明确施工方案和施工方法；明确工期目标；划分施工过程，明确各施工过程的施工顺序；计算各施工过程的工程量、劳动量、机械台班量；明确各施工过程的班组人数、机械台数、工作班数，计算各施工过程的工作持续时间；绘制初始网络计划；计算各项时间参数，确定关键线路、工期；检查初始网络计划的工期是否满足工期目标，资源是否均衡，成本是否较低；进行优化调整；绘制正式网络计划；上报

审批。

这里主要学习框架结构建筑的网络计划。

【工程背景】 某五层教学楼，框架结构，建筑面积2500m^2，平面形状一字形，钢筋混凝土条形基础。主体为现浇框架结构，围护墙为空心砖砌筑。室内底层地面为缸砖，标准层地面为水泥砂浆内墙、天棚为中级抹灰，面层为106涂料，外墙镶贴面砖。屋面用柔性防水。

本工程的基础、主体均分为三段施工，屋面不分段，内装修每层为一段，外装修自上而下一次完成。其劳动量见表4-12，该工程的网络计划如图4-96所示。

表4-12 劳动量一览表

序号	分部分项名称	劳动量		工作持续天数	每天工作班数	每班工人数
		单位	数量			
一	基础工程					
1	基础挖土	工日	300	15	1	20
2	基础垫层	工日	45	3	1	15
3	基础现浇混凝土	工日	567	18	1	30
4	基础墙(素混凝土)	工日	90	6	1	15
5	基础及地坪回填土	工日	120	6	1	20
二	主体工程(五层)					
1	柱筋	工日	178	4.5×5	1	8
2	柱、梁、板模板(含梯)	工日	2085	21×5	1	20
3	柱混凝土	工日	445	3×5	1.5	20
4	梁板筋(含梯)	工日	450	7.5×5	1	12
5	梁板混凝土(含梯)	工日	1125	3×5	3	20
6	砌墙	工日	2596	25.5×5	1	20
7	拆模	工日	671	10.5×5	1	12
8	搭架子	工日	360	36	1	10
三	屋面工程					
1	屋面防水	工日	105	7	1	15
2	屋面隔热	工日	240	12	1	20
四	装饰工程					
1	外墙面砖	工日	450	15	1	30
2	安装门窗扇	工日	60	5	1	12
3	天棚粉刷	工日	300	10	1	30
4	内墙粉刷	工日	600	20	2	30
5	楼地面。楼梯、扶手粉刷	工日	450	15	1	30
6	106涂料	工日	50	5	1	10
7	玻璃	工日	75	7.5	1	10
8	水电安装	工日	150	15	1	10
9	拆脚手架、拆井架	工日	20	2	1	10
	扫尾	工日	24	4	1	6

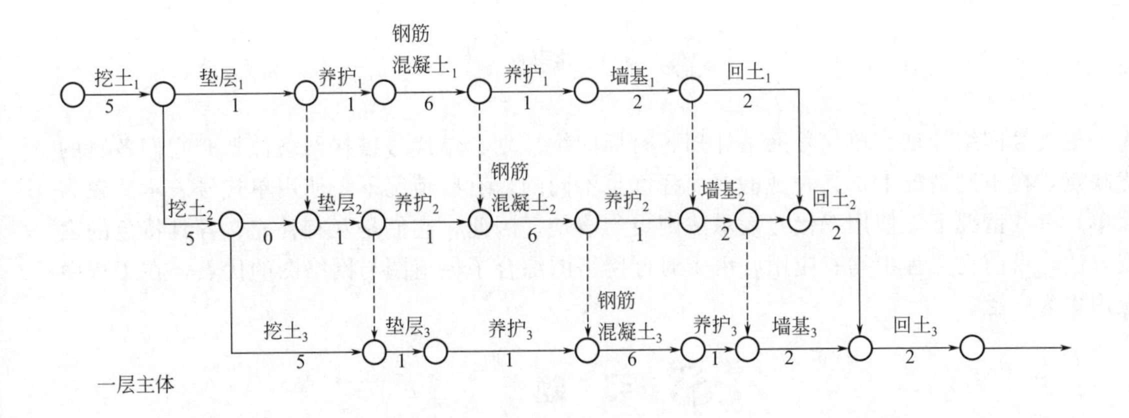

一层主体

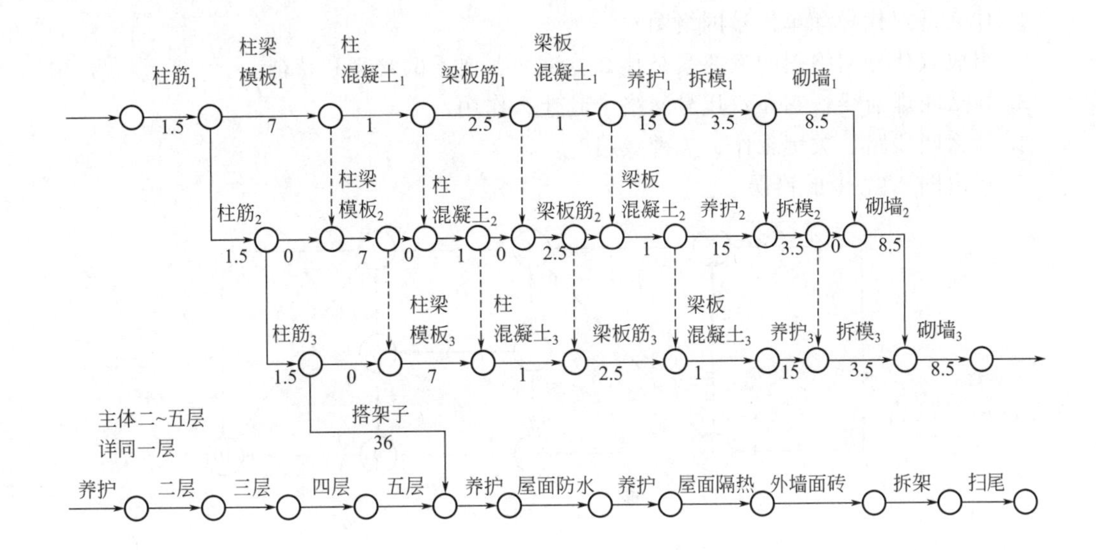

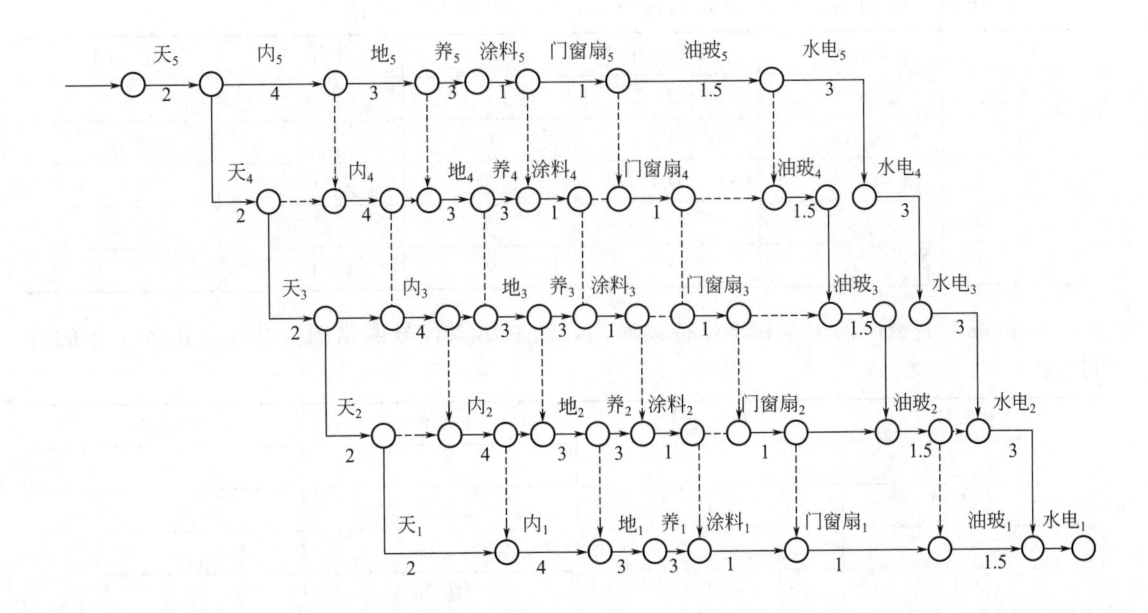

图 4-96　单位工程施工网络计划

小 结

双代号网络计划、单代号网络计划、时标网络计划、单代号搭接网络计划有它们各自的优缺点，在不同情况下，其表现的繁简程度是不同的，有些情况下，使用单代号表示法较为简单，有些情况下，使用双代号表示法则更为清楚，因此，它们是互有补充、各具特色的表现方法，目前在工程中均有应用。由于时标网络图综合了模道图与网络图的优点，在工程中应用更为广泛。

习 题

1. 什么是双代号和单代号网络图？
2. 组成双代号网络图的三要素是什么？试述各要素的含义和特征。
3. 什么叫虚箭线？它在双代号网络中起什么作用？
4. 什么叫线路、关键工作、关键线路？
5. 指出图 4-97 中的错误。

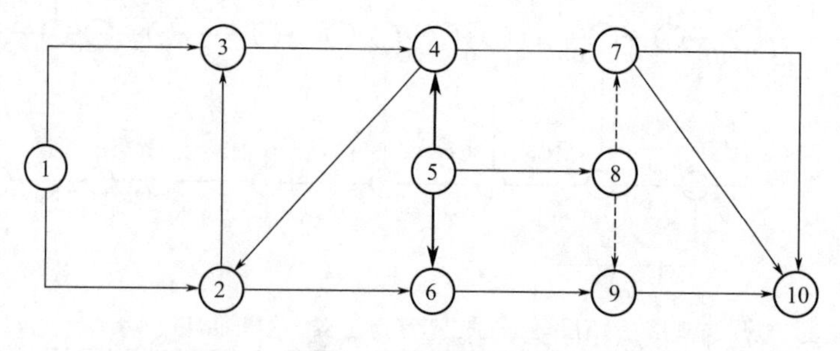

图 4-97　网络图

6. 已知各工作间的逻辑关系如下表所示，绘制双代号网络图。

工作	紧前工作	紧后工作	工作	紧前工作	紧后工作
A	—	B、E、F	F	A	G
B	A	C	G	F	C、H
C	B、G	D、I	H	G	I
D	C、E	—	I	C、H	—
E	A	D、J	J	E	—

7. 试按下表给出的工作和工作持续时间，绘制出双代号网络图，并计算出各工作的时间参数。

工作编号	持续时间	工作编号	持续时间
①-②	3	③-④	0
①-③	4	③-⑤	7
①-④	6	③-⑥	6
②-③	2	④-⑥	8
②-⑤	4	⑤-⑥	3

8. 某钢筋混凝土楼板工程，分三段流水施工。施工过程及流水节拍为：支模板 6 天，绑扎钢筋 4 天，浇筑混凝土 3 天。试绘制该项目的时标网络图。

9. 绘制第 7 题单代号网络图并计算各工作的 6 个时间参数。

10. 已知网络计划如图 4-98 所示，箭线下方括号外为正常持续时间，括号内为最短持续时间，箭线上方括号内为优先选择系数。要求目标工期为 12 天，试对其进行工期优先。

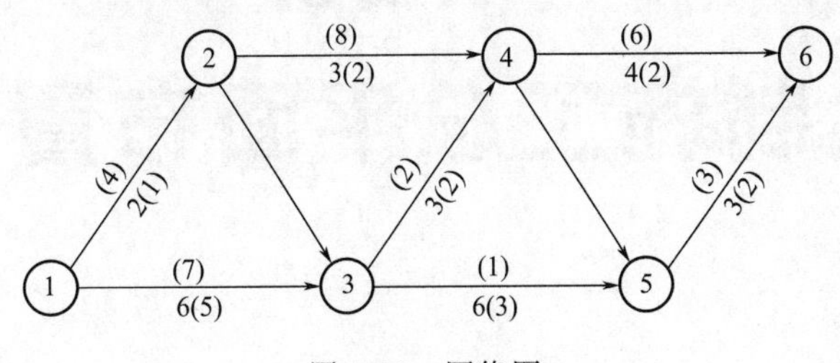

图 4-98　网络图

项目5 绘制施工总平面布置图

项目要点

本项目概述了施工总平面布置图的设计依据、设计内容及设计步骤。

考核要求

1. 掌握施工总平面布置图的设计原则；
2. 熟悉施工总平面布置图的设计内容及设计步骤。

5.1 施工总平面图设计

施工总平面图是施工组织总设计的一个重要组成部分，是具体指导现场施工部署的平面布置图，也是施工部署在空间上的反映，对于有组织、有计划地进行文明和安全施工，节约施工用地，减少场内运输，避免相互干扰，降低工程费用具有重大的意义。

5.1.1 施工总平面图的设计内容

① 建筑项目的建筑总平面图上应有一切地上、地下的已有和拟建建筑物、构筑物及其他设施位置和尺寸。

② 一切为全工地施工服务的临时设施的布置，包括：

a. 施工用地范围，施工用道的各种道路；

b. 加工厂、搅拌站及有关机械的位置；

c. 各种建筑材料、构件、半成品的仓库和堆场的位置，取土弃土位置；

d. 办公、宿舍、文化生活和福利设施等建筑的位置；

e. 水源、电源、变压器位置，临时给排水管线和供电、通信、动力设施位置；

f. 机械站、车库位置；

g. 安全、消防设施位置等。

③ 永久性测量放线标桩位置。

5.1.2 施工总平面图的设计依据

施工总平面图的设计，应力求真实、详细地反映施工现场情况，以期能达到便于对施工现场控制，为此，掌握以下资料是十分必要的。

（1）设计资料

包括建筑总平面图、地形地貌图、区域规划图、建设项目范围内有关的一切已有的和拟建的各种地上、地下设施及位置图。

（2）建设地区资料

包括当地的自然条件和经济技术条件，当地的资源供应状况和运输条件等。

（3）建设项目的建设概况

包括施工方案、施工总进度计划，以便了解各施工阶段情况，合理规划施工现场。

（4）物资需求资料

包括建筑材料、构件、加工品、施工机械、运输工具等物资的需要量表，以规划现场内部的运输线路和材料堆场的位置。

（5）各构件加工厂、仓库

临时性建筑的位置和尺寸。

5.1.3 施工总平面图的设计原则

① 尽量减少施工土地，使平面布置紧凑合理；

② 做到道路畅通，运输方便。合理布置仓库、起重设备、加工厂和机械的位置，减少材料及构件的二次搬运，最大限度降低工地的运输费。

③ 尽量降低临时设施的修建费用，充分利用已建或待建建筑物及可供施工的设施。

④ 要满足防火和安全生产方面的要求，特别是恰当安排易燃易爆品和有明火操作场所的位置，并设置必要的消防设施。

⑤ 要便于工人生产和生活，合理地布置生活福利方面的临时设施。

⑥ 施工区域的划分和场地的确定，应符合施工流程要求，尽量减少专业工种和各工程之间的干扰。

5.1.4 施工总平面图的设计步骤与要求

（1）场外运输道路的引入

场外运输道路的引入，主要决定于大批材料、设备、预制成品和半成品等进入现场的运输方式。通常有三种，即铁路、公路和水路。

当场外运输主要采用铁路运输方式时，首先要解决铁路的引入问题。铁路应从工地的一侧引入，不宜从工地中间引入，以防影响工地的内部运输；当大批物资由水路运输时，应考虑码头的吞吐能力和是否增设专用码头的问题；当大量物资由公路运进现场时，由于汽车运输路线可以灵活布置，一般先布置场内仓库、加工厂等生产性临时设施，然后再布置通向场外的汽车路线。

（2）仓库与材料堆场的布置

工地仓库与堆场是临时储存施工物资的设施。在设置仓库与堆场时，应遵循以下几点原则。

① 尽量利用永久性仓库，节约成本。

② 仓库和堆场位置距使用地尽量接近，减少二次搬运。

③ 当采用铁路运输物资时，尽量布置在铁路线旁边，并且要有足够的装卸前线。布置

铁路沿线仓库时，应将仓库设在靠近工地一侧，避免跨越铁路运输，同时仓库不宜设置在弯道或坡道上。

④ 根据材料用途设置仓库与堆场。如：砂、石、水泥等在仓库或堆场宜布置在搅拌站、预制场附近；钢筋、金属结构等布置在加工厂附近；油库、氧气库等布置在僻静、安全处；砖、瓦和预制构件等直接使用的材料，应布置在施工现场吊车半径范围之内。

(3) 加工厂的布置

加工厂一般包括：混凝土搅拌站、构件预制厂、钢筋加工厂、木材加工厂、金属结构加工厂等。布置这些加工厂时，应主要考虑来料加工和成品、半成品运往需要地点总运输费用最小，且加工厂的生产和工程项目施工互不干扰。

① 搅拌站：根据工程的具体情况可采用集中、分散或集中与分散相结合的三种方式布置。当现浇混凝土量大时，宜在工地设置混凝土搅拌站；当运输条件好时，宜采用集中搅拌；当运输条件较差时，宜采用分散搅拌。

② 预制构件厂：一般建在空闲地带，既能安全生产，又不影响现场施工。

③ 钢筋加工厂：根据不同情况，采用集中或分散布置。对于需要进行冷加工、对焊、点焊的钢筋或大片钢筋网，宜布置在中心加工厂；对于小型加工件，利用简单机具成型的钢筋加工，宜分散在钢筋加工棚中进行。

④ 木材加工厂：根据木材加工的性质、加工的数量，采用集中或分散布置。一般原木加工批量生产的产品等加工量大的应集中在铁路、公路附近；简单的小型加工件可分散布置在施工现场，设几个临时加工棚。

⑤ 金属结构、焊接、机修等车间：应集中布置在一起，以适应生产上相互间密切联系的需要。

⑥ 其他会产生有害气体和污染环境的加工厂，如沥青熬制、石灰熟化等场所，应布置在施工现场的常年主导风向的下风向。

(4) 场内运输道路的布置

根据各加工厂、仓库及各施工对象的相对位置，考虑货物运转，区分主要道路和次要道路，进行道路的整体规划。在内部运输道路布置时应考虑以下几方面：

① 尽量利用拟建的永久性道路。将它们提前修建，或先修路基和简易路面，作为施工所需的临时道路。

② 保证运输畅通。道路应设两个以上的进出口，避免与铁路交叉，一般场内主要道路应设成环形，宜采用双车道，宽度不少于6m，次要道路设为单车道，宽度不少于3.5m。

③ 合理规划拟建道路与地下管网的施工顺序。在修建拟建永久性道路时，应考虑路下的管网，避免将来重复开挖，尽量做到一次性到位，节约投资。

(5) 临时设施布置

临时设施一般有办公室、汽车库、职工休息室、开水房、浴室、食堂、商店、厕所、俱乐部等。布置时应考虑以下几方面：

① 全工地性管理用房（办公室、门卫等）应设在工地入口处。

② 工人生活福利设施（商店、俱乐部、浴室等）应设在工人较集中的地方。

③ 食堂可布置在工地内部或工地与生活区之间。

④ 职工住房应布置在工地以外的生活区，一般距工地500～1000m为宜。

(6) 临时水电管网的布置

布置临时性水电管网时，尽量利用可用的水源、电源。一般排水干管和输电线沿主要道路布置；水池、水塔等储水设施应设在地势较高处；总变电站应设在高压电入口处；消防站应布置在工地出入口附近，消防栓沿道路布置；过冬的管网要采取保温措施。

综合上述，场外交通、仓库与堆场、加工厂、内部道路、临时设施、水电管网等布置应系统考虑，多种方案进行比较，确定后绘制在总平面上。

5.1.5 施工总平面图的绘制

施工总平面图是指导实际施工管理、归入档案的技术经济文件之一。因此，必须做到精心设计、认真绘制。其绘制步骤和要求如下所述。

二维码5.1

施工现场平面布置图绘制

(1) 图幅大小和绘图比例

图幅大小和绘图比例应根据工地大小及布置内容多少来确定，图幅一般可选 1～2 号图纸，比例为 1∶(1000～2000)。

(2) 设计图面

施工总平面图，除了要反映施工现场的布置内容，还要表示周围环境和面貌（如已有建筑物、现有管线、道路等）。故绘图前，应作合理部署。此外，还有必要的文字说明、图例、比例及指北针等。

(3) 绘制要求

绘制施工总平面图应做到比例正确，图例规范，字迹端正，图面整洁美观。绘制施工总平面图的常用图例见表 5-1。

表 5-1 施工平面图图例

序号	名称	图例
一、地形及控制点		
1	水准点	⊗ 点号/高程
2	房角坐标	x=1530 y=2156
3	室内地面水平标高	105.10
二、建筑、构筑物		
4	原有房屋	
5	拟建正式房屋	
6	施工期间利用的拟建正式房屋	
7	将来拟建正式房屋	
8	临时房屋：密闭式 敞篷式	
9	拟建的各种材料围墙	
10	临时围墙	
11	建筑工地界线	
12	烟囱	
13	水塔	

续表

序号	名称	图例	序号	名称	图例
三、交通运输			28	屋面板存放场	
14	现有永久道路		29	一般构件存放场	
15	施工用临时道路		30	矿渣、灰渣堆	
四、材料、构件堆场			31	废料堆场	
16	临时露天堆场		32	脚手架、模板堆场	
17	施工期间利用的永久堆场		33	锯材堆场	
18	土堆		五、动力设施		
19	砂堆		34	原有的上水管线	
20	砾石、碎石堆		35	临时给水管线	
21	块石堆		36	给水阀门(水嘴)	
22	砖堆		37	支管接管位置	s
23	钢筋堆场		38	消防栓(原有)	
24	型钢堆场	LIC	39	消防栓(临时)	L
25	铁管堆场		40	原有化粪池	
26	钢筋成品场		41	拟建化粪池	
27	钢结构场				

续表

序号	名称	图例	序号	名称	图例
42	水源	水	57	履带式起重机	
43	电源		58	汽车式起重机	
44	总降压变电站		59	缆式起重机	
45	发电站		60	铁路式起重机	
46	变电站		61	多斗挖土机	
47	变压器		62	推土机	
48	投光灯		63	铲运机	
49	电杆		64	混凝土搅拌机	
50	现有高压 6kV 线路	—WW6——WW6—	65	灰浆搅拌机	
51	施工期间利用的 永久高压 6kV 线路	—LWW6——LWW6—	66	洗石机	
六、施工机械			67	打桩机	
52	塔轨		七、其他		
53	塔吊		68	脚手架	
54	井架		69	淋灰池	灰
55	门架		70	沥青锅	
56	卷扬机		71	避雷针	

5.2 大型临时设施的设计

5.2.1 临时仓库和堆场的设计

确定临时仓库和堆场的面积主要依据建筑材料的储备量。如何选择既能满足连续施工的需要，又能使仓库面积最小的最经济的储备量，这是确定仓库面积时，应首先研究的问题。

5.2.1.1 工地物资储备量的确定

(1) 建设项目（建筑群）全现场的材料储备量

建筑项目（建筑群）全现场的材料储备量，一般按年、季组织储备。其储备量可按式(5-1) 计算：

$$P_1=K_1Q_1 \tag{5-1}$$

式中 P_1——某项材料的总储备量，t 或 m^3；

K_1——储备系数，根据具体情况确定；

Q_1——该项材料最高年、季需用量。

(2) 单位工程的材料储备量

单位工程的材料储备量的大小要根据工程的具体情况而定，场地小，运输方便的可少储存；对于运输不便的，受季节影响的材料可多储存。

对经常或连续使用的材料，如砖、瓦、砂、石、水泥、钢材等可按储备期计算：

$$P_2=\frac{T_cQ_iK_j}{T} \tag{5-2}$$

式中 P_2——某种材料的储备量，m^3 或 kg；

T_c——材料储备天数又称储备期定额，天（见表 5-2)；

Q_i——某种材料年度或季度的总需要量，可根据材料需要量计划表求得，t 或 m^3；

T——有关施工项目的施工总工作日；

K_j——某种材料使用不均衡系数（见表 5-2)。

5.2.1.2 确定仓库和堆场面积

求得某种材料的储备量后，便可根据某种材料的储备定额，用式(5-3) 计算其面积：

$$F=\frac{P}{qK} \tag{5-3}$$

式中 F——某种材料所需的仓库总面积，m^2；

P——仓库材料储备量，用于建设项目（建筑群）时为 P_1，用于单位工程时为 P_2；

q——每平方米仓库面积能存放的材料、半成品和成品的数量；

K——仓库面积有效利用系数（考虑人行道和车道所占面积，见表 5-2)。

表 5-2 计算仓库和堆场面积的有关系数

序号	材料及半成品	单位	储备天数 T_c	不均衡系数 K_j	每平方米储存定额 P	有效利用系数 K	仓库类别	备注
1	水泥	t	30～60	1.3～1.5	1.5～1.9	0.65	封闭式	堆高 10～12 袋
2	生石灰	t	30	1.4	1.7	0.7	棚	堆高 2m

续表

序号	材料及半成品	单位	储备天数 T_c	不均衡系数 K_j	每平方米储存定额 P	有效利用系数 K	仓库类别	备注
3	砂子(人工堆放)	m^3	15～30	1.4	1.5	0.7	露天	堆高1～1.5m
4	砂子(机械堆放)	m^3	15～30	1.4	2.5～3	0.8	露天	堆高2.5～3m
5	石子(人工堆放)	m^3	15～30	1.5	1.5	0.7	露天	堆高1～1.5m
6	石子(机械堆放)	m^3	15～30	1.5	2.5～3	0.8	露天	堆高2.5～3m
7	块石	m^3	15～30	1.5	10	0.7	露天	堆高1.0m
8	预制钢筋混凝土槽形板	m^3	30～60	1.3	0.26～0.30	0.6	露天	堆高4块
9	梁	m^3	30～60	1.3	0.8	0.6	露天	堆高1.0～1.5m
10	柱	m^3	30～60	1.3	1.2	0.6	露天	堆高1.2～1.5m
11	钢筋(直筋)	t	30～60	1.4	2.5	0.6	露天	占钢筋的80%,堆高0.5m
12	钢筋(盘筋)	t	30～60	1.4	0.9	0.6	封闭库	占钢筋的20%,堆高1m
13	钢筋成品	t	10～20	1.5	0.07～0.1	0.6	露天	
14	型钢	t	45	1.4	1.5	0.6	露天	堆高0.5m
15	金属结构	t	30	1.4	0.2～0.3	0.6	露天	
16	原木	m^3	30～60	1.4	1.3～15	0.6	露天	堆高2m
17	成材	m^3	30～45	1.4	0.7～0.8	0.5	露天	堆高1m
18	废木料	m^3	15～20	1.2	0.3～0.4	0.5	露天	约占锯木量的10%～15%
19	门窗扇	m^3	30	1.2	45	0.6	露天	堆高2m
20	门窗框	m^3	30	1.2	20	0.6	露天	堆高2m
21	木屋架	m^3	30	1.2	0.6	0.6	露天	
22	木模板	m^3	10～15	1.4	4～6	0.7	露天	
23	模板整理	m^3	10～15	1.2	1.5	0.65	露天	
24	砖	千块	15～30	1.2	0.7～0.8	0.6	露天	堆高1.5～1.6m
25	泡沫混凝土制作	m^3	30	1.2	1	0.7	露天	堆高1m

注：储备天数根据材料来源、供应季节、运输条件等确定。一般就地供应的材料取表中之低值，外地供应采用铁路运输或水运者取高值。现场加工企业供应的成品、半成品的储备天数取低值，工程处的独立核算加工企业供应者取高值。

5.2.2 临时建筑物设计

在工程项目建设中，必须考虑施工人员的办公、生活用房及车库、修理车间等设施的建设。这些临时性建筑物是建设项目顺利实施的必要条件，必须组织好。规划这类临时建筑物时，首先确定使用人数，然后计算各种临时建筑物的面积，最后布置临时用房的位置。

(1) 确定使用人数

① 直接生产工人（基本工人），其数量一般用式(5-4) 计算：

$$n=\frac{T}{t}k_2 \tag{5-4}$$

式中 n——直接生产的基本工人数；

T——工程项目年（季）度所需总工作日；

t——年（季）度有效工作日；

k_2——年（季）度施工不均衡系数，取1.1～1.2。

② 非生产人员，按国家规定比例计算，见表5-3。

③ 家属：职工家属人数与建设工期的长短、工地与建筑企业生活基地远近有关。一般可按职工人数的10%～30%估算。

表 5-3　非生产人员比例表

序号	企业类别	非生产人员比例/%	其中/%		折算为占生产人员比例/%
			管理人员	服务人员	
1	中央省市自治区属	16～18	9～11	6～8	19～22
2	省辖市、地区属	8～10	8～10	5～7	16.3～19
3	县(市)企业	10～14	7～9	4～6	13.6～16.3

注：1. 工程分散，职工数较大者取上限；
2. 新辟地区、当地服务网点尚未建立时应增加服务人员5%～10%；
3. 大城市、大工业区服务人员应减少2%～4%。

(2) 确定临时建筑物的建筑面积

当人数确定后，可按式(5-5) 计算临时房屋的面积

$$S=NP \tag{5-5}$$

式中　S——建筑面积，m^2；
N——施工工地人数；
P——建筑面积指标（见表5-4）。

表 5-4　行政、生活福利临时建筑面积参考指标　　单位：m^2/人

序号	临时建筑物名称	指标使用方法	参考指标
一	办公室	按使用人数	3～4
二	宿舍		
1	单层通铺	按高峰年(季)平均人数	2.5～3.0
2	双层床	(扣除不在工地住的人数)	2.0～2.5
3	单层床	(扣除不在工地住的人数)	3.5～4.0
三	家属宿舍		16～25m^2/户
四	食堂	按高峰年平均人数	0.5～0.8
	食堂兼礼堂	按高峰年平均人数	0.6～0.9
五	其他		
1	医务所	按高峰年平均人数	0.05～0.07
2	浴室	按高峰年平均人数	0.07～0.1
3	理发室	按高峰年平均人数	0.01～0.03
4	俱乐部	按高峰年平均人数	0.1
5	小卖部	按高峰年平均人数	0.03
6	招待所	按高峰年平均人数	0.06
7	托儿所	按高峰年平均人数	0.03～0.06
8	子弟学校	按高峰年平均人数	0.06～0.08
9	其他公用	按高峰年平均人数	0.05～0.10
10	开水房	每个项目设置一处	10～40m^2
11	厕所	按工地平均人数	0.02～0.07
12	工人休息室	按工地平均人数	0.15

5.2.3 临时供水的设计

为了满足建设工地在施工生产、生活及消防方面的用水需要，建设工地应设置临时供水系统。施工临时供水设计一般包括以下一些内容：计算整个施工工地的用水量；选配适当的管径和管网布置方式；选择供水水源等。

（1）确定用水量

施工临时用水主要由施工生产用水、生活用水及消防用水三方面组成。

① 施工生产用水量　包括工程施工用水和施工机械用水。可用式(5-6)计算：

$$q_1=k_1\sum\frac{Q_1N_1}{T_1b}\times\frac{k_2}{8\times3600}+k_1Q_2N_2\times\frac{k_3}{8\times3600} \tag{5-6}$$

式中　q_1——施工生产用水量，L/s；

k_1——未预见的施工用水系数（1.05～1.15）；

Q_1——年度（或季、月）工种最大工程量（以实物计量单位表示）；

Q_2——同一种机械台数，台；

N_1——施工用水定额（见表5-5）；

N_2——施工机械用水定额（见表5-6）；

T_1——年（季）度有效作业日，天；

b——每天工作班数，班；

k_2——用水不均衡系数（见表5-7）；

k_3——施工机械用水不均衡系数（见表5-7）。

表5-5　施工用水（N_1）参考定额

序号	用水对象	单位	耗水量 N_1	备注
1	浇注混凝土全部用水	L/m³	1700～2400	
2	搅拌普通混凝土	L/m³	250	实测数据
3	搅拌轻质混凝土	L/m³	300～350	
4	搅拌泡沫混凝土	L/m³	300～400	
5	搅拌热混凝土	L/m³	300～350	
6	混凝土养护(自然养护)	L/m³	200～400	
7	混凝土养护(蒸汽养护)	L/m³	500～700	
8	冲洗模板	L/m³	5	
9	搅拌机清洗	L/台班	600	实测数据
10	人工冲洗石子	L/m³	1000	
11	机械冲洗石子	L/m³	600	
12	洗砂	L/m³	1000	
13	砌砖工程全部用水	L/m³	150～250	
14	砌石工程全部用水	L/m³	50～80	
15	粉刷工程全部用水	L/m³	30	
16	砌耐火砖砌体	L/m³	100～150	包括砂浆搅拌

续表

序号	用水对象	单位	耗水量 N_1	备注
17	洗砖	L/千块	200～250	
18	洗硅酸盐砌块	L/m^3	300～350	
19	抹面	L/m^2	4～6	不包括调制用水
20	楼地面	L/m^2	190	找平层同
21	搅拌砂浆	L/m^3	300	
22	石灰消化	L/t	3000	

表 5-6　施工机械（N_2）用水参考定额

序号	用水对象	单位	耗水量 N_2	备注
1	内燃挖土机	L/(台班·m^3)	200～300	以斗容量 m^3 计
2	内燃起重机	L/(台班·t)	15～18	以起重 t 计
3	蒸汽起重机	L/(台班·t)	300～400	以起重 t 计
4	蒸汽打桩机	L/(台班·t)	1000～1200	以锤重 t 计
5	蒸汽压路机	L/(台班·t)	100～150	以压路机 t 计
6	内燃压路机	L/(台班·t)	12～15	以压路机 t 计
7	拖拉机	L/(昼夜·台)	200～300	
8	汽车	L/(昼夜·台)	400～700	
9	标准轨蒸汽机车	L/(昼夜·台)	10000～20000	
10	窄轨蒸汽机车	L/(昼夜·台)	4000～7000	
11	空气压缩机	L/[台班·(m^3/min)]	40～80	以压缩空气机排气量 m^3/min 计
12	内燃机动力装置(直流水)	L/(台班·马力)	120～300	
13	内燃机动力装置(循环水)	L/(台班·马力)	25～40	
14	锅驼机	L/(台班·马力)	80～160	不利用凝结水
15	锅炉	L/(h·t)	1000	以单位小时蒸发量计
16	锅炉	L/(h·m^2)	15～30	以受热面积计
17	点焊机 25 型	L/h	100	实测数据
	点焊机 50 型	L/h	150～200	实测数据
	75 型	L/h	250～350	实测数据
	100 型	L/h	—	
18	冷拔机	L/h	300	
19	对焊机	L/h	300	
20	凿岩机 01-30(CM-56)	L/min	3	
	01-45(TN-4)	L/min	5	
	01-38(KⅡM-4)	L/min	8	
	YQ-100	L/min	8～12	

表 5-7 施工用水不均衡系数

k 号	用水名称	系数
k_2	施工工程用水 生产企业用水	1.5 1.25
k_3	施工机械运输机具 动力设备	2.00 1.05～1.10
k_4	施工现场生活用水	1.30～1.50
k_5	居民区生活用水	2.00～2.50

② 生活用水量 主要包括现场生活用水和生活区生活用水。可用式(5-7) 计算得到：

$$q_2=\frac{P_1N_3k_4}{b\times8\times3600}+\frac{P_2N_4k_5}{24\times3600} \tag{5-7}$$

式中 q_2——施工现场生活用水量，L/s；

P_1——施工现场高峰期职工人数，人；

N_3——施工现场生活用水定额，一般为 20～60L（人·班），视当地气候、工种定；

k_4——施工现场生活用水不均衡系数（见表 5-7)；

b——每天工作班数，班；

P_2——生活区居民人数，人；

N_4——生活区昼夜全部用水定额（见表 5-8)；

k_5——用水不均衡系数（见表 5-7)。

表 5-8 生活用水量（N_4）参考定额

序号	用水对象	单位	耗水量 N_4	备注
1	工地全部生活用水	L/(人·日)	100～120	
2	生活用水(盥洗生活饮用)	L/(人·日)	25～30	
3	食堂	L/(人·日)	15～20	
4	浴室(沐浴)	L/(人·次)	50	
5	沐浴带大池	L/(人·次)	30～50	
6	洗衣	L/人	30～35	
7	理发室	L/(人·次)	15	
8	小学校	L/(人·日)	12～15	
9	幼儿园托儿所	L/(人·日)	75～90	
10	医院病房	L/(病床·日)	100～150	

③ 消防用水量 消防用水主要供应工地消防栓用水，其用水量 q_3 见表 5-9。

表 5-9 消防用水量

序号	用水名称	火灾同时发生次数	单位	用水量/L
1	居民区消防用水 5000 人以内 10000 人以内 25000 人以内	1 2 3	L/s	10 10～15 15～20
2	施工现场消防用水 施工现场在 25hm^2 以内 每增加 25hm^2 递增	1	L/s	10～15 5

④ 总用水量 Q

a. 当 $(q_1+q_2)\leqslant q_3$，且工地面积大于 $5hm^2$ 时，只考虑一半工程施工，其总用水量为：

$$Q=\frac{1}{2}(q_1+q_2)+q_3 \tag{5-8}$$

b. 当 $(q_1+q_2)>q_3$ 时，则

$$Q=q_1+q_2 \tag{5-9}$$

c. 当 $(q_1+q_2)<q_3$，且工地面积小于 $5hm^2$ 时，则

$$Q=q_3 \tag{5-10}$$

当总用水量 Q 确定后，还应增加10%，以补偿不可避免的管网渗漏等损失，即

$$Q_{总}=1.1Q \tag{5-11}$$

（2）供水管径计算

当总用水量确定后，即可按式(5-12）计算供水管道的管径：

$$D=\sqrt{\frac{4Q_i\times 1000}{\pi v}} \tag{5-12}$$

式中 D——某管道的供水管直径，mm；

Q_i——某管段用水量，L/s，供水总管段按总用水量 $Q_{总}$ 计算，环形管网布置的各管段采用环管内同一用水量计算；枝状管段按各枝管内的最大用水量计算；

v——管网中水流速度，m/s，可查表5-10获得。

表5-10 临时水管经济流速 v

项次	管径/m	流速/(m/s)	
		正常时间	消防时间
1	支管 $D<0.10$	2	
2	生产消防管道 $D=0.1\sim0.3$	1.3	>3.0
3	生产消防管道 $D>0.3$	1.5～1.7	2.5
4	生产用水管道 $D>0.3$	1.5～2.5	3.0

（3）选择水源

建筑工地临时供水水源一般有两种方案，即采用供水管道或天然水源系统。当城市供水管道能满足供水要求时，应优先采用供水管道方案。若供水能力不能满足时，可以利用其一部分作为生活用水，而生产用水可以利用江河、水库、泉水、井水等天然水源。

选择水源时应注意以下因素：

① 水量充足可靠；

② 生活饮用水、生产用水的水质应符合要求；

③ 与农业、水力综合利用；

④ 取水、输水、净水设施要安全、可靠、经济；

⑤ 施工运转、管理和维护方便。

（4）确定供水系统

临时供水系统可由取水设施、储水构筑物（水塔及蓄水池）、输水管和配水管线综合而成。这个系统应优先考虑建成永久性给水系统，只有在工期紧迫、修建永久性给水系统难以应付急需时，才修建临时给水系统。

① 确定取水设施。取水设施一般由进水装置、进水管和水泵组成。取水口距河底（或井底）一般0.25～0.9m。给水工程所用水泵、隔膜泵及活塞泵3种。所选用的水泵应具有足够的抽水能力和扬程。

② 确定储水构筑物。一般有水池、水塔或水箱。在临时供水时，如水泵房不能连续抽水，则需设置储水构筑物。其容量以每小时消防用水量来决定，但不得小于10～20m^3。储水构筑物（水塔）高度应按供水范围、供水对象位置及水塔本身的位置来确定。

（5）临时给水管网的布置

布置临时给水管网应注意的事项：

①尽量利用永久性给水管网。

② 临时管网的布置应与场地平整、道路修筑统一考虑。注意避开永久性生产下水道和电缆沟的位置，以免布置不当，造成返工浪费。

③ 在保证供水的情况下，尽量使铺设的管道总长度最短。

④ 过冬的临时给水管道要埋置在冰冻线以下或采取保温措施。

⑤ 临时给水管网的铺设，可采用明管或暗管，一般以暗管为宜。

⑥ 临时水池、水塔应设在地势较高处。

⑦ 消防栓沿道路布置，其间距不大于120m，距拟建房屋不大于5m，距路边不大于2m。

5.2.4 临时供电的设计

建筑工地临时供电设计主要内容有：计算用电量；选择电源；确定变压器；布置配电线路和确定导线截面等。

（1）计算用电量

建筑工地用电主要是动力设备用电和照明用电两大部分。在计算用电量时应考虑以下因素：全工地所使用的动力设备及照明设备的总数量；整个施工阶段中同时用电的机械设备的最高数量以及照明情况。其总用电量按下式计算：

$$P=(1.05\sim1.10)\left(K_1\frac{\sum P_1}{\cos\varphi}+K_2\sum P_2+K_3\sum P_3+K_4\sum P_4\right) \tag{5-13}$$

式中 P——供电设备总需要容量，kV·A；

P_1——电动机额定功率，kW；

P_2——电焊机额定功率，kW；

P_3——室内照明容量，kW；

P_4——室外照明容量，kW；

$\cos\varphi$——电动机的平均功率因数，施工现场最高为0.75～0.78，一般为0.65～0.75；

K_1,K_2,K_3,K_4——需要系数，参见表5-11。

其他机械动力设备以及工具用电可参考有关定额。

由于照明用电量远小于动力用电量，为简化计算，可取机械设备用电量的10%作为照明用电量，即

$$P_{总}=1.1P_{动}$$

（2）选择电源

选择工地临时用电电源通常有以下几种情况。

表 5-11 需要系数（K 值）

用电名称	数量	需要系数				备注
		K_1	K_2	K_3	K_4	
电动机	3～10 台 11～30 台 30 台以上	0.7 0.6 0.5				如施工上需要电热时，将其用电量计算进去。式(5-13)中各动力照明用电应根据不同工作性质分类计算
加工厂动力设备		0.5				
电焊机	3～10 台 10 台以上		0.6 0.5			
室内照明				0.8		
室外照明					1.0	

① 从建设单位配电房或厂区供电线路上引入工地，在工地入线处设立总配电箱和电表计量，然后再布线通往各用电施工点；

② 由工地附近的电力系统供给，将附近的高压电通过设在工地的变压器引入工地；

③ 当工地附近的电力系统只能供给一部分时，工地需增设临时电站以补不足；

④ 如工地属于新开发地区，附近没有供电系统，电力则完全由工地临时电站供给。

采用哪种方案，可根据工程所在地区的具体情况进行技术经济比较后确定。

（3）变压器的选择

建筑工地所用的电源，一般都是由工地附近已有的高压电通过设在工地的变压器引入工地。因为工地的电力机械设备和照明所需的电压大多为 380V/220V 的低电压，需要选择容量合适的变压器。

变压器的功率可按式(5-14) 计算：

$$P=K\left(\frac{\sum P_{\max}}{\cos\varphi}\right) \tag{5-14}$$

式中 P——变压器的功率，kV・A；

K——功率损失系数，可取 1.05；

$\sum P_{\max}$——施工现场的最大计算负荷，即 $P_{总}$，kW；

$\cos\varphi$——功率因数。

计算出变压器功率后，可从产品目录中选取略大于该结果的变压器。

工地临时变压器安装时应注意：尽可能设在负荷中心；高压线进线方便，尽可能靠近高压电源；当配电电压为 380V 时，其供电半径不应大于 700m；运输方便、易于安装并避免设在剧烈震动和空气污染的地方。

（4）选择导线截面

配电导线的选择，应满足以下基本要求。

① 按机械强度选择　导线在各种敷设方式下，应按其强度需要，保证必需的最小截面，以防拉、折而断。导线按机械强度要求允许的最小断面可参见表 5-12。

② 按允许电流选择　导线必须能承受负荷电流长时间通过所引起的温升。

a. 三相四线制线路上的电流可按式(5-15) 计算

$$I=\frac{P}{\sqrt{3}V\cos\varphi} \tag{5-15}$$

表 5-12　导线按机械强度所允许的最小截面

导线用途	导线最小截面/mm^2	
	铜线	铝线
照明装置用导线：户内用	0.5	2.5①
户外用	1.0	2.5
双芯软电线：用于吊灯	0.35	—
用于移动或生活用电设备	0.5	—
多芯软电线及软电缆：用于移动式生产用电设备	1.0	—
绝缘导线：用于固定架设在户内绝缘支持件上，其间距：2m 及以下	1.0	2.5①
6m 及以下	2.5	4
25m 及以下	4	10
裸导线：户内用	2.5	4
户外用	6	16
绝缘导线：穿在管内	1.0	2.5①
木槽板内	1.0	2.5①
绝缘导线：户外沿墙敷设	2.5	4
户外其他方式	4	10

①目前已能生产小于 2.5mm^2 的 BBLX、BLV 型铝芯绝缘电线，因此可以根据具体情况，采用小于 2.5mm^2 的铝芯截面。

b. 二线制线路可按式(5-16) 计算

$$I=\frac{P}{V\cos\varphi} \tag{5-16}$$

式中　I——电流值，A；

P——功率，W；

V——电压，V；

$\cos\varphi$——功率因数，临时管网取 0.7～0.75。

当计算出某配电线路上的电流值后，可参见有关资料选择所用导线的截面。

③ 按允许电压降选择　导线满足所需要的允许电压，其本身引起的电压降必须限制在一定范围内。因此，应考虑容许电压降来选择导线截面。

以上三个条件选择的导线，取截面面积最大的作为现场使用的导线。通常导线的选取先根据计算负荷电流的大小来确定，而后根据其机械强度和允许电压降进行复核。

二维码5.2

施工现场平面布置图案例

(5) 布置临时供电线路

施工用电临时供电线路的布置有三种方式：枝状式、环状式和混合式。一般 3～10kV 的高压线路采用环状式布线；380V/220V 的低压线路采用枝状式布线。

临时供电线路的布线应注意以下一些原则：线路应尽量架设在道路的一侧，不得妨碍交通；同时要考虑到塔式起重机的装、拆、进、出；避开将要堆料、开槽、修建临时设施等用地；选择平坦路线，保持线路水平且尽量取直，以免电杆受力不匀。线路距建筑物应大于 1.5m。在 380V/220V 低压线路中，木杆或水泥杆间距应为 25～40m，高度一般为 4～6m，分支线和引入线应由电杆接出，不得由两杆之间接出。各用电设备必须装配与设备功率相应的闸刀开关，其高度与装设点应便于操作，单机单闸。配电箱与闸刀在室外装配时，应有防雨措施。

小结

施工总平面布置图是施工组织总设计的一个重要组成部分，是具体指导现场施工部署的平面布置图，也是施工部署在空间上的反映，对于有组织、有计划地进行文明和安全施工，节约施工用地，减少场内运输，避免相互干扰，降低工程费用具有重大的意义。

习题

1. 简述施工总平面布置图的设计原则。
2. 简述施工总平面布置图的设计步骤。
3. 简述施工总平面布置图的设计内容。

项目6

单位工程施工组织设计

项目要点

本项目主要介绍了单位工程施工组织设计的编制程序、内容、编制依据，重点阐述施工方案设计，施工进度和资源需要量计划的编制和施工平面图设计的有关问题，并通过实例予以应用。 在学习中要求学生了解单位工程施工组织设计编制的程序和依据；熟悉施工顺序；掌握单位工程施工组织设计的编制内容和步骤；掌握单位工程施工进度计划及施工平面图的主要内容；能正确地进行编制、设计和调整。

本项目实践教学环节主要通过模拟训练，通过编制实体项目的单位工程施工组织设计，了解单位工程施工组织设计的内容与作用，熟悉单位工程施工组织设计的组成、编制技巧与方法，以及单位工程施工组织设计在建筑工程中的综合运用。

考核要求

1. 掌握施工组织设计的编制依据及程序；
2. 掌握施工组织设计的内容；
3. 掌握施工方案的具体内容；
4. 掌握施工部署的要求；
5. 熟悉施工顺序。

单位工程施工组织设计是规划和指导拟建工程从施工准备到竣工验收全过程施工活动的技术经济和管理文件。它是施工前的一项重要准备工作，也是施工企业实现科学管理的重要手段，它既要体现拟建工程的设计和使用要求，又要符合建筑施工的客观规律，对施工的全过程起总体安排和部署的作用。

6.1 概述

单位工程施工组织设计是由工程承包企业依据国家的政策和现行技术法规及工程设计图纸的要求，针对单位工程的具体情况而编制，其任务是根据单位工程的具体特点、建设要求、施工条件和施工管理水平，确定主要项目的施工顺序、流水段的划分和施工流向，选择主要施工方法、技术措施，规划施工进度计划、施工准备工作计划、技术资源计划，考核主要技术经济指标，绘制施工平面图，提出保证工程质量和安全施工的措施等，在人力、资金、材料、机械和施工方法五个主要方面，做全面地、科学地、合理地安排，从而实现优质、低耗、快速的施工目标。单位工程施工组织设计是建筑企业组织施工的重要生产、技术、经济文件，是进行科学管理、提高企业经济效益的重要手段。

目前，在实际工作中，单位工程施工组织设计根据其用途可以分为两类：一类是用于施工单位投标；另一类用于指导施工。在工程招标阶段，承包企业就要精心编制施工组织设计大纲，即根据工程的具体特点、建设要求、施工条件和本单位的管理水平，制订初步施工方案，安排施工进度计划，规划施工平面图，确定建筑材料等的物质供应，并拟定了各类技术组织措施和安全生产与质量保证措施，在工程中标、签订工程承包合同后，承包企业还需对施工组织设计大纲进行深入详细研究，形成具体指导施工活动的单位工程施工组织设计文件。由于时间关系和侧重点的不同，前者施工方案可能较粗糙，而工程的质量、工期和单位的机械化程度、技术水平、劳动生产率等可能较为详细；后者的重点在施工方案。

单位工程施工组织设计的作用主要有以下几个方面。

① 单位工程施工组织设计是具体指导和组织单项工程施工的重要文件　在单位工程施工组织设计中，由于制订了单位工程的施工顺序、施工流向、施工方法、施工方案，规划了施工进度计划、施工现场平面布置、施工中的技术经济指标等，所以在施工全过程中有了可靠的依据和具体的标准，只要按施工组织设计文件中的规定去做，就一定能保证工程质量、降低工程成本、提高经济效益、加快施工进度。

② 单位工程施工组织设计是合理组织单位工程施工和加强施工管理的重要措施　单位工程施工组织设计是工程开工前最先完成的技术经济文件，它不仅是施工准备工作的重要依据，而且是做好施工各环节管理工作不可缺少的重要措施。新中国成立50年的施工经验证明：编制高质量的单位工程施工组织设计，才能使工程施工顺利进行，才能使施工管理井然有序，才会产生较大的经济效益和社会效益。

③ 单位工程施工组织设计是编制年、季、月各种计划的重要依据　在建筑工程的施工过程中，需要大量的劳动力、施工机械和建筑材料，如何科学合理地调配，应分期编制各阶段所需的资源量，以便进行合理劳动组合，科学地安排施工现场，正确处理空间与时间、人力与物力、技术与经济、供应与消耗、生产与储存之间的关系。而编制各种计划的重要依据，就是单位工程施工组织设计。

④ 单位工程施工组织设计是建筑企业参与工程投标竞争的主要内容　自20世纪80年代初期，我国的经济体制改革日新月异，建筑业实行工程承包、招标投标制度以来，单位工程施工组织设计已成为企业进行投标的必备文件之一，不仅是计算投标报价的根据之一，也是体现建筑企业施工水平、技术水平和管理水平高低的重要标志。建设部规定：凡是实行招标的工程，施工企业必须有施工组织设计才能参与投标。实践证明，进行工程投标时，在某些时候关键在于施工组织设计的质量。

6.1.1 单位工程施工组织设计的内容

单位工程施工组织设计的内容包括：

① 工程概况、招标文件有关要求及施工条件；

② 施工方案的拟定；

③ 单位工程施工进度计划；

④ 单位工程施工准备工作计划；

⑤ 单位工程施工平面图设计。

另外，单位工程施工组织设计的内容还包括劳动力、材料、构件、施工机械等需要量计划，主要技术经济指标，确保工程质量、安全降低成本的技术组织措施等内容。

单位工程施工组织设计的编制内容，是根据工程的规模大小、技术上的复杂程度、施工现场的自然条件、建设工期的要求、采用技术是否先进、施工企业的技术力量、施工的机械化程度等因素确定。因此，不同的单位工程，不同的施工方法，施工组织设计的内容广度和深度也不相同，每个单位工程施工组织设计的内容和重点，不强求一致，但内容必须简明扼要，一切从真正解决实际问题出发，在施工中起到指导作用。在编制时，应抓住关键环节处理好各内容之间的相互关系，重点编好施工方案、施工进度计划、施工平面图，简称“一案一表一图”。

6.1.2 施工组织设计的编制依据

单位工程施工组织设计的编制依据，归纳起来，有以下 10 个方面。

① 与工程建设有关的法律、法规和文件。包括：建筑法、招标投标法、合同法等。

② 国家现行有关标准和技术经济指标. 包括：施工图集、标准图集、操作规程和国家有关的施工验收规范、工程质量标准、施工手册及各种定额手册等。

③ 工程所在地区行政主管部门的批准文件，建设单位对施工的要求。如工程的开工、竣工日期，质量要求，对某些特殊施工技术的要求，采用何种先进的施工技术，对材料及设备的要求等。

④ 工程施工合同或招标投标文件。

⑤ 工程设计文件。其中包括：该单位工程的全部施工图纸、会审记录和标准图等有关设计资料；对于较复杂的建筑设备工程，还要有设备图纸和设备安装对土建施工的具体要求；设计单位对新结构、新材料、新技术和新工艺的要求。

⑥ 工程施工范围内的现场条件，工程地质及水文地质、气象等自然条件。其中包括：施工现场的地形地貌，地上与地下障碍物，工程地质和水文地质情况，施工地区的气象资料；永久性或临时水准点、控制线等；场地可利用的面积和范围；交通运输的道路情况等。

⑦ 与工程有关的资源供应情况。其中包括：水源和电源所在位置，供应量和水压、电压，供应的连续性，是否需要单独设置变压器。主要建材、半成品、成品的来源；运输条件、运输方式、运距和价格；供应时间、数量和方式等。

⑧ 施工企业的生产能力、机具设备状况、技术水平等。如劳动力、技术人员和管理人员的情况，现有的施工机械设备；可提供的专业工人人数、施工机械的台班数等。

⑨ 施工组织总设计。当单位工程为建设项目（群）的一个组成部分时，单位工程的施工组织设计，必须按照施工组织总设计确定的各项指标和要求进行编制，这样才能保证建设项目的完整性。

⑩ 同类工程施工经验。

6.1.3 施工组织设计的编制方法与程序

施工组织设计的编制程序，是指对其各组成部分形成的先后顺序及相互制约关系的处理。由于单位工程施工组织设计是施工单位用于指导施工的文件，必须结合具体工程实际，在编制前应会同有关部门和人员，在调查研究的基础上，共同研究和讨论其主要的技术措施和组织措施。单位工程施工组织设计的编制程序如图 6-1 所示。

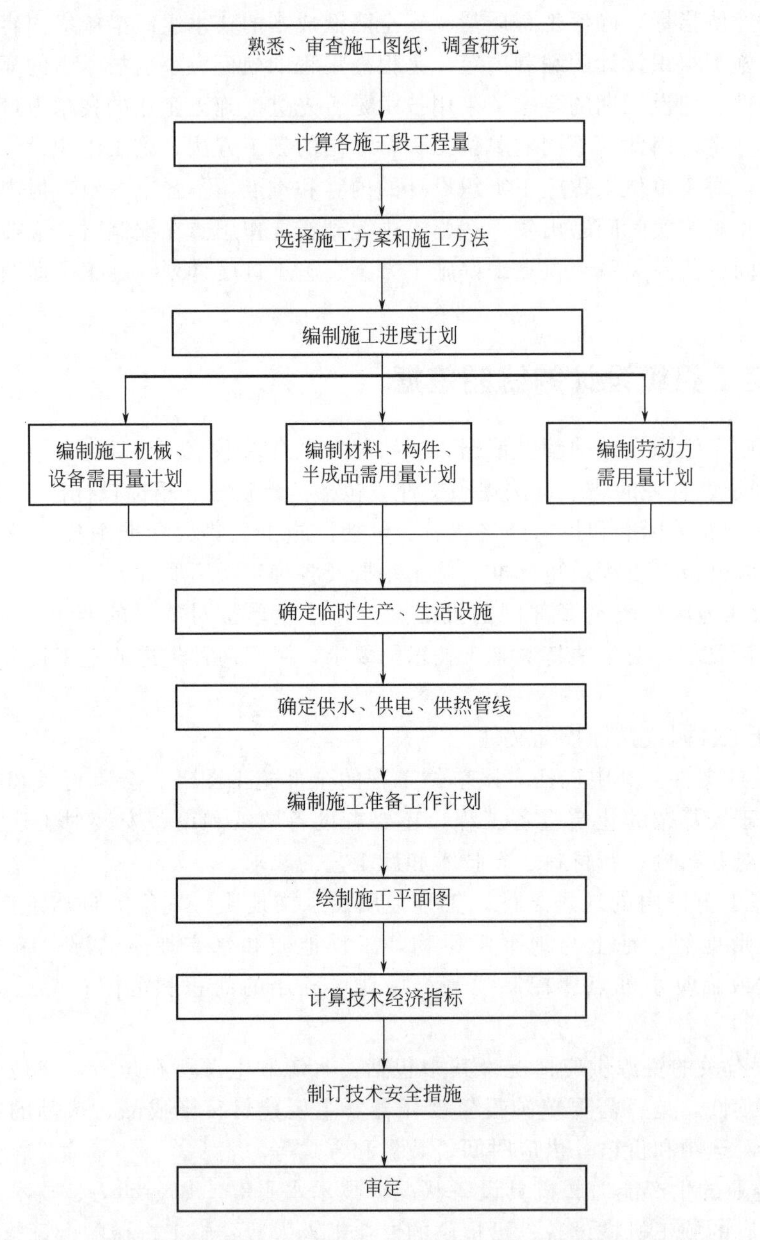

图 6-1　单位工程施工组织设计的编制程序

6.1.4 施工组织设计编制的基本原则

编制单位工程施工组织设计，除群体工程中的单位工程应首先遵循施工组织总设计的编制原则外，还应遵循以下基本原则。

（1）合理安排施工顺序

无论何种类型的工程施工，都有其客观的施工顺序。按照施工的客观规律和建筑产品的工艺要求，合理地安排施工顺序，是编制单位工程施工组织设计的重要原则，这是必须严格遵守的。

在施工组织中，一般应将工程施工对象按工艺特征进行科学分解，然后在它们之间组织流水施工作业，使之搭接最大、衔接紧凑、工期较短。合理的施工顺序，不仅要达到紧凑均衡的要求，而且还要注意施工的安全，尤其是立体交叉作业更要采取必要而可靠的安全措施。

(2) 采用先进的施工技术和施工组织措施

在先进的施工技术层出不穷的今天，采用先进的施工技术是提高劳动生产率、保证工程质量、加快施工进度、降低施工成本、减轻劳动强度的重要途径。但是，在具体编制单位工程施工组织设计时选用新技术应从企业的实际出发，以实事求是的态度，在调查研究的基础上，经过科学分析和技术经济论证，慎重对待。既要考虑其先进性，更要考虑其适用性和经济性。

先进的组织管理是提高社会效益和经济效益的重要措施。为实现工程施工组织科学化、规范化、高效化管理，应当采用科学的、先进的施工组织措施（如组织施工流水作业、网络计划技术、计算机应用技术、项目经理制、岗位责任制等）。

(3) 专业工种的合理搭接和密切配合

随着科学技术的发展，社会进步和物质文化的提高，建筑施工对象也日趋复杂化、高技术化，在许多工程的施工中，一些专业工种相互联系、相互依存、相互制约，因此，要完成一个工程的施工，涉及的工种将越来越多，相互之间的配合，对工程施工进度的影响也越来越大，这就需要在施工组织设计中做出科学安排。单位工程的施工组织设计要有预见性和计划性，既要使各施工过程、专业工种顺利进行施工，又要使它们尽可能实现搭接和交叉，以缩短施工工期，提高经济效益。

(4) 对多种施工方案要进行技术经济分析

任何一个工程的施工，必然有多种施工方案，在单位工程施工组织设计中，应根据各方面的实际情况，对主要工种工程的施工方案和主要施工机械的作业方案，进行充分的论证，通过技术经济分析，选择技术先进、经济合理，且符合施工现场实际、适合施工企业的施工方案。

(5) 确保工程质量和施工安全

“百年大计，质量第一”和“工程施工，安全第一”是每个工程施工中永恒的主题。在单位工程施工组织设计中，应根据工程的具体条件，制订出保证质量、降低成本和安全施工的措施，务必做到切合实际、有的放矢、措施得力。

6.2 工程概况及施工特点分析

6.2.1 工程概况

工程概况应包括工程主要情况、各专业设计简介和工程施工条件等。

(1) 工程主要情况

应包括下列内容

① 工程名称、性质和地理位置；

② 工程的建设、勘察、设计、监理和总承包等相关单位的情况；

③ 工程承包范围和分包工程范围；

④ 施工合同、招标文件或总承包单位对工程施工的重点要求；

⑤ 其他应说明的情况。

（2）各专业设计简介

应包括下列内容

① 建筑设计简介应依据建设单位提供的建筑设计文件进行描述，包括建筑规模、建筑功能、建筑特点、建筑耐火、防水及节能要求等，并应简单描述工程的主要装修做法；

② 结构设计简介应依据建设单位提供的结构设计文件进行描述，包括结构形式、地基基础形式、结构安全等级、抗震设防类别、主要结构构件类型及要求等；

③ 机电及设备安装专业设计简介应依据建设单位提供的各相关专业设计文件进行描述，包括给水、排水及采暖系统、通风与空调系统、电气系统、智能化系统、电梯等各个专业系统的做法要求。

（3）项目主要施工条件

应包括下列内容

① 项目建设地点气象状况；

② 项目施工区域地形和工程水文地质状况；

③ 项目施工区域地上、地下管线及相邻的地上、地下建（构）筑物情况；

④ 与项目施工有关的道路、河流等状况；

⑤ 当地建筑材料、设备供应和交通运输等服务能力状况；

⑥ 当地供电、供水、供热和通信能力状况；

⑦ 其他与施工有关的主要因素。

6.2.2 工程施工特点分析

不同类型的建筑结构均有不同的施工特点，从而选择不同的施工方案，通过分析找出拟建工程的施工重点、难点，相应提出解决主要矛盾的对策，以便在施工准备工作、施工方案、施工进度、资源配置及施工现场管理等方面应采取的相应技术措施和管理措施，保证施工顺利进行。如砖混结构住宅的施工特点是：砌体和抹灰工程量大，水平和垂直运输量大等。高层建筑物的施工特点是：地下室基坑支护结构复杂、安全防护要求高、结构和施工设备的稳定性要求高，钢材加工量大，混凝土浇筑难等。钢筋混凝土单层厂房排架结构的施工特点是：现场预制构件多，结构吊装量大，土建、设备、电气管道等施工安装的协作配合要求高等。

6.3 施工部署

6.3.1 工程施工目标的确定

工程施工目标应根据施工合同、招标文件以及本单位对工程管理目标的要求确定，包括进度、质量、安全、环境和成本等目标。各项目标应满足施工组织总设计中确定的总体目标。

6.3.2 施工部署中进度安排和空间组织的安排

一般应包括：确定施工开展程序、划分施工区段、确定施工起点与流向、确定施工顺序；选择施工方法和施工机械等，是一个综合的、全面的分析和对比决策过程，既要考虑施工的技术措施，又必须考虑相应的施工组织措施。在制订与选择施工方案时，必须满足以下基本要求。

① 切实可行。制订施工方案首先要从实际出发，能切合当前实际情况，并有实现的可能性。否则，任何方案均是不可取的。施工方案的优劣，首先不取决于技术上是否先进，工期是否最短，而是取决于是否切实可行。只能在切实可行，在实现的可能性范围内，求技术的先进或快速。

② 施工期限是否满足（工程合同）要求。确保工程按期投产或交付使用，迅速的发挥投资效益。

③ 工程质量和安全生产有可行的技术措施保障。

④ 施工费用最低。

施工部署主要从施工组织方面确定施工方案的内容。

6.3.2.1　确定施工开展程序

施工程序是指单位工程不同施工阶段，各分部工程之间的先后顺序。

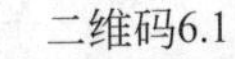
二维码6.1

施工顺序

在单位工程施工组织设计中，应结合具体工程的结构特征、施工条件和建设要求，合理确定该建筑物的各分部工程之间的施工程序。

① 先地下、后地上。通常应首先完成管道、管线等地下设施，土方工程和基础工程，然后开始地上工程施工。对于地下工程，也按先深后浅的顺序进行，以免造成施工返工，或对上部工程施工的干扰。

② 先主体、后围护。施工时应先进行框架主体结构施工，然后进行围护结构施工。如单层工业厂房先进行结构吊装工程的施工，然后再进行柱间的砖墙砌筑。

③ 先结构、后装饰。施工时先进行主体结构施工，然后进行装饰工程施工。但随着新建筑体系的不断涌现和建筑工业化水平的提高，某些装饰与结构构件均在工厂完成，运至施工现场安装。

④ 先土建、后设备。指一般的土建与水、暖、电、卫等工程的总体施工程序，施工时某些工序可能要穿插在土建的某工序之前进行，这是施工顺序问题，并不影响总体施工程序。

对某些特殊的工程或随着新技术、新工艺的发展，施工程序往往不一定完全遵循一般规律，如工业化建筑中的全装配式民用房屋施工，某些地下工程采用的“逆作法”施工等，这些均是打破了一般传统的施工程序。因此，施工程序应根据实际的工程施工条件和采用的施工方法来确定。

6.3.2.2　划分施工区段

（1）划分施工区段的目的

由于建筑产品生产的单件性，可以说它不适合于组织流水作业；但是，建筑产品体型庞大的固有特征，又为组织流水施工提供了空间条件，可以把一个体型庞大的“单件产品”划分成具有若干个施工段、施工层的“批量产品”，使其满足流水施工的基本要求；在保证工程质量的前提下，使不同工种的专业队在不同的工作面上进行作业，以充分利用空间，使其按流水施工的原理，集中人力、物力，迅速地、依次地、连续地完成各段的任务，为相邻专业工作队尽早地提供工作面，达到缩短工期的目的。

（2）划分施工区段的原则

施工段的划分可以是固定的，也可以是不固定的。在固定施工段的情况下，所有施工过程都采用相同的施工段，施工段的分界以所有施工过程来说都是固定不变的。在不固定施工段的情况下，以不同的施工过程分别规定出一种施工段划分方法，施工段的分界对于不同的施工过程是不同的。固定的施工段便于组织流水施工，采用较广，而不固定的施工段则较少采用。

施工段划分的数目要适当，数目过多势必减少工人数而延长工期；数目过少又会造成资源供应过分集中，不利于组织流水施工。因此，为了使施工段划分得更加科学、合理，通常应遵守以下原则。

① 专业工作队在各施工段上的劳动量应大致相等，其相差幅度不宜超过10%～15%。

② 从结构整体性角度出发，施工段的分界同施工对象的结构界限（伸缩缝、沉降缝和建筑单元等）尽可能一致。

③ 为充分发挥工人、主导机械的效率，应保证每个施工段有足够的工作面且符合劳动组合的要求。

施工段划分得多，在不减少工人数的情况下可以缩短工期。但施工段过多，每施工段上安排的工人数就会增加。从而使每一操作工人的有效工作范围减少，一旦超过最小工作面的要求容易发生安全事故，降低劳动效率，反而不能缩短工期。若为保证最小工作面则必须减少工人数量，同样也会延长工期，甚至会破坏合理的劳动组合。

施工段划分过少，既会延长工期，还可能会使一些作业班组无法组织连续施工。

最小工作面是指生产工人能充分发挥劳动效率、保证施工安全时所需的最小工作空间范围。

最小劳动组合是指能充分发挥作业班组劳动效率时的最少工人数及其合理的组合。

④ 尽量保证施工段数与施工过程数的相互适应，施工段的数目应满足合理流水施工组织的要求，即$m \geqslant n$，以保证各专业队连续作业。

当$m=n$时，专业工作队连续施工，施工段上始终有工作队在工作，即施工段无空闲状态，比较合理；

当$m>n$时，专业工作队连续施工，但施工段有空闲状态；

当$m<n$时，专业工作队在一个工程中不能连续工作而出现窝工现象。

⑤ 对于多层建筑物，施工段数是各层段数之和，各层应有相等的段数和上下垂直对应的分界线，以保证专业工作队在施工段和施工层之间，能进行有节奏、均衡、连续的流水施工。

施工段有空闲停歇，一般会影响工期，但在空闲的工作面上如能安排一些准备或辅助工作，如运输类施工过程，则会使后继工作进展顺利，也不一定有害。而工作队工作不连续，在一个工程项目中是不可取的，除非能将窝工的工作队转移到其他工地进行工地间大流水。

流水施工中施工段的划分一般有两种形式：一种是在一个单位工程中自身分段；另一种是在建设项目中各单位工程之间进行流水段划分。后一种流水施工最好是各单位工程为同类型的建筑，如同类建筑组成的住宅群，以一幢建筑作为一个施工段来组织流水施工。

6.3.2.3 确定施工起点与流向

单位工程施工起点与流向是指施工活动在平面上和竖向上施工开始的部位和进展的

方向，解决单个建筑物（构筑物）在空间上的合理施工顺序的问题。对单层建筑应分区分段确定出平面上的施工起点与流向；多层建筑除要确定平面上的起点与流向外，还要确定竖向上的流向。施工起点与流向涉及一系列施工活动的开展和进程，这是施工组织的重要一环。

确定单位工程的施工起点与流向时，应考虑以下几个方面：

① 建筑物的生产工艺流程或使用要求。如生产性建筑物生产工艺流程上先期投入生产或需先期投入使用的，要先施工。

② 建设单位对生产和使用的要求。

③ 平面上各部分施工的繁简程度，如地下工程的深浅及地质复杂程度，设备安装工程的技术复杂程度等。对技术复杂、工期较长的分部（分项）工程优先施工。

④ 房层高低层和高低跨。如高低跨并列的单层工业厂房的结构安装中，应先从高低跨并列处开始吊装；基础工程施工应按先深后浅的方向进行；屋面防水层施工应按先低后高的方向进行。

⑤ 施工技术和施工组织的要求。应保证施工现场内施工和运输的畅通，如工业厂房结构吊装与构件运输的方向不能互相冲突；单层工业厂房预制构件，宜以离混凝土搅拌机最远处开始施工；浇筑某些结构混凝土时的施工缝要求留在一定的位置；吊装时应考虑起重机退场等。

⑥ 考虑主导施工机械的工作效率以及主导施工过程的分段情况。

在确定施工起点与流向时除了考虑上述因素外，必要时还应考虑施工段的划分、组织施工的方式、施工工期等因素。

每一建筑的施工可以有多种施工起点与流向，以多层或高层建筑的装饰为例，其施工起点与流向可有多种：室外装饰工程自上而下及自中而下再自上而中的流水施工方案；室内装饰工程自上而下和自下而上以及自中而下自上而中的流水施工方案；而自上而下的方案又可分为水平和竖直两种情况。如图 6-2～图 6-4 所示。各种施工起点与流向方案有不同的特点，如何确定，要根据工程的具体特点、工期要求及招标文件具体要求来定。

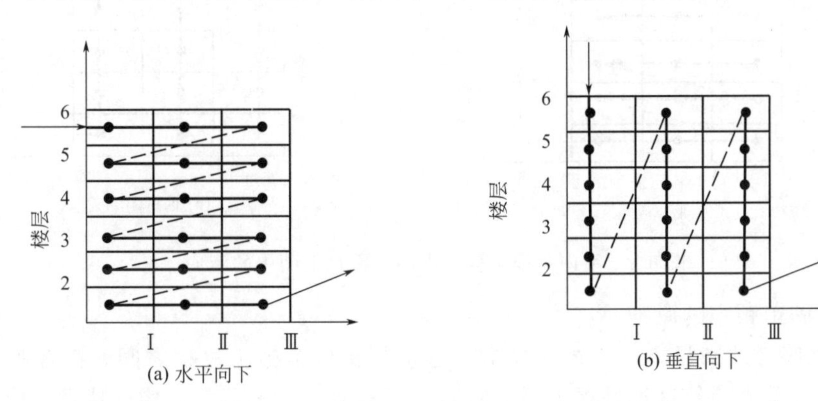

图 6-2　室内装饰工程自上而下的流向

6.3.2.4　确定施工顺序

施工顺序是指各分项工程或施工过程之间施工的先后次序。科学的施工顺序是为了按照施工客观规律和工艺顺序组织施工，解决工作之间在时间与空间上最大限度的衔接问题，在保证质量与安全施工的前提下，以期做到充分利用工作面，争取时间，实现缩短工期、取得较好的经济效益的目的。

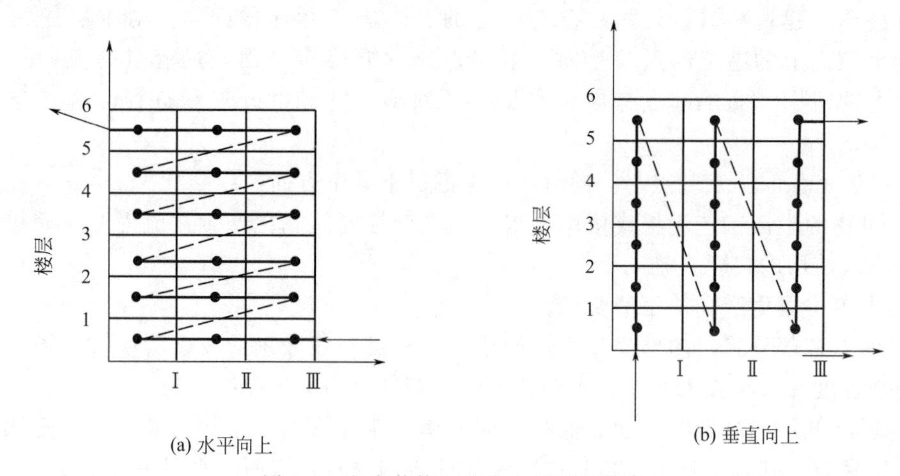

图 6-3 室内装饰工程自上而下的流向

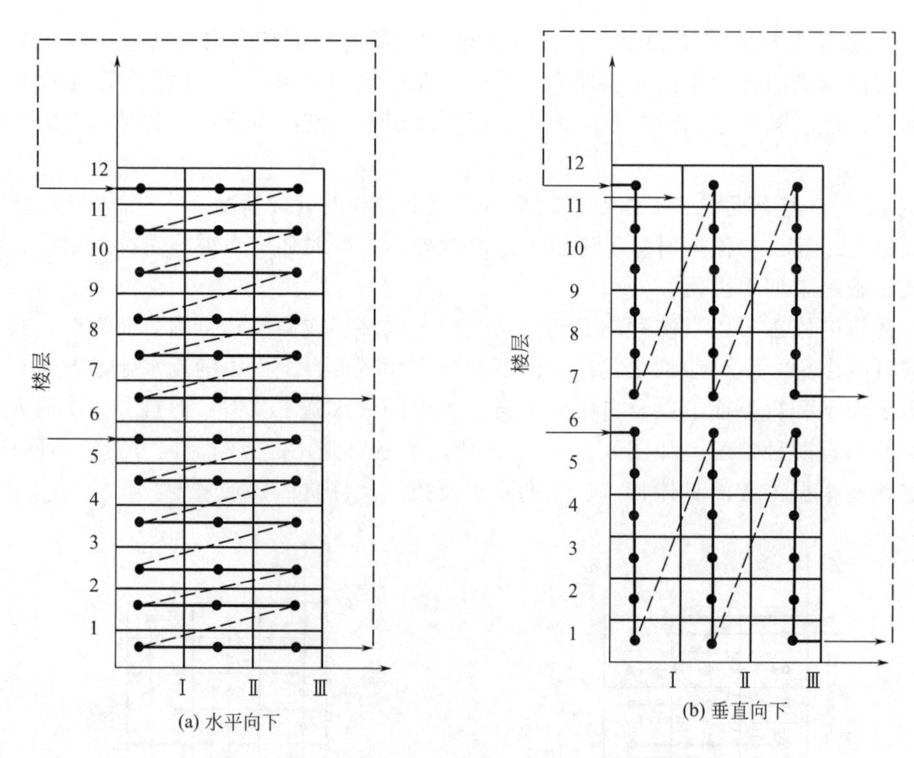

图 6-4 室内装饰工程自中而下再自上而中的流向

（1）确定施工顺序的原则

① 施工顺序必须满足施工工艺的要求 建筑物在各个施工过程之间，都客观存在着一定的工艺顺序关系，当然这种顺序关系会随着施工对象、结构部位、构造特点、使用功能及施工方法的不同而不同。在确定施工顺序时，应注意该建筑物各施工过程的工艺要求和工艺关系，施工顺序不能违背这种关系。如当建筑物为装配式钢筋混凝土内柱和砖外墙承重的多层房屋时，由于大梁和楼板的一端是搁置在外墙上的，所以应先把墙砌到一层楼的高度后，再安装梁和楼板；现浇钢筋混凝土框架柱施工顺序为：绑扎钢筋、支柱模板、浇筑混凝土、养护和拆模；而预制柱的施工顺序为：支模板、绑钢筋、浇筑混凝土、养护和拆模。

② 施工顺序应当与采用的施工方法、施工机械协调一致 工程采用的施工方法和施工

机械对施工顺序有影响。如在装配式单层工业厂房的施工中，如果采用分件吊装法，施工顺序应该是先吊柱、后吊梁，最后吊装屋架和屋面板；如果采用综合吊装法，施工顺序则变为将一个节间的全部结构构件吊装完毕后，再依次吊装另一个节间。再如基坑开挖对地下水的处理可采用明排水，其施工顺序应是在挖土过程中排水；而当有可能出现流沙时，常采用轻型井点降低地下水，其施工顺序则应是在挖土之前先降低地下水位。

③ 施工顺序必须考虑施工工期与施工组织的要求　合理的施工顺序与施工工期有较密切的关系，施工工期影响施工顺序的选用。如有些建筑物由于工期要求紧，采用“逆作法”施工，这样施工顺序就有较大不同。一般情况下，当满足工程的施工工艺条件的施工方案有几种时，就应从施工组织的角度，进行综合分析和反复比较，选出最经济合理、有利于施工和开展工作的施工顺序，通常在相同条件下，应优先选用能为后续施工过程创造良好施工条件的施工顺序。如地下室混凝土地坪，可以在地下室楼板铺设前施工，也可以在地下室楼板铺设后施工，但从施工组织角度来看，在地下室楼板铺设前施工比较合理，因为这样可以利用安装楼板的施工机械向地下室运输混凝土，加快地下室地坪施工速度。

④ 施工顺序必须考虑施工质量的要求　“百年大计，质量第一”，工程质量是建筑企业的生命，是工程施工永恒的主题。所以，在安排施工顺序时，必须以确保工程质量为前提，当施工顺序影响工程质量时，必须调整或重新安排原来的施工顺序或采取必要的技术措施。如高层建筑主体结构施工进行了几层以后，为了缩短工期，加快进度，可先对这部分工程进行结构验收，然后在结构封顶之前自下而上进行室内装修，然而上部结构施工用水会影响下面的装修工程，因此必须采取严格的防水措施，并对装修后的成品加强保护，否则装修工程应在屋面防水结构施工完成后再进行。

⑤ 施工顺序必须考虑当地的气候条件　建设地区的气候条件是影响工程质量的重要因素，也是决定施工顺序的重要条件。在安排施工顺序时，应考虑冬季、雨季、台风等气候的不利影响，特别是受影响大的分部（分项）工程应尤其注意，土方开挖、外装修和混凝土浇筑，尽量不要安排在雨季或冬季到来之前施工，而室内工程则可以适当推后。

⑥ 施工顺序必须考虑安全技术的要求　安全施工是保证工程质量、施工进度的基础，任何施工顺序都必须符合安全技术的要求，这也是对施工组织最基本的要求。不能因抢工程进度而导致安全事故，对于高层建筑工程施工，不宜进行交叉作业。如不允许在同一个施工段上，一面进行吊装施工，一面又进行其他作业。

（2）确定施工顺序

施工顺序合理与否，将直接影响工种间的配合、工程质量、施工安全、工程成本和施工速度，必须科学合理地确定工程施工顺序。

① 装配式单层工业厂房的施工顺序　工业厂房的施工比较复杂，不仅要完成土建工程，而且还要完成工艺设备安装和工业管线安装。单层工业厂房应用较广，如机械、化工、冶金、纺织等行业的很多车间均采用装配式钢筋混凝土排架结构。单层工业厂房的设计定型化、结构标准化、施工机械化大大地缩短了设计与施工时间。

装配式单层工业厂房的施工可分为：基础工程、预制工程、结构吊装工程、围护结构工程和装饰工程五个部分。其施工顺序如图 6-5 所示。

a. 基础工程的施工顺序　基础工程的施工主要包括：基坑开挖、钎探验槽、浇混凝土垫层、绑扎钢筋、安装基础模板、浇混凝土基础、养护、拆除基础模板、回填土等。

当中型或重型工业厂房建设在土质较差的地方时，通常采用桩基础。此时为了缩短工期，常将打桩阶段安排在施工准备阶段进行。

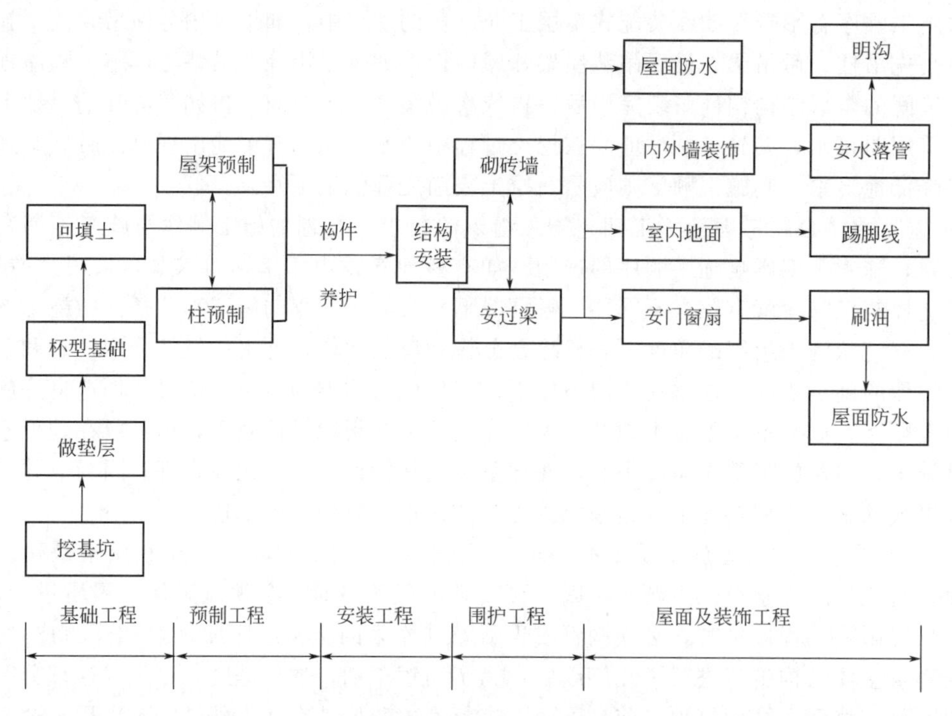

图 6-5 装配式钢筋混凝土单层工业厂房施工顺序示意

在地下工程开始前，应先处理好地下的洞穴等，然后确立施工起点流向，划分施工段，以便组织流水施工；确定钢筋混凝土基础或垫层与基坑开挖之间搭接程度与技术间歇时间，在保证质量前提下尽早拆模和回填土，以免暴晒和浸水，并提供预制场地。

在确定基础工程施工顺序时，必须确定厂房柱基础与设备基础的施工顺序，它常会影响主体结构和设备安装的方案与开始时间。通常有两种方案可供选择，即“封闭式”和“敞开式”。

• “封闭式”施工顺序。是指当厂房柱基础的埋置深度大于设备埋置深度时，一般采用厂房柱基础先施工，设备基础待上部体结构工程完成之后再施工。如一般的机械工业厂房。

这种施工顺序的优点是：有利于预制构件在现场就地预制、拼装和安装就位的布置，适合选择多种类型的起重机械和开行路线，从而可加快主体结构的施工进度；结构完成之后，设备基础在室内施工，不受气候的影响；可利用厂房的桥式吊装为设备安装服务。

其主要缺点是：易出现某些重复工作，如部分柱基回填土的重复挖填和运输道路的重复铺设等；设备基础施工场地较小，施工条件较差；不能提前为设备安装提供工作面，施工工期较长。

通常，“封闭式”施工顺序多用于厂房施工处于冬季、雨季时，或设备基础不大，或采用沉井等特殊施工方法的较大较深的设备基础。

• “开敞式”施工顺序。当设备基础埋置深度大于厂房柱基础埋置深度时，多采用厂房柱基础与设备基础同时施工。如某些重型工业厂房（如冶金、电站等），一般是先安装工艺设备，然后再建造厂房。

“开敞式”施工顺序的优缺点，与“封闭式”施工顺序正好相反。

通常，当厂房的设备基础大且深，基坑的挖土范围便成一体，或深于厂房柱基础，以及地基的土质不允许时，才采用“开敞式”施工顺序。

如果柱基础与设备基础埋置深度相近时，两种施工顺序可根据实际情况选其一。

b. 预制工程的施工顺序　单层工业厂房构件的预制，通常采用工厂预制和工地预制相结合的方法。现场预制工程是指柱、屋架、大型吊车梁等不便运输的大型构件，安排在拟建厂房的内部就地预制。中型构件可在工厂预制。

现场预制钢筋混凝土柱的施工顺序为：场地平整夯实、支模板、绑扎钢筋、安放预埋件、浇混凝土、养护等。

现场预制预应力屋架的施工顺序为：场地平整夯实、支模板、扎钢筋、安放预埋件、预留孔道、浇混凝土、养护、预应力张拉、拆模、锚固、压力灌浆等。

现场构件的预制需要近一个月的养护，工期较长，可以将柱子和屋架分批、分段组织流水施工，以缩短工期。

在预制构件过程中，制作日期和位置、起点流向和顺序，在很大程度上取决于工作面准备工作的完成情况和后续工作的要求。需要进行结构吊装方案设计，绘制构件预制平面图和起重机开行路线等。当设计无规定时，预制构件混凝土强度应达到设计强度标准值的75%以上才可以吊装；预应力构件采用后张法施工，构件强度应达到设计强度标准值的75%以上，预应力钢筋才可以张拉；孔道压力灌浆后，应在其强度达到15MPa后，方可起吊。

c. 结构吊装工程的施工顺序单层工业厂房结构吊装的主要构件有：柱、柱间支撑、吊车梁、连系梁、基础梁、屋架、天窗架、屋面板、屋盖支撑系统等。每个构件的安装工艺顺序为：绑扎、起吊、就位、临时固定、校正、最后固定。

结构构件吊装前要做好各种准备工作，包括；检查构件的质量、构件弹线编号、杯型基础杯底抄平、杯口弹线、起重机准备、吊装验算等。

结构吊装工程的施工顺序主要取决于结构吊装方法，即分件吊装法和综合吊装法。如果采用分件吊装法，其吊装顺序为：起重机第一次开行吊装柱，经校正固定并等接头混凝土强度达到设计强度的70%后，吊装其他构件；起重机第二次开行吊装吊车梁、连系梁、地基梁；起重机第三次开行按节间吊装屋盖系统的全部构件。当采用综合吊装法时，其吊装顺序为：先吊装4～6根柱并迅速校正及固定，再吊装这几根柱子所在节间的吊车梁、连系梁、地基梁及屋盖系统的全部构件，如此依次逐个节间完成全部厂房的结构吊装任务。

抗风柱的吊装可在全部柱吊装完后，屋盖系统开始吊装前，将第一节间的抗风柱吊装后再吊装第一榀屋架，最后一榀屋架吊装后再吊装最后节间的抗风柱；也可以等屋盖系统吊装定位后，再吊装全部抗风柱。

d. 围护结构工程的施工顺序　围护结构主要是指墙体砌筑、门窗框安装、屋面工程等。墙体工程包括搭设脚手架和内外墙砌筑等分项工程。屋面工程包括屋面板灌缝、保温层、找平层、冷底子油结合层、卷材防水层及绿豆砂保护层施工。通常主体结构吊装完后便可同时进行墙体的砌筑和屋面防水施工，砌筑工程完工后即可进行内外墙抹灰。地面工程应在屋面工程和地下管线施工之后进行，而现浇圈梁、门框、雨篷及门窗安装，应与砌筑工程穿插进行。

e. 装饰工程的施工顺序　单层工业厂房的装饰工程施工可分为室内和室外两部分，室内装饰工程包括勾缝、抹灰、地面、门窗安装、油漆和刷白等。室外装饰工程包括勾缝、抹灰、踏脚、散水等。

通常，地面工程应在设备基础、墙体砌筑完成一部分或管道电缆完成后进行，或视具体情况穿插进行；钢门窗安装一般与砌筑工程穿插进行，也可在砌筑工程完成后开始；门窗油漆可在内墙刷白后进行，也可与设备安装一并进行；刷白则应在墙面干燥和大型屋面板灌缝之后进行，并在油漆开始前结束。

② 多层混合结构房屋的施工顺序　多层混合结构房屋的施工，通常可分为三个施工阶段：基础工程阶段、主体工程阶段、屋面及装饰工程阶段。如图 6-6 所示。

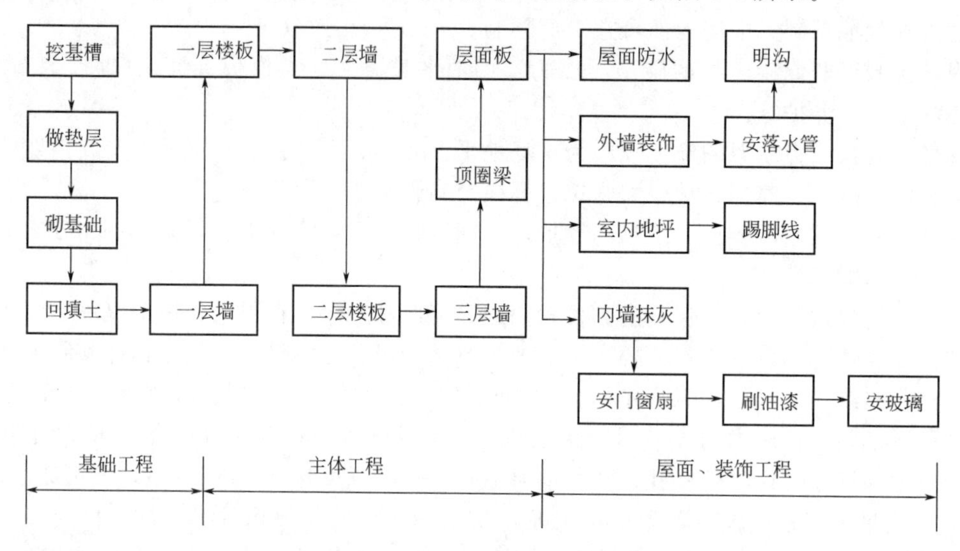

图 6-6　混合结构施工顺序示意

a. 基础工程的施工顺序　基础工程一般指房屋底层的室内地坪（±0.00）以下的所有工程。其施工顺序为：挖土、混凝土垫层、基础砌筑、地圈梁（或防潮层）、回填土。

因基础工程受自然条件影响较大，各施工过程安排尽量紧凑。基槽开挖与垫层施工安排要紧凑，间隔时间不宜过长，以防暴晒和积水而影响地基的承载能力。在安排工序的穿插搭接时，应充分考虑技术间歇和组织间歇，以保证质量和工期。一般情况下，回填土应在基础完工后一次分层压实，这样既可以保证基础不受雨水浸泡，又可为后续工作提供场地，使场地面积增大，并为搭设外脚手架以及建筑物四周运输道路的畅通创造条件。

地下管道施工应与基础工程施工配合进行，平行搭接，合理安排施工顺序，尽可能避免土方重复开挖，造成不必要的浪费。

b. 主体结构工程的施工顺序　主体结构工程阶段的工作主要包括搭设脚手架、砌筑墙体、安装门窗框、安装门窗过梁、浇筑混凝土圈梁和构造柱、安装楼板和楼梯、灌板缝等。其中砌墙和安装楼板是主导施工过程，应合理组织流水作业，以保证施工的连续性和均衡性。砌筑墙体时，一般以每个自然层作为一个砌筑层，然后分层进行流水作业。

主体结构施工阶段应同时重视楼梯间、厕所、厨房、阳台等的施工，合理安排它们与主要工序间的施工顺序。各层预制楼梯的安装应在砌墙的同时完成。当采用现浇钢筋混凝土楼梯时，尤其应注意与楼层施工相配合，否则会因为混凝土的养护而使后续工序不能按期开始而延误工期。对于局部现浇楼面的支模和绑扎钢筋，可安排在墙体砌筑的最后一步插入，并在浇筑圈梁的时候浇筑楼板。

c. 装饰工程的施工顺序　装饰工程施工阶段的工作包括：外墙的抹灰和饰面；天棚、墙裙、窗台等的抹灰及饰面；地面工程、门窗安装、油漆及玻璃安装等。其中，墙面、天棚、楼地面装饰是主要工序。由于装饰工程工序繁多，工程量大，时间长，且湿作业多，劳动强度大，因此应合理安排其施工顺序，组织立体交叉流水作业，以确保工程施工质量，加快工程施工进度。应根据工程和工期要求、结构特征、垂直运输机械和劳动力供应等具体情况，按以下三种施工顺序进行选择。

自上而下的流水顺序。这种做法的最大优点是交叉作业少，施工安全，工程质量容易保证，且自上而下清理现场比较方便。其缺点是装饰工程不能提前插入，工期较长。

自下而上的流水顺序。这种做法的优点在于充分利用了时间和空间，有利于缩短工期。但因装饰工程与主体结构工程交叉施工，材料垂直运输量大，劳动力安排集中，施工时必须有相应的确保安全的措施，同时应采取有效措施处理好楼面防水、避免渗漏。

先自中而下后自上而中的施工顺序。在主体结构进行到一半时，主体继续向上施工，室内装饰由上向下施工，使得抹灰工序离主体结构的工作面越来越远，相互之间的影响越来越小。当主体结构封顶后，室内装饰再从上而中，完成全部室内装饰施工。常用于层数较多而工期较紧的工程施工。

室外与室内之间的装饰之间一般干扰很小，其先后顺序可以根据实际情况灵活选择。一般情况下，因室内装饰施工项目多，工程量大，工期长，为给后续工序施工创造条件，可采用“先内后外”的顺序。如果考虑到适应气候条件，加快外脚手架周转，也可采用“先外后内”的施工顺序，或者室内、外交叉进行。此外，当采用单排外脚手架砌墙时，由于砌墙时留有脚手眼，故内墙抹灰需等到该层外装饰完成，脚手架拆除，洞眼补好后方能进行。

天棚、墙面抹灰与地面的施工顺序，有两种做法：一种是先做天棚、墙面抹灰，后做地面，其优点是工期相对较短，但在顶棚、墙面抹灰时有落地灰，在地面抹灰前应将落地灰清理干净，同时要求楼板灌缝密实，以免漏水污染下一层墙面。另一种是先做地面，后做天棚、墙面抹灰，其优点是可以保护下层天棚和墙面抹灰不受渗水污染、地面抹灰质量易于保证。但因楼地面施工后需一定时间的养护，如组织得不好会拖延工期，并应注意在顶棚抹灰中要注意对完工后的地面保护，否则引起地面的返工。

楼梯和走道是施工的主要通道，在施工期间易于损坏，通常在整个抹灰工作完成后，自上而下进行，并采取相应措施保护。门窗的安装及玻璃、油漆等，宜在抹灰后进行。

屋面防水工程施工，应在主体结构封顶后，尽早开始，或同装饰工程平等施工。水电设备安装必须与土建施工密切配合，进行交叉施工。在基础施工阶段，应埋好地下管网，预配上部管件，以便配合主体施工。主体施工阶段，应做好预留孔道，暗敷管线，埋设木砖和箱盒等配件。装饰工程施工阶段应及时安排好室内管网和附墙设备。

③ 高层现浇钢筋混凝土结构房屋的施工顺序　高层建筑种类繁多，如框架结构、剪力墙结构、筒体结构、框剪结构等。不同结构体系，采用的施工工艺不尽相同，如大模板法、滑模法、爬坡法等，无固定模式可循，施工顺序应与采用的施工方法相协调。一般可划分为基础及地下室工程、主体工程、屋面工程、装饰工程等。

a. 基础及地下室工程的施工顺序　高层建筑的基础大多为深基础，除在特殊情况下采用逆作法施工外，通常采用自下而上的施工顺序。即：挖土、清槽、验槽、桩基础施工、垫层、桩头处理、防水层、保护层、放线、承台梁板施工、放线、施工缝处理、柱墙施工、梁板施工、外墙防水、保护层、回填土。

施工中要注意防水工程和承台梁大体积混凝土浇筑及深基础支护结构的施工，防止水化热对大体积混凝土的不良影响，并保证基坑支护结构的安全。

b. 主体结构工程的施工顺序　主体结构与结构体系、施工方法有极密切的关系，应视工程具体情况合理选择。

例如主体结构为现浇钢筋混凝土剪力墙，因施工方法的不同有不同的施工顺序。

采用大模板工艺，分段流水施工，施工速度快，结构整体性、抗震性好。标准层施工顺序为：弹线、绑扎钢筋、支墙模板、浇筑墙身混凝土、拆墙模板、养护、支楼板模板、绑扎楼板钢筋、浇筑楼板混凝土。随着楼层施工，电梯井、楼梯等部位也逐层插入施工。

采用滑升模板工艺，滑升模板和液压系统安装调试工艺顺序为：抄平放线、安装提升架与围圈、支一侧模板、绑墙体钢筋、支另一侧模板、液压系统安装、检查调试、安装操作平台、安装支承杆、滑升模板、安装悬吊脚手架。

c. 屋面和装饰工程的施工顺序　屋面工程的施工顺序与混合结构房屋的屋面工程基本相同。其施工顺序为：找平层、隔气层、保温层、找平层、底子油结合层、防水层、绿豆砂保护层。屋面防水应在主体结构封顶后，尽快完成，使室内装饰尽早进行。

装饰工程的施工顺序因工程具体情况不同且差异较大，如下所述。

室内装饰工程的施工顺序为：结构表面处理、隔墙砌筑、立门窗框、管道安装、墙面抹灰、墙面装饰面层、吊顶、地面、安门窗扇、灯具洁具安装、调试、清理。如果大模板墙面平整，只需在板面刮腻子，面层刷涂料。

室外装饰工程的施工顺序为：结构表面处理、弹线、贴面砖、清理。

④ 水泥混凝土路面的施工顺序

a. 当采用人工摊铺法施工时，施工顺序为：施工准备、路基修筑及压实、垫层施工、基层铺筑、安装模板、装设传力杆、混凝土拌合与运输、混凝土摊铺与振实、修整路面、接缝施工、混凝土养生与填缝。

b. 当采用滑模式摊铺机施工时，施工顺序为：施工准备、路基修筑及压实、垫层施工、基层铺筑、滑模式摊铺机铺筑水泥混凝土路面、表面修整与拉毛、切缝、混凝土养生与填缝。

c. 碾压混凝土路面的施工顺序如图 6-7 所示。

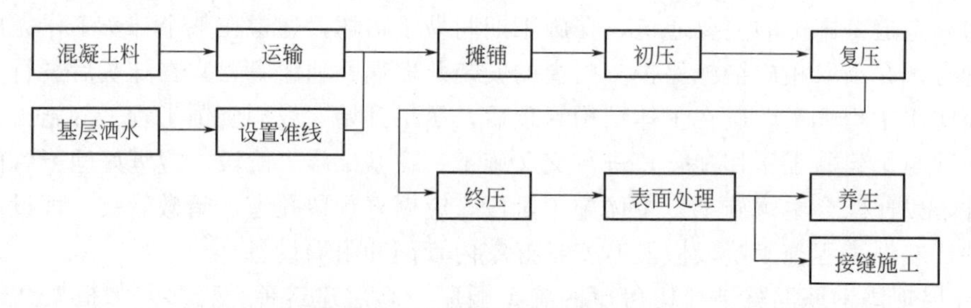

图 6-7　碾压混凝土路面施工顺序

6.4 施工方案的设计

施工方案的设计是单位工程施工组织设计的重点和核心。设计时必须从单位工程施工的全局出发，慎重研究确定，着重于多种施工方案的技术经济比较，做到方案技术可行、工艺选进、经济合理、措施得力、操作方便。

设计施工方案时，应从以下几个方面进行：熟悉施工图纸；确定施工顺序；确定施工起点和流向；选择施工方法和施工机械，施工方案的技术经济分析等，是一个综合的、全面的分析和对比决策过程。施工方案的设计既要考虑施工的技术措施，又必须考虑相应的施工组织措施，确保技术措施的落实。

熟悉施工图纸是施工方案设计的基础工作，其目的是：熟悉工程概况，领会设计意图，明确工作内容，分析工程特点，提出存在问题，为确定施工方案打下良好基础。在熟悉施工图纸中，一般应注意以下几个方面：

① 核对施工图纸目录清单，检查施工图纸是否齐全、完备，缺者何时出图。

② 核对设计计算的假定和采用的计算方法是否符合实际情况，施工时是否有足够的稳定性，是否有利于安全施工。

③ 核对设计是否符合施工条件。若需要特殊施工方法和特定技术措施时，技术和设备上有无困难。

④ 核对生产工艺和使用上对建筑安装有哪些技术要求，施工是否能满足设计规定的质量标准。

⑤ 核对施工图纸与设计说明有无矛盾，设计意图与实际设计是否一致，规定是否明确。

⑥ 核对施工图纸中标注的主要尺寸、位置、标高等有无错误。

⑦ 核对施工图中材料有无特殊要求，其品种、规格、数量等能否满足。

⑧ 核对土建施工图和设备安装图有无矛盾，施工时应如何衔接和交叉。

在有关施工技术人员充分熟悉施工图纸的基础上，会同设计单位、建筑单位、监理单位、科研单位等有关人员进行“图纸会审”。首先，由设计人员向施工单位进行技术交底，讲清设计意图和施工中的主要要求；然后，施工技术人员对施工图纸和工程中的有关问题提出询问或建议，并详细记录解答，作为今后施工的依据；最后，对于会审中提出的问题和建议进行研讨，并取得一致意见，如需变更设计或作补充设计时，应办理设计变更签证手续。但未经设计单位同意，施工单位无权随意修改设计。

在熟悉施工图纸后，还必须充分研究施工条件和有关工程资料。如施工现场的“三通一平”条件；劳动力、主要建筑材料、构件、加工品的供应条件；时间、施工机具和模具的供应条件；施工现场的水文地质与工程地质勘测资料；现行的施工规范定额等资料；施工组织总设计；上级主管部门对该单位工程的指示等。

施工方法和施工机械的选择是施工方案设计的关键问题，它直接影响施工进度、施工质量、施工成本和施工安全。

施工方法和施工机械的选择是紧密联系的，在技术上它是解决各主要施工过程的施工手段和工艺问题，如基础工程的土方开挖应采用什么机械完成，要不要采取降低地下水的措施，浇筑大型基础混凝土的水平运输采用什么方式；主体结构构件的安装应采用什么机械才能满足起重高度和起重范围的要求；砌筑工程和装饰工程的垂直运输如何解决等。这些问题的解决，在很大程度上受到工程结构形式和结构特征的制约。通常所说的结构选型和施工方案的选择是相互联系的，对于大型的建筑工程往往在工程初步设计阶段就要考虑施工方法，并根据施工方法决定结构形式。

对于不同结构的单位工程，其施工方案设计的侧重点不同。砖混结构房屋施工，以主体工程为主，重点在基础工程的施工方案；单层工业厂房施工，以基础工程、预制工程和吊装工程的施工方案为重点；多层框架则以基础工程和主体框架施工方案为主。另外，施工技术比较复杂、施工难度大或者采用新技术、新材料、新工艺的分部（分项）工程，还有专业性很强的特殊结构、特殊工程，也应为施工方案设计的重点内容。

6.4.1 主要施工方法的选择

（1）确定施工方法应遵守的原则

编制施工组织设计时，必须注意施工方法的技术先进性与经济合理性的统一；兼顾施工机械的适用性，尽量发挥施工机械的性能和使用效率，应充分考虑工程的建筑特征、结构形式、抗震烈度、工程量大小、工期要求、资源供应情况、施工现场条件、周围环境、施工单位的技术特点和技术水平、劳动组织形式和施工习惯。

（2）确定施工方法的重点

拟定施工方法时，应着重考虑影响整个单位工程施工的分部（分项）工程的施工方法。对于按常规做法和工人熟悉的施工方法，不必详细拟定，只提出应注意的特殊问题即可。对于下列一些项目的施工方法则应详细、具体。

① 工程量大，在单位工程中占重要地位，对工程质量起关键作用的分部（分项）工程，如基础工程、钢筋混凝土工程等。

② 施工技术复杂、施工难度大，或采用新工艺、新技术、新材料的分部（分项）工程，如大体积混凝土结构施工、模板早拆体系、无黏结预应力混凝土等。

③ 施工人员不太熟悉的特殊结构、专业性很强、技术要求很高及由专业施工单位施工的工程，如仿古建筑、大跨度空间结构、大型玻璃幕墙、薄壳、悬索结构等。

（3）确定施工方法的主要内容

拟定主要的操作过程和施工方法，包括施工机械的选择；提出质量要求和达到质量要求的技术措施；指出可能遇到的问题及防治措施；提出季节性施工措施和降低成本措施；制订切实可行的安全施工措施。

（4）主要分部工程施工方法要点

① 土石方工程　选择土石方工程施工机械；确定土石方工程开挖或爆破方法；确定土壁开挖的边坡坡度、土壁支护形式及打桩方法；地下水、地表水的处理方法及有关配套设备；计算土石方工程量并确定土石方调配方案。

② 基础工程　浅基础的垫层、混凝土基础和钢筋混凝土基础施工的技术要求，以及地下室施工的技术要求；桩基础施工方法及施工机械选择。

基础工程强调在保证质量的前提下，要求加快施工速度，突出一个“抢”字；混凝土浇筑要求一次成型，不留施工缝。

③ 钢筋混凝土结构工程　模板的类型和支模方法、拆模时间和有关要求；对复杂工程尚需进行模板设计和绘制模板放样图；钢筋的加工、运输和连接方法；选择混凝土制备方案，确定搅拌、运输及浇筑顺序和方法以及泵送混凝土和普通垂直运输混凝土的机械选择；确定混凝土搅拌、振捣设备的类型和规格及施工缝留设位置；预应力钢材、锚夹具、张拉设备的选用和验收，成孔材料及成孔方法（包括灌浆孔、泌水孔），端部和梁柱节点处的处理方法，预应力张拉力、张拉程序以及灌浆方法、要求等；混凝土养护及质量评定。

在选择施工方法时，应特别注意大体积混凝土、高强度混凝土、特殊条件下混凝土及冬季混凝土施工中的技术方法，注重模板的早拆化、标准化，钢筋加工中的联动化、机械化，混凝土运输中采用开型搅拌运输车，泵送混凝土，计算机控制混凝土配料等。

④ 结构安装工程　选择起重机械（类型、型号、数量）；确定结构构件安装方法，拟定安装顺序，起重机开行路线及停机位置；构件平面布置设计，工厂预制构件的运输、装卸、堆放方法；现场预制构件的就位、堆放的方法，确定吊装前的准备工作、主要工程量的吊装进度。

⑤ 砌筑工程　墙体的组砌方法和质量要求，大规格砌墙的排列图；确定脚手架搭设方法及安全网的布置；砌体标高及垂直度的控制方法；垂直运输及水平运输机具的确定；砌体流水施工组织方式的选择。

⑥ 屋面及装饰工程　确定屋面材料的运输方式，屋面工程各分项工程的施工操作及质量要求；装饰材料运输及储存方式；各分项工程的操作及质量要求，新材料的特殊工艺及质量要求。

⑦ 建筑节能工程　确定外围护保温隔热材料的运输方式，建筑节能各分项工程的施工操作及质量要求；新材料的特殊工艺及质量要求等。

⑧ 特殊项目　对于特殊项目，如采用新材料、新技术、新工艺、新结构的项目，以及大跨度、高耸结构、水下结构、深基础、软地基等，应单独选择施工方法，阐明施工技术关键，进行技术交底，加强技术管理，制订安全质量措施。

6.4.2 主要施工机械的选择

施工方法拟定后，必然涉及施工机械的选择。施工机械对施工工艺、施工方法有直接的影响，机械化施工是当今的发展趋势，是现代化大生产的显著标志，是改变建筑业落后的基础，对加快建设速度，提高工程质量，保证施工安全，节约工程成本等方面，起着至关重要的作用。因此选择施工机械是确定施工方案的中心环节，应着重考虑以下几个方面。

① 结合工程特点和其他条件，选择最适合的主导工程施工机械。例如，装配式单层工业厂房结构安装起重机的选择，若吊装工程量较大且又比较集中，可选择生产率较高的塔式起重机或桅杆式起重机；若吊装工程量较小或工程量虽较大但比较分散时，则选用无轨自行式起重机较为经济。无论选择何种起重机械，都应当使起重机性能满足起重量、起重高度和起重半径的要求。

② 施工机械之间的生产能力应协调一致。在选择各种辅助机械或运输工具时，应注意与主导施工机械的生产能力协调一致，充分发挥主导施工机械的生产能力。例如，在土方工程开挖施工中，若采用自卸汽车运土，汽车的容量一般应是挖掘机铲斗容量的整倍数，汽车的数量应保证挖掘机能连续工作，发挥其生产效率。又如，在结构安装施工中，选择的运输机械的数量及每次运输量，应保证起重机连续工作。

③ 在同一建筑工地上，选择施工机械的种类和型号尽可能少，以利于现场施工机械的管理和维修，同时减少机械转移费用。在工程较大时，应该采用专业机械以适应专业化大生产；在工程量较小且又分散时，尽量采用多用途的施工机械，使一种施工机械能满足不同分部工程施工的需要。例如挖土机不仅可以用于挖土，将工作装置改装后，也可用于装卸、起重和打桩。

④ 施工机械选择应考虑充分发挥施工单位现有施工机械的能力，并争取实现综合配套，以减少资金投入，在保证工程质量和工期的前提下，充分发挥施工单位现有施工机械的效率，以降低工程造价。如果现有机械不能满足工程需要，再根据实际情况，采取购买或租赁。

⑤ 对于高层建筑或结构复杂的建筑物（构筑物），其主体结构施工的垂直运输机械最佳方案往往是多种机械的组合，例如：塔式起重机和施工电梯；塔式起重机、施工电梯和井架；井架、快速提升机和施工电梯等。

6.5 施工进度计划的编制

单位工程的施工进度计划，是施工方案在时间上的具体安排，是单位工程施工组织设计

的重要内容之一。其任务是以确定的施工方案为基础，并根据规定的工程工期和技术物资供应条件，遵循各施工过程合理的工艺顺序，统筹安排各项施工活动的原则进行编制的。施工进度计划的任务，既是为各项施工过程明确一个确定的施工期限，又以此确定各施工期内的劳动力和各种技术物资的供应计划。

单位工程进度计划的主要作用是：安排单位工程施工进度，保证在规定竣工期限内完成符合质量要求的工程任务；确定单位工程各个施工过程的施工顺序、施工持续时间及相互衔接和合理配合的关系；为确定劳动力和各种资源需要量计划，编制单位工程施工准备工作计划提供依据；是编制年、季、月生产作业计划的基础；指导现场的施工安排。

单位工程的施工进度计划，事关工程全局和工程效益。所以，在编制单位工程施工进度计划时，应力争做到：在可能的条件下，尽量缩短施工工期，以便及早发挥工程效益；尽可能使施工机械、设备、工具、模具、周转材料等，在合理的范围内最少，并尽可能重复利用；尽可能组织连续、均衡施工，在整个施工期间，施工现场的劳动人数在合理的范围内保持一定的最小数目；尽可能使施工现场各种临时设施的规模最小，以降低工程的造价；应尽可能避免或减少因施工组织安排不善，造成停工待料而引起时间的浪费。

由于工程施工是一个十分复杂的过程，受许多因素的影响和约束，如地质、气候、资金、材料供应、设备周转等各种难以预测的情况，因此，在编制施工进度计划时，既要强调各施工过程之间紧密配合，又要适当留有余地，以应付各种难以预测的情况，避免陷于被动的局面；另外在实施过程中，也便于不断地修改和调整，使进度计划总是处于最佳状态。

6.5.1 施工进度计划的类型

施工进度计划包括：施工准备工作计划、施工总进度计划、单位工程施工进度计划及分部（分项）工程进度计划。

（1）施工准备工作计划

施工准备工作的主要任务是为建设工程的施工创造必要的技术和物资条件，统筹安排施工力量和施工现场。施工准备工作内容通常包括：技术准备、物资准备、劳动组织准备、施工现场准备和施工场外准备。为落实各项施工准备工作，加强检查和监督，应根据各项施工准备工作的内容、时间和人员，编制施工准备工作计划。

（2）施工总进度计划

施工总进度计划是根据施工部署中施工方案和工程项目的开展程序，以全工地所有单位工程做出时间上的安排。其目的在于确定各单位工程及全工地性工程的施工期限及开竣工日期，进而确定施工现场劳动力、材料、成品、半成品、施工机械的需要数量和调配情况，以及现场临时设施的数量、水电供应量和能源、交通需求量。因此，科学、合理地编制施工总进度计划，是保证整个建设工程按期交付使用，充分发挥投资效益，降低建设工程成本的重要条件。

（3）单位工程施工进度计划

单位工程施工进度计划是在既定施工方案的基础上，根据规定的工期和各种资源供应条件，遵循各施工过程的合理施工顺序，对单位工程中的各施工过程做出时间和空间上的安排，并以此为依据，确定施工作业所必需的劳动力、施工机具和材料供应计划。因此，合理安排单位工程施工进度，是保证在规定工期内完成符合质量要求的工程任务的重要前提。同时，为编制各种资源需要量计划和施工准备工作计划提供依据。

（4）分部（分项）工程进度计划

分部（分项）工程进度计划是针对工程量较大或施工技术比较复杂的分部（分项）工程，在依据工程具体情况所制订的施工方案基础上，对其各施工过程所做出的时间安排。如：大型基础土方工程、复杂的基础加固工程、大体积混凝土工程、大型桩基工程、大面积预制构件吊装工程等，均应编制详细的进度计划，以保证单位工程施工进度计划的顺利实施。

为了有效地控制建设工程施工进度，施工进度计划还可按时间编制：年度施工计划、季度施工计划和月（旬）施工进度计划，将施工进度计划逐层细化，形成旬保月、月保季、季保年的计划体系。

6.5.2 施工进度计划的表达形式

施工进度计划的表达方式有多种，常用的有横道图和网络计划两种形式。

（1）横道图

横道图通常按照一定的格式编制，如表 6-1 所示，一般应包括下列内容：各分部（分项）工程名称、工程量、劳动量、每天安排的人数和施工时间等。表格分为两部分，左边是各分部（分项）工程的名称、工程量、机械台班数、每天工作人数、施工时间等施工参数，右边是时间图表，即画横道图的部位。有时需要绘制资源消耗动态图，可将其绘在图表下方，并可附以简要说明。

表 6-1 单位工程施工进度计划

序号	分项工程名称	工程量		劳动量		机械需要量		每天工作班	每天工人数	工作天数	×月			
		单位	数量	工种	工日	名称	台班				×日	×日	×日	×日
1	测量防线	m^2	1120	测量工	4			1	2	2				
2	土方开挖	m^3	4260			挖掘机	12	3		4				
…	…													

（2）网络计划

网络计划的形式有两种：一是双代号网络计划；另一是单代号网络计划。目前，国内工程施工中，所采用的网络计划大都是双代号网络计划，且多为时标网络计划。

6.5.3 施工进度计划的编制依据

① 为了编制高质量的单位工程施工组织设计，设计出科学的施工进度计划，必须具备下面的原始资料：经过审批的建筑总平面图、单位工程全套施工图，以及地质地形图、工艺设计图、设备及基础图、采用的各种标准等技术资料。

② 施工组织总设计中对本单位工程的进度要求。

③ 施工工期要求及开工、竣工日期。

④ 当地的地质、水文、气象资料。

⑤ 确定的单位工程施工方案，包括主要施工机械、施工顺序、施工段划分、施工流向、施工方法、质量要求和安全措施等。

⑥ 施工条件，劳动力、材料、施工机械、预制构件等的供应情况，交通运输情况，分包单位的情况等。

⑦ 本单位工程所采用的预算文件，现行的劳动材料消耗定额、机械台班定额、施工预

算等。

⑧ 其他有关要求和资料。如工程承包合同、分包及协作单位对施工进度计划的意见和要求等。

6.5.4 施工进度计划的编制步骤与要求

6.5.4.1 施工进度计划的编制步骤

编制单位工程施工进度计划的步骤分为：收集原始资料、划分施工过程、审核计算工程量、确定劳动量和机械台班数量、确定各施工过程的施工天数、编制施工进度计划的初始方案、进行施工进度计划的检查、调整与优化、编制正式施工进度计划表等几个主要步骤。见图 6-8。

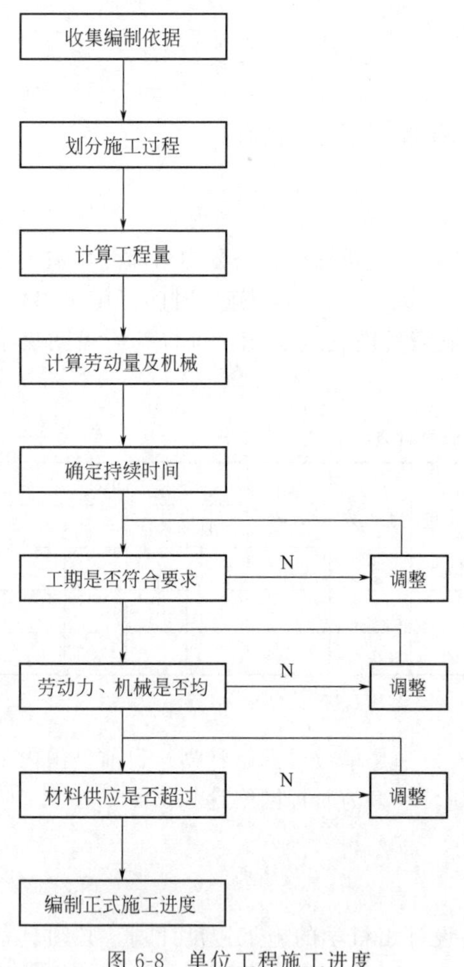

图 6-8 单位工程施工进度计划编制步骤

6.5.4.2 施工进度计划的编制要求

(1) 划分施工过程

施工过程是施工进度计划组成的基本单元，应按施工图纸和施工顺序把拟建单位工程的各个分部（分项）过程按先后顺序列出，并结合施工方法、施工条件、劳动组织等因素，加以适当调整，使其成为编制施工进度计划所需的施工过程，并将其填入施工进度计划表中。

在确定施工过程时，应注意以下问题：

① 施工过程划分的粗细程度，主要根据单位工程施工进度计划的客观指导作用而确定。对控制性施工进度计划，施工过程可划分得粗一些，通常只列出分部工程名称，如混合结构居住房屋的控制性施工进度计划，可以只列出基础工程、主体工程、屋面防水工程和装修工程四个施工过程；对实施性施工进度计划，施工过程应当划分得细一些，特别是对工期有直接影响的项目必须列出以便于指导施工，控制工程进度，通常要列到分项工程，如屋面防水工程要划分为找平层、隔气层、保温层、防水层等分项工程。

② 施工过程的划分要结合所选择的施工方案。如单层工业厂房结构安装工程，若采用分件吊装法，则施工过程的名称、数量和内容及其安装顺序应按照构件不同来划分；若采用综合吊装法，则施工过程应按施工单元（节间、区段）来划分。

③ 为了使进度计划简明清晰，原则上应在可能条件下尽量减少施工过程的数目，避免工程项目划分过细、重点不突出。因此，可将某些次要的项目合并到主要项目中去，如安装门窗框，可以合并砌墙这个分项工程；而对于在同一时期内、由同一专业工程队施工的施工过程也可以合并，如工业厂房中的钢窗油漆、钢梯油漆等，可合并为钢构件油漆一个施工过程；对于次要的、零星的分项工程，可以合并为“其他工程”一项列入。

④ 水、电、暖、卫工程和设备安装工程，通常由专业工程队负责施工。因此，在单位工程的施工进度计划中，只要反映出这些工程与土建工程衔接配合关系即可，不必细分。

⑤ 施工过程的划分，一般只列出直接在建筑物（或构筑物）上进行施工的建筑安装类施工过程，而不必列出构件制作和运输，如门窗制作和运输等制备类、运输类施工过程；对占有施工对象空间、对其他分部（分项）工程的施工、工期有影响的制备类和运输类施工过程要列入，如钢筋混凝土柱、屋架等的现场预制。

⑥ 所有划分的施工过程应按施工顺序的先后排列，所采用的工程项目名称，应与现行定额手册上的项目名称一致。

(2) 计算工程量

单位工程工作量的计算是一项十分烦琐的工作，但一般在工程概算、施工图预算、投标报价、施工预算等文件中，已有详细的计算，数值是比较准确的，故在编制单位工程施工进度计划时不需要重新计算，只要将预算中的工程量总数根据施工组织要求，按施工图上工程量比例加以划分即可。施工进度中的工程量，仅是作为计算劳动力、施工机械、建筑材料等各种施工资源需要的依据，而不是计算工资进行工程结算的依据，故不必精确计算。但在工程量的计算时，应注意以下几个问题。

① 各分部（分项）工程量的计算单位，应与现行定额手册中的规定单位一致，以便在计算劳动力、材料和机械台班数量时直接套用，避免换算。

② 结合选定的施工方法和安全技术要求计算工程量。如在基坑的土方开挖中，要考虑到土的类别、开挖方法、边坡大小及地下水位等情况。

③ 结合施工组织的要求，按分区、分段、分层计算工程量，以免产生漏项。

④ 直接采用预算文件中的工程量时，应按施工过程的划分情况，将预算文件中有关项目的工程量汇总，如“砌筑转墙”一项，要将预算中按内墙、外墙，按不同墙厚，不同砌筑砂浆及标号计算的工程量进行汇总。

⑤ 在编制施工预算或计算劳动力、材料、机械台班等需要量时，都要计算工程量。为了避免重复劳动，最好将它们的工程量计算，同编制单位工程施工进度计划需要的工程量计算合并一起进行，做到一次计算多次使用。

⑥ 根据施工方案中施工层与施工段的划分，计算分层分段的工程量，以便组织流水作业。

(3) 确定劳动量和机械台班数量

劳动量和机械台班数量的确定，应当根据各分部（分项）工程的工程量、施工方法、机械类型和现行施工定额等资料，并结合当时当地的实际情况进行计算。人工作业时，计算所需的工作日数量；机械作业时，计算所需的机械台班数量。一般可按式(6-1) 计算：

$$P=Q/S$$

$$\text{或 } P=QH \tag{6-1}$$

式中 P——完成某施工过程所需的劳动量（工日）或机械台班数量（台班）；

Q——完成某施工过程所需的工程量；

S——某施工过程采用的人工或机械的产量定额；

H——某施工过程采用的人工或机械的时间定额。

例如，已知某工业厂房的柱基土方工程量为3240m^3，计划采用人工开挖，每工日产量定额为6.5m^3，则完成该基坑土方开挖需要的劳动量为：

$$P=Q/S=\frac{3240}{6.5}=499\text{（工日）}$$

若已知时间定额为 0.154 工日/m³，则完成该基坑土方开挖所需的劳动量为：

$$P=QH=3240\times0.154=499\text{（工日）}$$

在使用定额时，通常采用定额所列项目的工作内容与编制施工进度计划所列项目不一致的情况，可根据实际按下述方法处理。

① 计划中的某个项目包括了定额中的同一性质的不同类型的几个分项工程，可用其所包括的各分项工程的工程量与其产量定额（或时间定额）分别计算出各自的劳动量，然后求和，即为计划中项目的劳动量。可用式(6-2) 计算。

$$P=\frac{Q_1}{S_1}+\frac{Q_2}{S_2}+\frac{Q_3}{S_3}+\cdots+\frac{Q_n}{S_n}=\sum_{i=1}^{n}\frac{Q_i}{S_i} \tag{6-2}$$

式中　P——计划中某一工程项目的劳动量；

Q_1，Q_2，…，Q_n——同一性质各个不同类型分项工程的工程量；

S_1，S_2，…，S_n——同一性质各个不同类型分项工程的产量定额。

② 当某一分项工程由若干个具有同一性质不同类型的分项工程合并而成时，按合并前后总劳动量不变的原则计算合并后的综合劳动定额，计算公式为：

$$S=\frac{\sum_{i=1}^{n}Q_i}{\frac{Q_1}{S_1}+\frac{Q_2}{S_2}+\cdots+\frac{Q_n}{S_n}}=\frac{\sum_{i=1}^{n}Q_i}{\sum_{i=1}^{n}\frac{Q_i}{S_i}} \tag{6-3}$$

式中　S——综合产量定额；

Q_1，Q_2，…，Q_n——合并前各分项工程的工程量；

S_1，S_2，…，S_n——合并前各分项工程的产量定额。

在实际工作中，应特别注意合并前各分项工程工作内容和工程量单位。当合并前各分项工程的工作内容和工程量的计量单位完全一致时，公式中 $\sum Q_i$ 应等于各分项工程的工程量之和；反之应取与综合产量定额单位一致且工作内容也基本一致的各分项工程的工程量之和。

例如，某一预制混凝土构件工程，其施工参数见表 6-2。则：

$$S=\frac{\sum_{i=1}^{3}Q_i}{\frac{Q_1}{S_1}+\frac{Q_2}{S_2}+\frac{Q_3}{S_3}}=\frac{\sum_{i=1}^{3}Q_i}{\sum_{i=1}^{3}\frac{Q_i}{S_i}}$$

$$=\frac{150}{165\times2.67+19.5\times15.5+150\times1.9}=0.146\text{（m}^3\text{/工日）}$$

表 6-2　某钢筋混凝土预制构件施工参数

施工过程	工程量		时间定额	
	数量	单位	数量	单位
安装模板	165	10m²	2.67	工日/10m²
绑扎钢筋	19.5	t	15.5	工日/t
浇筑混凝土	150	m³	1.90	工日/m³

该综合产量定额的意义是：每工日完成0.146m³预制构件的生产，其中包括安装模板、钢筋绑扎和浇筑混凝土等项目。

③ 工程施工中有时遇到采用新技术或特殊施工方法的分项工程，因缺乏足够的经验和可靠资料，定额手册中尚未列入，计算时可参考类似项目的定额或经过实际测算，确定临时定额。

④ 对于施工进度计划中的“其他工程”项目所需的劳动量，不必详细计算，可根据其内容和数量，并结合工地具体情况，取总劳动量的10%～20%列入。

⑤ 水、电、暖、卫和设备安装工程项目，一般不必计算劳动量和机械台班需要量，仅安排其与土建工程进度的配合关系即可。

(4) 确定各施工过程的施工天数

计算出本单位工程各分部（分项）工程的劳动量和机械台班后，就可以确定各施工过程的施工天数。施工天数的计算方法有以下两种。

① 定额计算法　根据劳动资源的配备计算施工天数。

首先确定配备在该分部（分项）工程施工的人数或机械台数，然后根据劳动量计算出施工天数。计算公式如下：

$$t=\frac{P}{Rb} \tag{6-4}$$

式中　t——完成某分部（分项）工程的施工天数；

P——完成某分部（分项）工程所需完成的劳动量或机械台班数量；

R——每班安排在某分部（分项）工程上的工人人数或机械台数；

b——每日的工作班数。

例如，某工程砌筑墙体，需要总劳动量为160个工日，每天出勤人数18人（其中技工8人、普工10人），则其施工天数为：

$$t=\frac{P}{Rb}=\frac{160}{18\times 1}=9\text{（天）}$$

每天的作业班数应根据现场施工条件、进度要求和施工需要而定。一般情况下采用一班制，因其能利用自然光照，适宜于露天和空中交叉作业，利于施工安全和施工质量。但在工期紧或其他特殊情况下（如混凝土要求连续浇筑或大型设备采用租赁方式时）可采用两班制甚至三班制。

在安排每班工人人数或机械台数时，应综合考虑各分项工程工人班组的每个工人都有足够的工作面，以充分发挥工人高效率生产，并保证施工安全；应综合考虑各分项工程在进行正常施工时，所必须满足的最低限度的工人队组人数及其合理组合（不能小于最小劳动组合），以达到最高的劳动生产率。

② 倒排计划法　根据工期要求计算施工天数。

首先根据规定的总工期和施工经验，确定各分部（分项）工程的施工时间，然后再按各分部（分项）工程需要的劳动量或机械台班数量，确定每一分部（分项）工程每个工作班所需的工人人数或机械台数。计算公式如下：

$$R=\frac{P}{tb} \tag{6-5}$$

例如，某单位工程的土方工程采用挖掘机施工，经计算共需要87个台班完成，当工期限定为8天，每日采用一班制时，则所需的挖土机台数为：

$$R=\frac{P}{tb}=\frac{87}{8\times 1}=11\text{（台）}$$

通常计算时一般先按每日一班制考虑，如果所需的工人人数或机械台数已超过施工单位现有人力、物力或工作面限制时，则应根据具体情况和条件，从技术和施工组织上采取积极的措施。如增加工作班次，最大限度地组织立体交叉平行流水施工；掺早强剂，提高混凝土的早期强度等。

在实际工作中，可根据工作面所能容纳的最多人数（即最小工作面）和现有的劳动组织来确定每天的工作人数。在安排施工工人人数和机械数量时，必须考虑以下条件。

最小劳动组合。建筑工程中的许多施工工序都不是一个人所能完成的，而必须有多人相互配合、密切合作进行。如砌筑砖墙、浇筑混凝土、搭设脚手架等，必须具有一定的劳动组合时才能顺利完成，才能产生较高的生产效率。如果人数过少或比例不当，都将引起劳动生产率的下降。最小劳动组合是指某一个施工过程要进行正常施工所必需的最少人数及其合理组合。

最小工作面。所谓工作面是指工作对象上可能安排工人和布置机械的地段，用以反映施工过程在空间布置的可能性。每一个或一个班组施工时，都需要足够的工作面才能开展施工活动，确保施工质量和施工安全。因此，在安排施工人数和施工机具时，不能为了缩短施工工期而无限制地增加工人人数和施工机具，这种做法势必造成工作面不足而产生窝工现象，甚至发生工程安全事故。保证正常施工、安全作业所必需的最小空间，称为最小工作面。最小工作面决定了安排施工人数和机具数量的最大限度。如果按最小工作面安排施工人数和施工机具后，施工工期仍不能满足最短工期要求，可通过组织两班制、三班制施工来解决。

最佳劳动组合。根据某分部（分项）工程的实际和劳动组合的要求，在最少必需人数和最多可能人数的范围内，安排工人人数，使之达到最大的劳动生产率，这种劳动组合称为最佳劳动组合。最佳劳动组合一定要结合工程特点、企业施工力量、管理水平及原劳动组合对此的适应性，切不可教条主义。

（5）编制单位工程施工进度计划的初始方案

编制单位工程施工进度计划时，必须考虑各分部（分项）工程的合理施工顺序，尽可能组织流水施工。首先确定主导施工过程的施工进度，使主导施工过程连续施工，其余施工过程应予以配合，服从主导施工过程的进度要求。具体方法如下所述。

① 划分工程的主要施工阶段（分部工程）并组织流水施工。首先安排其中主导施工过程的施工进度，使其尽可能连续施工，其他穿插性的施工过程尽可能与主导施工过程配合、穿插、搭接或平行作业。如砖混结构房屋中的主导施工过程为砌筑和楼板安装，其他的均为穿插性施工过程；现浇钢筋混凝土框架结构施工中，框架施工为主导施工过程，应首先安排其施工进度，即框架柱梁板立模、扎钢筋、浇筑混凝土等主要分项工程的施工进度，然后安排其他施工过程的施工进度。

② 按照工艺的合理性和施工顺序，尽量采用穿插、搭接或平行作业方法，将各施工阶段（分部工程）的流水作业图最大限度地搭接起来，组成单位工程施工进度计划的初始方案。

当采用横道图施工进度计划时，应尽可能地组织流水施工。但将整个单位工程一起安排流水施工是不可能的，可分两步进行：首先将单位工程分成基础、主体、装饰三个分部工程，分别确定各个分部工程的流水施工进度计划（横道图）；再将三个分部工程的横道图相互协调、搭接成单位工程的施工进度计划。

当采用网络图计划时，有以下两种安排方式。

一是单位工程规模较小时，可绘制一个详细的网络计划，确定方法和步骤与横道图相

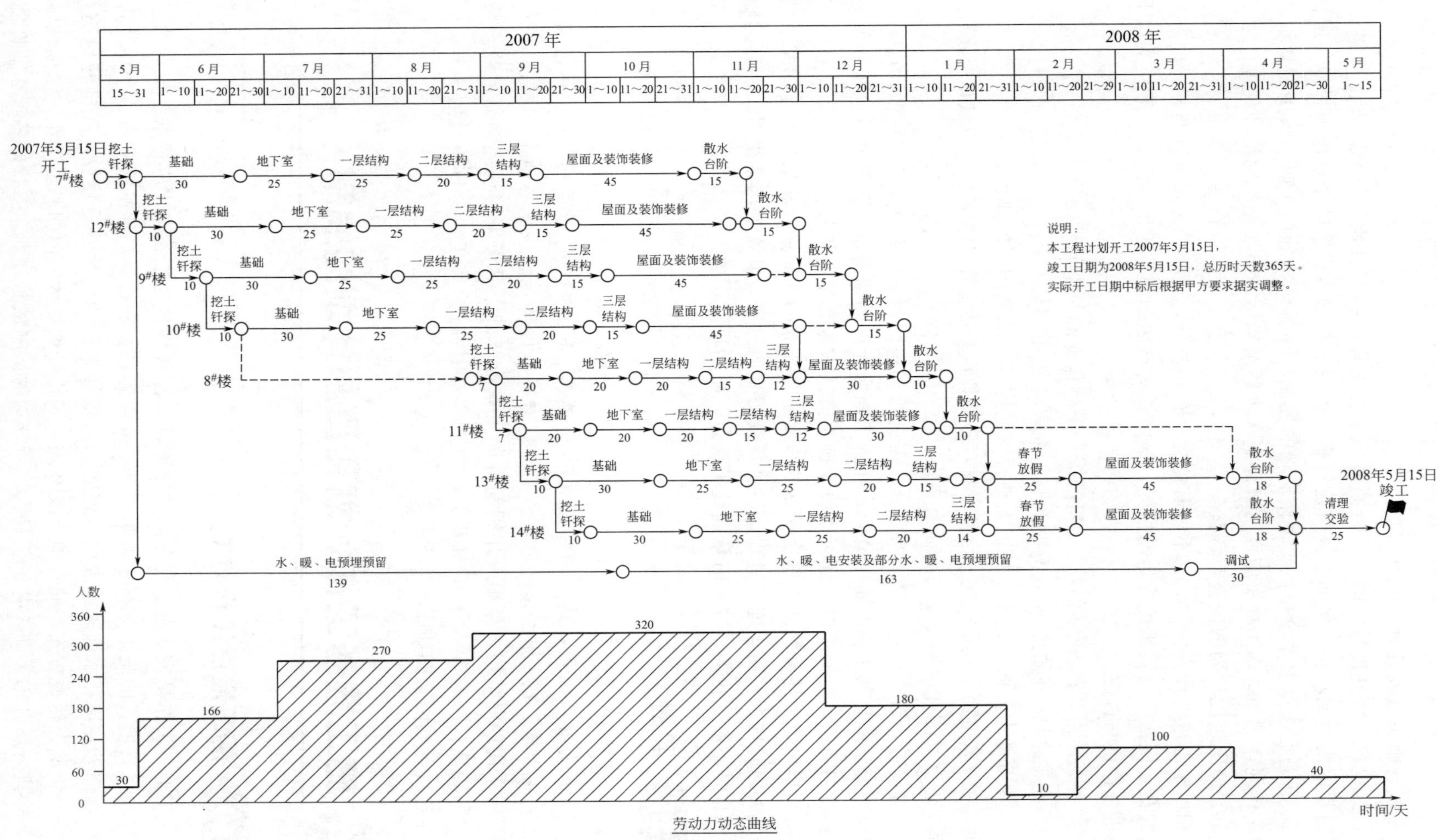

图 6-9　某工程施工进度计划网络图

同。先绘制各分部工程的子网络计划，再用节点或虚工作将各分部工程的子网络计划连接成单位工程的施工进度计划。

二是单位工程规模较大时，先绘制整个单位工程的控制性网络计划。在此网络计划中，施工过程的内容比较粗（例如在高层建筑施工上，一根箭线代表整个基础工程或一层框架结构的施工），它主要对整个单位工程作宏观的控制；在具体指导施工时，再编制详细的实施性网络计划，例如基本工程实施性网络计划，主体结构标准层实施性网络计划等。

（6）施工进度计划的检查与调整

初始施工进度计划编制后，不可避免会存在一些不足之处，必须进行调整。检查与调整的目的在于使初始方案满足规定的目标，确定相对理想的施工进度计划。一般应从以下几个方面进行检查与调整：

① 各施工过程的施工顺序、互相搭接、平行作业和技术间歇是否合理。

② 施工进度计划的初始方案中工期是否满足要求。

③ 在劳动力方面，主要工种工人是否满足连续、均衡施工的要求。

④ 在物资方面，主要机械、设备、材料等的使用是否基本均衡，施工机械是否充分利用。

⑤ 进度计划在绘制过程中是否有错误。

经过检查，对于不符合要求的部分，需进行调整。对施工进度计划调整的方法一般有：增加或缩短某些分项工程的施工时间；在施工顺序允许的情况下，将某些分项工程的施工时间向前或向后移动；必要时，还可以改变施工方法或施工组织措施。

应当指出，上述编制施工进度计划的步骤不是孤立的，而是互相依赖、互相联系的，有的还交叉同时进行。由于施工过程是一个复杂的生产过程，其影响因素很多，制订的施工进度计划也是不断变化的，应随时掌握施工动态，不断进行调整。

6.5.5 实例

【工程背景】 某工程为×××单位一期生活设施，位于×××市高新区×××大街西侧，该工程为群体工程，其中四标段（$7^{\#}$甲乙楼、$8^{\#}$楼、$9^{\#}$甲乙楼、$10^{\#}$甲乙楼、$11^{\#}$楼、$12^{\#}$甲乙楼、$13^{\#}$甲乙楼、$14^{\#}$楼工程）由某单位承包。该工程地上三层，地下一层；结构形式采用砖混结构；基础采用钢筋混凝土条形基础，梁板采用现浇钢筋混凝土梁板结构。合同工期：2007 年 5 月 15 日开工，2008 年 5 月 15 日竣工。总日历天数 365 天。该工程施工进度计划网络图如图 6-9 所示。

6.6 施工准备工作计划和资源计划的编制

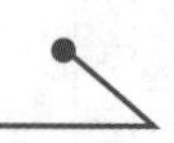

6.6.1 施工准备工作计划

施工准备工作是完成施工任务的重要保证。全场性施工准备工作应根据已拟订的工程开展程序和主要项目的施工方案来编制，其主要内容是：安排好场地平整方案、全场性排水及防洪、场内外运输、水电来源及引入方案，安排好生产和生活基地建设，安排好建筑材料、构件等的货源、运输方式、储存地点及方式，安排好现场区域内的测量工作、永久性标志的设置，安排好新技术、新工艺、新材料、新结构的试制试验计划，安排好各项季节性施工的准备工作，安排好施工人员的培训工作等。

在制订准备工作计划时，应确定各项工作的要求、完成时间及有关的责任人，使准备工作有计划、有步骤、分阶段地进行。

其表格形式见表6-3。

表6-3　施工准备工作计划表

序号	施工准备项目	简要内容	负责单位	负责人	开始日期	完成日期	备注
1	人员准备						
2	材料准备						
…	…						

6.6.2　资源需要量计划

单位工程施工进度计划编制完成后，可以着手编制各项资源需要量计划，这是确定施工现场的临时设施、按计划供应材料、配备劳动力、调动施工机械，以保证施工按计划顺利进行的主要依据。

(1) 劳动力需要量计划

劳动力需要量计划，主要是作为安排劳动力的平衡、调配和衡量劳动力耗用指标、安排生活和福利设施的依据。其编制方法是将单位工程施工进度计划表内所列的各施工过程每天(或旬、月)所需工人人数按工种汇总而得。其表格形式如表6-4所示。

表6-4　劳动力需要量计划表

序号	工程名称	工种名称	需要量/工日	×月份						
				1	2	3	4	5	6	…

(2) 主要材料需要量计划

主要材料需要量计划，是材料备料、计划供料和确定仓库、堆场面积及组织运输的依据。其编制方法是根据施工预算的工料分析表、施工进度计划表、材料的储备量和消耗定额，将施工中所需材料按品种、规格、数量、使用时间计算汇总而得。其表格形式如表6-5所示。

表6-5　主要材料需要量计划表

序号	材料名称	规格	需要量		供应时间	备注
			单位	数量		

对于某分部(分项)工程是由多种材料组成时，应对各种不同材料分类计算。如混凝土工程应变换成水泥、砂、石、外加剂和水的数量分别列入表格。

(3) 构件和半成品需要量计划

编制构件、配件和其他量计划半成品的需要量计划，主要用于落实加工订货单位，并按照所需规格、数量、时间，做好组织加工、运输和确定仓库或堆场等工作，可根据图和施工进度计划编制。表格形式如表 6-6 所示。

表 6-6　构件和半成品需要量计划表

序号	品名	规格	图号	需要量		使用部位	加工单位	供应日期	备注
				单位	数量				

（4）施工机械需要量计划

编制施工机械需要量计划，主要用于确定施工机械的类型、数量、进场时间，并可据此落实施工机具的来源，以便及时组织进场。其编制方法是将单位工程施工进度计划表中的每一个施工过程，每天施工所需的机械类型、数量和施工时间进行汇总，便得到施工机械需要量计划。其表格形式如表 6-7 所示。

表 6-7　施工机械需要量计划表

序号	机械名称	型号	需要量		货源	使用起止时间	备注
			单位	数量			

6.7 制订技术措施与技术经济分析

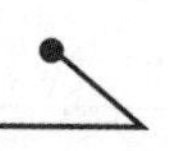

6.7.1 技术与组织措施的制订

技术与组织措施是建筑安装企业的施工组织设计的一个重要组成部分，它的目的是通过技术与组织措施确保工程的进度、质量和投资目标。

技术措施主要包括质量措施、安全措施、进度措施、降低成本措施、季节性施工措施和文明施工措施等，其主要项目如：怎样提高项目施工的机械化程度；采用先进的施工技术方法；选用简单的施工工艺方法和廉价质高的建筑材料；采用先进的组织管理方法提高劳动效率；减少材料消耗，节省材料费用；确保工程质量，防止返工等。各项技术组织措施最终效果反映在加快施工进度、保证节省施工费用上。

单位工程的技术组织措施，应根据施工企业施工组织设计，结合具体工程条件，参照表 6-8逐项拟定。

表 6-8　技术组织措施计划

施工项目和内容	措施涉及的工程量		经济效果						执行单位及负责人
	单位	数量	劳动量节约/工日	降低成本额/元					
				材料费	工资	机械台班费	间接费	节约总额	

（1）质量保证措施

保证质量的主要措施如下。

① 主要材料的质量标准、检验制度、保管方法和使用要求，不合格的材料及半成品一律不准用于工程上，破损构件未经设计单位及技术部门鉴定不得使用。

② 主要工种的技术要求、质量标准和检验评定标准。如按国家施工验收规范组织施工；按建筑安装工程质量检验评定标准检查和评定工程质量；施工操作按照工艺标准执行。

③ 对施工中可能出现的技术问题或质量通病采取主动措施。

④ 认真做好自检、互检、交接检，隐蔽项目未经验收不得进行下道工序施工。

⑤ 认真组织中间检查，施工组织设计中间检查和文明施工中间检查，并做好检查验收记录。

⑥ 各分部（分项）工程施工前，应进行认真的书面交底，严格按图纸及设计变更要求施工，发现问题及时上报，以技术部门和设计单位核定后再处理。

⑦ 加强试块试样管理，按规定及时制作，取样送试。有关资料的收集要完整、准确和及时。

（2）安全保证措施

保证安全的主要措施如下。

① 严格执行各种安全操作规程，施工前要有安全交底，每周定期进行安全教育。

② 各工种工人须经安全培训和考核合格后方准进行施工作业。

③ 高空作业、主体交叉作业的安全措施。

④ 施工机械、设备、脚手架、上人电梯的安全措施。

⑤ 土方边坡的防护措施。

⑥ 防火、防爆、防坠落、防冻害、防坍塌的措施等。

（3）进度保证措施

保证进度的主要措施如下。

① 建筑进度控制目标体系，明确建设工程现场组织机构中进度控制人员及其职责分工。

② 建立工程进度报告制度及进度信息沟通网络。

③ 建立进度计划审核制度和进度计划实施中的检查分析制度；建立进度协调会议制度，包括协调会议举行的时间、地点、参加人员等；建立图纸审查、工程变更和设计变更管理制度。

④ 编制进度控制工作细则。

⑤ 采用网络计划技术及其他科学适用的计划方法，并结合电子计算机的应用，对建设工程进度实施动态控制。

（4）降低成本措施

由于建设工程的投资主要发生在施工阶段，在这一阶段需要投入大量的人力、物力、资金等，是工程项目建设费用消耗最多的时期，浪费投资的可能性比较大。所以精心地组织施工，挖掘各方面潜力，节约资源消耗，仍可以收到降低成本的明显效果。主要措施如下。

① 在项目管理班子中落实从降低成本角度进行施工跟踪的人员、任务分工和职能分工。

② 编制单位工程成本控制工作计划和详细的工作流程图。

③ 编制资金使用计划，确定、分解成本控制目标。并对成本目标进行风险分析，制订防范性对策。

④ 进行工程计量。

⑤ 在施工过程中进行成本跟踪控制，定期地进行投资实际支出值与计划目标值的比较；发现偏差，分析原因，采取纠偏措施。

⑥ 认真做好施工组织设计，对主要施工方案进行技术经济分析。

（5）文明施工措施

拟定各项技术措施时，应有针对性，具体明确，切实可行，确定专人负责并严格检查监督执行。主要措施如下。

① 及时清理施工垃圾，施工垃圾应集中堆放，及时清运，严禁随意凌空抛撒。

② 拆除旧的装饰物时，要随时洒水，减少扬尘污染。

③ 进行现场施工搅拌作业时，搅拌机前台应设置沉淀池以防污水遍地。

④ 现场施工，必须控制污水流向，污水经沉淀后，方可排入下水管道。

⑤ 施工现场注意噪声的控制，应制订降噪制度和措施。

6.7.2 技术经济指标分析

任何一个分部（分项）工程，都会有多种施工方案，技术经济分析的目的，就是论证施工组织设计在技术上是否先进、经济上是否合理。通过计算、分析比较，从诸多施工方案中选出一个工期短、质量好、材料省、劳动力安排合理、工程成本低的最优方案，为不断改进施工组织设计提供信息，为施工企业提高经济效益、加强企业竞争能力提供途径。对施工方案进行技术经济分析，是选择最优施工方案的重要环节之一，对不断提高建筑业技术、组织和管理水平，提高基本建设投资效益大有益处。

（1）技术经济分析的基本要求

技术经济分析的基本要求有以下几个方面。

全面分析。对施工技术方法、组织手段和经济效果进行分析，对施工具体环节及全过程进行分析。

做技术经济分析时应重点抓住“一案、一图、一表”三大重点。即施工方案、施工平面图和施工进度表，并以此建立技术经济分析指标体系。

在做技术经济分析时，要灵活运用定性方法和有针对性的定量方法。在做定量分析时，应针对主要指标、辅助指标和综合指标区别对待。

技术经济分析应以设计方案的要求、有关国家规定及工程实际需要为依据。

（2）技术经济分析的重点

技术经济分析应围绕质量、工期、成本三个主要方面，即在保证质量的前提下，使工期合理，费用最少，效益最好。单位工程施工组织设计的技术经济分析重点是工期、质量、成本、劳动力安排、场地占用、临时设施、节约材料、新技术、新设备、新材料、新工艺的采用，但是在进行单位工程施工组织设计时，要针对不同的设计内容有不同的技术经济分析重点，如：基本工程以土方工程、现浇钢筋混凝土施工、打桩、排水和降水、土坡支护为重点。结构工程以垂直运输机械选择、划分流水施工段组织流水施工、现浇钢筋混凝土工程（钢筋工程、模板工程、混凝土工程）、脚手架选用、特殊分项工程的施工技术措施及各项组织措施为重点。

装饰阶段应以安排合理的施工顺序，保证工程质量，组织流水施工，节省材料，缩短工期为重点。

（3）技术经济分析的方法

有定性分析和定量分析两种方法。

定性分析是结合工程实际经验，对每一个施工方案的优缺点进行分析比较，主要考虑：工期是否符合要求，技术上是否先进可行，施工操作上的难易程度，施工安全可靠性如何，劳动力和施工机械能否满足，保证工程质量措施是否完善可靠，是否能充分发挥施工机械的作用，为后续工程提供有利施工的可能性，能否为现场文明施工创造有利条件，对冬雨季施工带来的困难等等。评价时受评价人的主观因素影响较大，因此只用于施工方案的初步评价。

定量分析是通过计算各施工方案中的主要技术经济指标，进行综合分析比较，从中选择技术经济指标最优的方案。由于定量分析是直接进行计算、对比，用数据说话，因此比较客观，是方案评价的主要方法。

(4) 技术经济分析指标

单位工程施工方案的主要技术经济分析指标有：单位面积建筑造价、降低成本指标、施工机械化程度、单位面积劳动消耗量、工期指标；另外还包括质量指标、安全指标、三大材料节约指标、劳动生产率指标等。

① 工期指标　工期是从施工准备工作开始到产品交付用户所经历的时间。它反映国家一定时期的和当地的生产力水平。选择某种施工方案时，在确保工程质量和安全施工的前提下，应当把缩短工期放在首要位置来考虑。工期长短不仅严重影响着企业的经济效益，而且也涉及建筑工程能否及早发挥用。在考虑工期指标时，要把上级的指令工期、建设单位要求的工期和工程承包协议中的合同工期有机地结合起来，根据施工企业的实际情况，确定一个合理的工期指标，作为施工企业在施工进度方面的努力方向，并与国家规定的工期或建设地区同类型建筑物的平均工期进行比较。

② 单位面积建筑造价　建筑造价是建筑产品一次性的综合货币指标，其内容包括人工、材料、机械费用和施工管理费等。为了正确评价施工方案的经济合理性，在计算单位面积建筑造价时，应采用实际的施工造价。

$$单位面积建筑造价=建筑实际总造价/建筑总面积(元/m^2) \tag{6-6}$$

③ 降低成本指标　降低成本指标是工程经济中的一个重要指标，它综合反映了工程项目或分部工程由于采用施工方案不同，而产生不同的经济效果。其指标可采用降低成本额或降低成本率表示。

$$降低成本额=预算成本-计划成本 \tag{6-7}$$

$$降低成本率=降低成本额/预算成本\times100\% \tag{6-8}$$

预算成本是根据施工图按预算价格计算的成本。计划成本是按采用的施工方案所确定的施工成本。

④ 施工机械化程度　提高施工机械化程度是建筑施工的发展趋势。根据中国的国情，采用土洋结合、积极扩大机械化施工范围，是施工企业努力的方向。在工程招投标中，也是衡量施工企业竞争实力的主要指标之一。

$$施工机械化程度=机械完成的实物量/工程全部实物量\times100\% \tag{6-9}$$

⑤ 单位面积劳动消耗量　是指完成单位工程合格产品所消耗的活劳动。它包括完成该工程所有施工过程主要工种、辅助工种及准备工作的全部劳动。单位面积劳动消耗量的高低，标志着施工企业的技术水平和管理水平，也是企业经济效益好坏的主要指标。其中劳动工日数包括主要工种用工、辅助用工和准备工作用工。

$$单位面积劳动消耗量=完成该工程的全部劳动工日数/总建筑面积(工日/m^2) \tag{6-10}$$

⑥ 劳动生产率　劳动生产率标志一个单位在一定时间内平均每人所完成的产品数量或

价值的能力，反映了一个单位（单位、行业、地区、国家等）的生产技术水平和管理水平。具体有以下两种表达形式。

实物数量法：

全员劳动生产率＝折合全年自行完成建筑面积总数/折合全年在职人员平均人数(m^2/人年均)　　(6-11)

货币人价值法：

全员劳动生产率＝折合全年自行完成建筑安装投资总数/折合全年在职人员平均人数(元/人年均)　　(6-12)

不同的施工方案进行技术经济指标比较，往往会出现某些指标较好，而另一些指标较差，所以评价或选择某一种施工方案不能只看某一项指标，应当根据具体的施工条件和施工对象，实事求是地、客观地进行分析，从中选出最佳方案。

6.8 单位工程施工组织设计实例

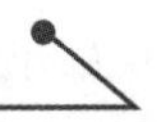

6.8.1 混凝土结构房屋单位工程施工组织设计实例

1　编制依据

① ×××经济适用住房1号、2号、3号楼施工图纸及会审纪录。

② ×××经济适用住房1号、2号、3号楼工程施工合同。

③ 现行的有关国家和军队施工质量验收规范、操作技术规程、施工工艺标准；标准图集、国家及地方法规、条例。

④ 遵照企业的《质量/环境/职业健康安全管理体系文件》HBEJ/QESM-A（A版）。

⑤ 同类工程施工经验。

2　工程概况

本工程为×××经济适用住房工程，位于×××市×××路×××号，混凝土结构，1号、2号楼地下一层，地上四层、局部五层，建筑面积826.72m^2，建筑物长12.1m，总宽11.0m，建筑物高度为16m，3号楼地下一层，地上五层、局部六层，建筑面积4037.30m^2，建筑物总长52.7m，总宽12.8m，建筑物高17.80m。

建筑物结构设计使用年限为50年，结构安全等级为二级，抗震设防为丙类建筑。

2.1　建筑设计

1号、2号楼为军职楼，层高：地下室为2.5m，一～四层为3.3m，五层为2.7m。

3号楼为师职楼，层高：地下室为3.25m，一～五层为3.2m，六层为3.3m。

外装修：一层以下为外墙砖，以上大部分为干粘石，少部分为抹灰刷涂料。

内装修：内墙面、顶棚做法：1号、2号楼的地下室、卧室、客厅、门厅、储藏室、活动室、楼梯间及3号楼的地下室、卧室、客厅为抹灰刷涂料。1号、2号楼卫生间及3号楼阳台、卫生间为贴砖。地面做法：1号、2号楼卧室、门厅、储藏室、活动室、楼梯间及3号楼卧室、客厅、楼梯间为花岗岩，1号、2号楼的卫生间及3号楼卫生间及阳台为地砖。

本工程外门窗为塑钢门窗，内门为木门。

屋面做法：1号、2号楼屋面保温为60厚聚苯板，3号楼屋面保温为60厚聚苯板和180厚水泥蛭石，防水层均为高聚物改性沥青卷材。

2.2 结构设计

本工程地基采用夯实水泥土桩处理，桩长大于5m，伸入第四层土细砂层，基础形式：1号、2号楼为钢筋混凝土条形基础，3号楼大部分为钢筋混凝土条形基础，少部分为柱下独立基础。基底标高为－3.5m，100厚素混凝土垫层。墙体材料：±0.000以下为烧结实心砖。水泥砂浆砌筑，±0.000以上为烧结多孔砖。混合砂浆砌筑。混凝土标号：垫层为C10，室内混凝土全部采用C25，室外楼梯、雨篷、挑沿等采用C30。

2.3 给排水设计

本工程给排水工程包括冷水、热水、太阳能、污水排水及冷凝水排水。

给水系统水源来自院内清水池及加压泵房，院内室外管网输送。1号、2号楼在北面引入地下室，在楼梯道处设立管及水表分供各层各户；3号楼由南面分两个单元引入地下室，在楼梯处设分户水表供各层各户。1号、2号楼为跃层设计，每户下层一厨一卫，一个洗漱间，上层为两个卫生间，3号楼一梯两户，每户一厨两卫，一个洗漱间。

2.4 采暖设计

本工程采暖系统采用一户一表并联形式。热表集中设于楼梯间，每户设有切断阀，户内散热器设有调温阀。1号、2号楼跃层结构采用上供下回式，3号楼户内采用双管上供上回，散热器选用TZY3-6-6柱翼型，窗下半暗装，墙上明装。

2.5 电气设计

(1) 强电系统

强电系统包括配电及照明系统、防雷接地系统。

供电电源380V/220V，进线采用VV22型电缆埋地引至总配电箱，接地保护采用TN-S系统。

照明管线暗敷于墙、板内，各类不同用途导线按有关规范采用不同颜色以示区分。

(2) 弱电系统

弱电系统包括电话通信系统、有线电视系统、网络系统、对讲系统。电话通信系统进线采用HYA型电缆暗敷，支线采用RVB型导线暗敷。

3 施工部署及施工准备工作

3.1 工程目标

质量目标：合格，确保省优。

工期目标：2004年7月1日开工，2005年1月10日竣工。总日历天数194天。比要求工期提前5天。

安全、文明施工目标：杜绝重大伤亡和机械事故，轻伤频率控制15‰以内。

3.2 施工组织

根据我公司项目管理制度和GB/T 50326—2001《建设工程项目管理规范》要求。组建强有力的项目经理部，负责对本工程的进度、质量、成本、安全等工作进行全面管理，保证工程目标的实现。

结合本工程的特点，选派具有项目经理资质证书的人员担任本工程的项目经理。抽调技术精干、能力强、素质高的人员组成项目经理部。

3.3 施工准备

(1) 现场准备

按施工平面布置图安排临建设施，机械设备，材料堆放场地，布置并硬化施工道路。

进入现场后及时了解并掌握现场情况，紧密配合建设单位做好水准点和红线的移交。

积极协调有关市政、规划、市容、环保、卫生、交通、治安等部门的关系，办理相关手续。

按施工进度计划安排，积极组织合格的材料设备进场。

按照施工平面布置图要求布置临水及临电线路。

(2) 技术准备

签订合同后，组建项目经理部，并制订落实项目技术管理制度。

收到图纸后，项目工程师及时组织有关人员进行详细的图纸审阅和分析，了解设计意图和设计要求，取得相关的技术资料、规范、规程和标准等，并及时与建设单位、设计单位、监理单位联系进行图纸会审。

依据我公司质量管理体系、环境和职业健康安全管理体系文件标准，针对工程特点及施工进度计划安排，编制项目施工阶段的施工组织设计（包括项目质量保证计划）。

根据工程特点及目标要求，确定关键过程和特殊过程，并编制相应的作业指导书。

根据施工队伍特点，结合施工要求编制项目技术交底计划。

(3) 物资、机械设备、周转工具准备

① 物资准备 对应用于工程中的物资，制订物资采购计划和物资进场抽样检验计划，编制详细的物资准备计划，包括物资名称、数量、分批进场时间。并按进度计划准备充足，安排采购合格的原材料，按时组织进场，以保证施工的顺利进行。

② 施工机械准备

垂直运输设备：现场将设置一台塔吊、三台建筑升降机，分别用于主体和装饰施工阶段钢筋、模板、架管、砌体、砂浆等材料的垂直运输。设置三台混凝土输送泵和布料杆用于混凝土的垂直水平运输。

钢筋加工机械：现场设置钢筋弯曲机、钢筋调直机、钢筋切断机用于基础与主体施工阶段钢筋的加工操作。

设两台JS350搅拌机用于砌筑及装修砂浆搅拌。

③ 周转工具准备

梁板模板支撑：采用竹胶合板、木方和钢管架支撑组成的模板体系，备两层的顶模，一层的梁侧模。

构造柱模板：采用钢模板。

(4) 作业队伍的准备

根据工程特点及施工进度安排，准备技术精湛、工作认真负责的专业班组。所有班组上岗前，均先由项目技术、质量、安全等方面负责人结合工程特点做好详细的交底。

(5) 资金准备

为保证工程按施工进度计划正常进行，应设立专门的账户，负责本工程的资金调度，并预拨一定资金，作为项目启动资金，保证施工顺利进行。

3.4 施工安排

进场后先进行临水、临电、办公及施工现场道路的设计施工。

基础及地下室、主体结构施工时，1号、2号、3号楼同时施工。

装饰装修工程在1号、2号、3号楼楼层间形成平行施工。施工时遵循先上后下，先湿作业后干作业，先内后外的原则进行。

各专业安装工程随土建工程进度插入施工，互相协调配备。

4　施工方案及主要技术措施

4.1　测量工程

根据工程特点及现场情况，项目经理部配备专业测量人员，在项目工程师的领导下编制测量作业指导书，并按照测量作业指导书要求负责进行整个工程的测量与放线及检查验收工作。

(1) 测量仪器配备

所有用于本工程的测量仪器设备均需依照 ISO 9000 质量体系管理文件中《监视和测量装置管理规定》的要求，经有关部门检定合格，并处在检定有效期内，方可使用。使用过程中还必须定期进行校验，以保证仪器精确度。拟用于本工程的测量仪器设备见例表 1。

例表 1　拟用于本工程的测量仪器设备

仪器名称	规格、型号	数量
激光经纬仪	DJJZ-2	1 台
水准仪	S3	2 台
钢尺	50m	3 把
塔尺	5m	2 个

(2) ±0.00 标高控制

±0.00 标高及楼层标高引测，根据规划及建设单位提供的道路红线及相对高程，依此设置测量控制桩、水平基准点。用水准仪及塔尺将标高引测到围墙和永久建筑物上，用红漆作标志。由控制桩将±0.00 标高引测到构造柱及楼梯间，用钢尺沿外墙、楼梯向上垂直测量，向上引测点 3 处，以起始标高线为依据，向上量至施工部位。

① 基槽抄平　根据地面上的标高控制点，在地面上支设水准仪，在基槽四周钉水平木桩，使木桩的上表面距槽底的设计标高为一固定值。木桩间距一般 3～4m，然后将水准仪支于基坑内，校测四周木桩的标高，当误差在±5mm 以下时，则满足要求。此桩即为清槽标高控制桩。

② 轴线控制　根据建设单位提供的方格网坐标或其他定位依据，依此用经纬仪测出南、北、东、西各轴线，各方向轴线不少于 2 条，将轴线控制桩引测到边坡之外，用混凝土浇筑牢，作为每层引测依据。

用经纬仪向上投测轴线时，把经纬仪安置到控制桩上，后视墙底部的轴线标点，用正倒镜取中的方法，将轴线投到上层楼板边缘。当各轴线投到楼板上之后，用钢尺实量其间距作为校核，其相对误差不得大于 1/2000，经校核合格后，方可分测其他轴线。

建筑物的高程控制点与平面控制网点布置在同一桩点，从而保证建筑物旁有 2～3 个高程控制点，以便向各施工部位引测标高时进行闭合水准路线校核。

垫层施工完成后，依据建筑物控制网向垫层上投测建筑物外廓主轴线，投测前应先核对建筑物控制网点是否有变动，投测宜采用纵横交汇法，投测后在垫层上校核轴线间距、轴线夹角及对角线尺寸，允许误差±15mm，对角线尺寸误差为边误差的 1.41 倍，外轴线间的夹角的允许误差为 $1'$。高程控制可采用悬挂钢尺法，用水准仪测放，由基坑上的高程控制点直接引测，以便减少测站数，提高引测精度，但应注意悬挂标准重物和进行钢尺的尺长和温度改正。

(3) 结构施工测量放线

施工至首层楼板时，将建筑物控制点由室外引至室内，首层楼板混凝土浇筑后，依据建筑物控制网测设外控点。外控点应组成闭合图形，布设方案应提交监理审批。在各楼层或施工段上形成闭合图形，投测后必须校核边长和夹角。

高程控制应由首层标高控制线向上引测，每次引测均应由首层开始垂直向上用钢尺量距，用水准仪抄平，同样要注意悬挂标准重物，并进行尺长和温度改正，每次引测还应由首层三个不同地方向上引测，然后在同层进行闭合校核，校核无误后进行闭合调整，经监理工程师验收后方可使用。标高引测时应注意层高和全高误差的控制，层高允许误差±3mm，全高±20mm。

(4) 装修阶段的测量放线

装修工程施工前，应对已完成的结构进行全面的测量，并将数据提交装修放样人员，以便依据实际结构情况进行放样工作。

装修施工的放线应依据结构控制线施测，对地面、墙面、屋面装饰测量基线应一致，用水平管引测控制。

4.2 土方工程

(1) 土方开挖

本工程基底标高－3.5m，基槽开挖采用三台WY100反铲挖掘机进行土方大开挖，严格控制开挖深度，基底应留100mm厚余土人工清槽，同时加强水准点的测量，确保标高正确，严禁超挖。挖土时自卸汽车配合运土，余土至指定地点。基槽开挖时应注意边坡稳定，施工期间基槽及边坡严禁浸水，基槽附近严禁堆载。

(2) 地基处理

根据本工程现场地质条件，采用水泥土桩进行地基处理，处理至第四层细砂层，桩长大于5m，处理后复合地基承载力特征值符合设计要求。

成孔采用洛阳铲，夯实用偏心轮夹杆式夯实机。水泥采用强度等级32.5的普通硅酸盐水泥，要求新鲜无结块；土料应采用不含杂物，有机质含量不大于8%的黏性土，并过20mm孔筛。水泥土拌合料配比为1：7（体积比）。

施工工艺方法要点如下所示。

施工前应在现场进行成孔、夯填工艺和挤密效果试验，以确定分层填料厚度、夯击次数和夯实后桩体干密度要求。

夯实水泥土桩的工艺流程：场地平整→测量放线→基坑开挖→布置桩位→第一批桩梅花形成孔→水泥、土料拌合→填料并夯实→剩余桩成孔→水泥、土料拌合→填料并夯实→养护→检测→铺设灰土褥垫层。

按设计顺序定位放线，严格布置桩孔，并记录布桩的根数，以防止遗漏。

采用人工洛阳铲成孔时，按梅花形布置进行并及时成桩，以避免大面积成孔后再成桩，由于夯机自重和夯锤的冲击，地表水灌入孔内而造成塌孔。

回填拌合料配合比应用量斗计量准确，拌合均匀；含水量控制应以手握成团，落地散开为宜。

向孔内填料前，先夯实孔底，采用二夯一填的连续成桩工艺。每根桩要求一气呵成，不得中断，防止出现松填或漏填现象。桩身密实度要求成桩1h后，击数不小于30击，用轻便触探检查“检定击数”。

地基处理完毕后，应由有资质的检测单位检测合格，符合设计要求，确认合格后方可进行下一步施工。

(3) 土方回填

填土前应将基坑底或地坪上的垃圾等杂物清理干净。室外回填土的时间应在地上一层楼板的混凝土强度达到设计要求后进行，且施工中不得沿地下室外墙周边堆载，回填时须清除坑内回填土中的杂物，然后在基础两侧或四周同时对称分层夯实回填。

检验回填土内有无杂物，粒径是否符合规定，含水量是否在控制的范围内。如含水量偏高，可采用翻松、晾晒和均匀掺入干土等措施；如遇回填土的含水量偏低，可采用预先洒水润湿等措施。回填土尽量用黏性土，压实系数应大于0.96。

室内外回填土应分层铺摊，每层铺土厚度应根据土质、密实度要求和机具性能确定。一般蛙式打夯机每层铺土厚度为200～250mm；人工打夯不大于200mm。每层铺摊后，随之耙平。

回填土每层至少夯打三遍。打夯应一夯压半夯，夯夯相接，行行相连，纵横交叉。

基坑回填应在相对两侧或四周同时进行。

回填管沟时，为防止管沟中心线位移或损坏管沟，应用人工先在管子两侧填土夯实；并应由管道两侧同时进行，直至管顶0.5m以上时，在不损坏管道的情况下，方可采用蛙式打夯机夯实。

每层填土夯实后，应按规范规定进行环刀取样，测出干土的质量密度，达到要求后，再进行上一层的铺土。

填土全部完成后，应进行表面拉线找平，对超过设计标高的地方，补土夯实。

4.3 基础及地下室工程

本工程基础为钢筋混凝土条形基础，极少数为柱下独立基础。地下室为普通黏土砖墙、现浇钢筋混凝土顶板。

(1) 基础垫层

本工程采用100mm厚C10的素混凝土垫层。

待基础轴线尺寸、基底标高经验收合格办完隐检手续后，测放人员及时标定100mm厚素混凝土垫层上平的标高控制块，采用组合钢模板支设垫层侧模。垫层混凝土浇筑前先检查垫层的尺寸及形状是否正确、模板支撑是否牢固。浇筑垫层混凝土时，派专人随时抽查混凝土的质量情况。混凝土表面用尺杆满刮，随后用木抹子搓平压光，覆盖塑料薄膜进行养护，并及时取样，留好试块。

(2) 基础工程

垫层达到一定强度后，在其上划线支模，铺放钢筋网片。上下部垂直钢筋绑扎牢，并将钢筋弯钩朝上，连接柱的插筋，下端用90°弯钩与基础钢筋绑扎牢固，按轴线位置校核后用架管成井字形，将插筋固定在基础外模板上，底部钢筋网片应用与混凝土保护层同厚度的水泥砂浆垫块垫塞，以保证位置正确。

基础采用组合钢模板，钢架管加扣件支撑体系，必须保证模板的刚度和强度，支撑体系必须牢固、稳定，支模板前按梁截面尺寸进行拼模，做到拆装简便，周转次数尽量多，同时也要满足吊装和搬运的要求。

浇筑混凝土前，模板、钢筋上的垃圾、泥土和钢筋上的油污等杂物，应清除干净。模板应浇水湿润。

浇柱下基础时，特别注意柱插筋位置的正确，防止造成位移和倾斜。在浇筑开始时，先满铺一层5～10cm厚的混凝土，并捣实，使柱子插筋下段和钢筋网片的位置固定，然后再对称浇筑。

基础混凝土宜分层连续浇筑完成。表面应随即原浆抹平。

基础应根据高度分段、分层连续浇筑，一般不留施工缝，各段、各层间应相互衔接，每段长 2～3m，做到逐段、逐层呈阶梯形推进。浇筑时，应先使混凝土充满模板内边角，然后浇筑中间部分，以保证混凝土密实。

基础上的插筋，要加以固定，保证插筋位置的正确，防止浇捣混凝土时发生移位。

混凝土浇筑完毕，外露表面应覆盖浇水养护。

(3) 地下室防水

本工程地下室墙面采用聚氨酯涂膜防水层。

聚氨酯涂膜施工前，应检查基层情况，其表面应坚实、清洁、平整，不得有凸出的尖角、凹坑以及掉皮起砂，基层含水率应小于 8%。

涂膜大面积施工前，应在穿墙的孔洞、管根部、阴阳角等薄弱部位用玻璃纤维布加设附加层，待附加层硬化后再进行大面积涂刷。施工时涂膜应分涂多遍完成，每遍宜薄不宜厚，且应使涂层均匀，后遍涂层必须待前遍涂层彻底干燥后进行。在进行每遍涂刷时，要交替改变涂刷方向，同层涂膜的先后搭茬应≥50mm。

4.4 主体工程

(1) 施工顺序

抄平放线→立皮数杆→构造柱钢筋绑扎→砌砖→构造柱模板→构造柱混凝土→梁、板、楼梯支模→梁、板、楼梯钢筋绑扎→浇梁、板、楼梯混凝土→养护→拆模。

(2) 钢筋工程

本工程钢筋采用 HPB235 级 (Φ) 和 HRB335 级 (Φ)，其中 HPB235 级钢筋锚固长度为 $30d$，搭接长度为 $36d$；HRB335 级钢筋锚固长度为 $35d$，搭接长度为 $42d$。板中留洞小于 300mm 时，板内钢筋需绕过洞口，不得切断；大于 300mm 的洞口按图施工。

① 构造柱钢筋　构造柱筋的绑扎，应在砌体砌筑前进行，箍筋的接头应交错布置在四角纵向钢筋上，箍筋转角与纵向钢筋交叉点均应扎牢，绑扎箍筋时绑扣相互间应成八字形。

钢筋保护层用砂浆垫块控制，并用绑丝将其绑扎在钢筋外部，以保证钢筋保护层厚度。钢筋绑扎后应进行检查和找正，控制好其垂直度和截面尺寸及标高。

② 梁板、楼梯钢筋　板梁交叉处板的钢筋在上，梁的钢筋在下。梁的钢筋接头应设在受压区，即梁的底筋接头放在支座上，梁的面筋接头设在跨中间，箍筋要弯成 135°。

交叉点钢筋稠密，要注意梁顶面主筋的净距不少于 30mm，以利浇筑混凝土。

楼板筋绑扎时按设计和施工规范进行，搭接、锚固长度均符合要求，绑扎好的钢筋下部垫与混凝土保护层厚度相同的水泥砂浆垫块@1000mm×1000mm，呈梅花状布置。注意预留洞等位置处绑扎加强筋。

(3) 模板工程及支撑系统

① 构造柱模板　采用组合钢模板，钢架管支撑。根据柱尺寸提前配板，柱模就位前，先将柱底基层清理干净，弹线并用砂浆找平。柱模固定采用井字架，每 500 高设一道（注意下箍要紧贴砂浆找平层），找正后扣紧，并用水平杆与内架子连成整体。圈梁支模时，在墙上留架眼，穿横架管，再用斜撑将侧模支牢。

② 楼板模板　采用竹胶合板模板。钢管立杆@1000mm，竖向设三道水平立杆，支撑系统采用钢架管，对不够模数的缝隙，可用 50mm×70mm 的木方垫。支模时，在墙上抄出 +50cm标高线，然后据此标高找平模底，以便于支模。模板支设示意图如例图 1 所示。

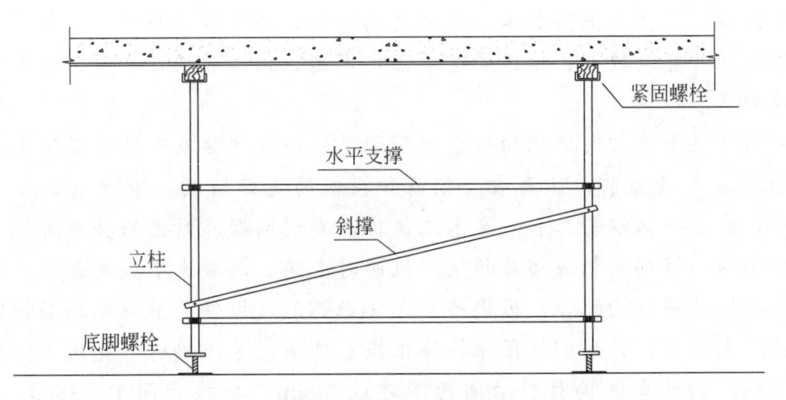

例图1 模板支撑示意

③ 楼梯模板 楼梯模板采用定型组合钢模，侧模三角部分用木模镶补，以加快施工速度。

模板安装完后，要全面检查，牢固稳定后再进行下道工序的施工。

④ 模板的拆除 梁板底模拆除时必须达到例表2规定的强度。

例表2 梁板底模拆除时必须达到的强度要求

构件类型	跨度/m	达到设计强度标准值的百分率/%
板	≤2	≥50
	>2,≤8	≥75
	>8	≥100
梁拱	≤8	≥75
	>8	≥100
悬臂		≥100

模板应优先考虑整体拆除，便于整体转移后，重新进行整体安装。

构造柱模板拆除：拆除模板支撑及井字架，然后用撬棍轻轻撬模板，使模板与混凝土脱离。

楼板、梁模板拆除：应先拆梁侧帮模，再拆除楼板模板，拆楼板模板时先拆掉水平拉杆，然后拆除支柱，每根龙骨留1～2根支柱暂不拆。

操作人员站在已拆除的空隙，拆去近旁余下的支柱，使其龙骨自由坠落。

侧模板拆除时，混凝土强度能保证其表面及棱角不因拆除模板受损坏，方可拆除。板与梁拆模强度应符合施工规范的规定。

拆下的模板及时清理粘连物，涂刷脱模剂，拆下的扣件及时集中收集管理。

拆模时严禁模板直接从高处往下扔，以防止模板变形损坏。

(4) 混凝土工程

本工程采用商品混凝土，现场每栋楼设一台混凝土输送泵，负责混凝土的垂直运输。泵送前先进行输送泵的试运转，然后送水检查泵管和布料机管道，再用水泥砂浆润滑管道，浇完后要对泵管和布料机进行清理以待后用。

混凝土浇筑前，检查坍落度是否符合要求，对于不符合要求的混凝土，不得在工程中使用。

① 混凝土输送 泵送混凝土管路的布置直接影响混凝土的效果、施工速度以及安全。

搭设过程尽可能减少弯头，采用曲率半径较大的弯头，并尽量缩短泵管，降低泵送阻力。泵送过程中，管路脉冲振动较大，输送管道要固定牢固，用钢管搭设支架，该支架必须与模板和钢筋的支撑分离。

泵送前先用与混凝土相同配比的砂浆湿润管道。浇筑完毕及时清洗混凝土泵管。

② 混凝土浇筑　浇筑前，认真检查钢筋和模板的支撑情况，进行隐蔽工程验收。浇筑混凝土过程中，安排一名钢筋工和一名木工值班，发现问题及时汇报并解决钢筋移位、模板变形和漏浆等问题。楼梯和相应楼层的梁、板同时浇筑。混凝土堆放要分散，不得太集中。

浇筑时，振捣必须密切配合，振捣棒不宜接触钢筋及埋件。节点处钢筋较密，宜用同强度等级细石混凝土浇筑，并用小直径振捣棒振捣。顶板、梁振捣时，先用振捣棒振捣，再用平板振捣器振捣。插入式振捣器移动间距不超过30cm，振捣时间10～30s。振捣要及时，不得漏振，振幅不要过大，严禁集中一处强振，应均匀振动，振好后，及时抹平，初凝前，再用木抹子抹压一遍，并加强养护，以防干裂。

构造柱应分段浇筑，每段高度不得超过2m，浇筑前底部应先填5～10cm厚与混凝土同配比的减石子砂浆。分层振捣，每层振捣厚度不大于50cm，上层振捣棒应插入下层5cm，除上面振捣外，下面要有人随时敲打模板，及时发现问题。对预埋件及预留孔洞应小心保护，防止变形移位。

楼板混凝土浇捣采用插入式振捣棒及平板振捣器振捣，并做好二次抹平工作。混凝土初凝前后各一次，以控制楼板表面的收缩裂缝。

③ 混凝土养护　现浇板混凝土抹压后，应覆盖塑料薄膜，充分养护，养护时间不少于14天。

已浇筑的混凝土强度未达到1.2N/mm^{2}以前，不得在其上踩踏或安装模板及支架。

(5) 砌筑工程

本工程±0.000以上墙体为MU10多孔黏土砖，混合砂浆砌筑，砌筑外墙为370墙，内墙240墙。砌筑前一天，要求将砖浇水湿润，其余层采用M7.5混合砂浆。砌筑前，应先将砌筑部位清理干净，放出墙身中心线及边线，以后按边线逐皮砌筑。砌墙时，370墙必须内外两侧分别挂线，砌筑砖墙宜采用“三一”砌法，一道墙可先砌两头的砖，再拉准线砌中间部分。必须留槎时，应砌成斜槎，斜槎长度不应小于高度的2/3，并按规定留设预埋筋，构造柱与墙交叉处均按规范设置拉结筋，门洞口处加放防腐木砖。做到灰缝均匀，砂浆饱满度符合要求。

4.5　屋面工程

施工前，技术人员应掌握施工图中的细部构造及有关技术要求，并编制防水工程作业指导书或技术措施。本工程屋面防水采用高聚物改性沥青卷材防水层，60mm厚聚苯板和180mm厚水泥蛭石保温层。

(1) 保温层施工

保温材料应有出厂合格证，厚度规格应一致，外形应整齐，密度、热导率、强度符合设计要求，铺设保温材料的基层经检查验收合格，方可铺设，穿过结构的管根部位，应用细石混凝土填塞密实，以使管子固定。

工艺流程：基层处理→弹线找坡→管根固定→保温层铺设→抹找平层。

分层铺设时上下两层板块缝应错开，表面两块相邻的板边厚度应一致。

屋面待保温层施工完后，应及时铺设找坡层，之后用20mm厚1∶3水泥砂浆找平。

(2) 卷材防水层施工

屋面防水层施工应待找平层充分干燥后进行施工，应先做好节点、附加层和屋面排水比较集中的部位，然后由屋面最低标高处向上施工。

严格按操作规程施工，控制保温层的含水率，严格按图纸及规范要求做排气通道和排气孔，杜绝起鼓的质量通病。

施工工艺：清理基层→基层处理剂→复杂部位的增强处理→基层胶黏剂→铺设卷材→检查验收。

基层处理剂的施涂操作方法：用长滚刷蘸满配制好的基层处理剂均匀地涂刷在基层表面上，待4h以上干燥后，方可进行下道工序的施工。

在铺贴卷材前，先做加强层，对阴阳角等部位做加强处理。

在转角及立面上，卷材应该自下而上进行铺贴。

每铺完一张卷材后，应立即用干净而松软的长把滚刷从卷材一端开始沿卷材横向用力滚压一遍，以排除黏结层之间的空气，排除空气之前不要踩踏卷材。

立面铺贴应先根据高度将卷材剪裁好，当基层与卷材表面的胶黏剂达到干燥度要求后，进行自下而上铺贴。

卷材接缝必须做附加层补强处理：大面积铺贴完毕立即用胶黏剂刷在卷材接头上，然后干燥20～30min，手感不粘手后进行黏结，用小铁滚驱除空气，然后再沿搭接缝处粘贴一条宽120mm的卷材胶条，胶条两侧用密封材料密封。

4.6 室内装饰工程

(1) 内墙面、顶棚抹灰

抹灰前必须找好规矩，即四角规方，横线找平，立线吊直，弹出准线和踢脚板线。要分层分遍抹压，每层厚度为7～8mm，待前一层凝结后方可涂抹后一层。当抹灰总厚度大于或等于35mm，应采取加强措施，并办理隐检。

两种墙面交接处，先钉300mm宽钢丝网，并办理隐检，然后抹灰。

抹灰前墙面及楼板的孔洞应先堵严，黏土砖墙的基层应进行处理或拉毛。

所有门窗洞口在阳角处做1∶2水泥砂浆护角，宽度50mm，厚度同抹灰面，高度至顶。

在混凝土面基层处理时，一定要注意用EC聚合物砂浆修补平整，而且根据立面设计要求注意与砖墙面抹灰厚度协调，避免出现墙面错台。

(2) 内墙饰面砖

施工顺序为：选砖→基层处理与抹底灰→排砖、弹线→贴标准点→垫底尺→镶贴面砖→镶贴边角→擦缝。

施工做法如下所述。

基层处理：将凸出墙面的混凝土剔平，对较光滑的混凝土墙面应凿毛，并用钢丝刷满刷，再浇水湿润或采用毛化处理方法。

吊垂直、套方、找规矩、贴灰饼：每层打底时以灰饼为基准点进行冲筋，使底灰做到横平竖直。

抹底层砂浆：底层砂浆宜分层分遍进行，第一遍厚度宜为5mm，抹后用木抹子搓平，隔天浇水养护，待第一遍六至七成干时，抹第二遍，厚度8～12mm，随即用木杠刮平，木抹子搓毛，隔天浇水养护。

弹线分格：基层达到六至七成干时，按图纸要求分段分格弹线。要求竖向每间隔两块釉面砖弹一道控制线，水平方向每间隔一块釉面砖弹一道控制线，保证釉面砖间隙均匀，符合设计要求。

排砖：根据大样图及墙面尺寸进行横竖排砖，保证釉面砖缝隙均匀，大墙面和垛子排整砖。

浸砖：釉面砖应清扫干净后放入净水中浸泡2h以上，取出待表面晾干或擦干净后使用。

粘贴釉面砖：粘贴应自上而下进行。从最下一层砖下皮的位置线先稳好靠尺，以此托住第一皮釉面砖，在釉面砖外皮上口拉水平通线，作为粘贴标准。再将门窗口及大角釉面砖粘贴，非整砖应排在次要部位或阴角处，用接缝宽度调整砖行，管件等部件应用整砖套割吻合，不得用非整砖拼凑镶贴。

(3) 地砖楼地面

将基层清理干净，表面灰浆皮要铲掉、扫净，将水平线弹在墙上或构造柱上。

冲筋后用干硬性水泥砂浆（干硬程度以手握成团，落地开花为准）铺设，厚度20mm，砂浆应拍实，用大杠刮平，要求表面平整，有排水要求的房间应找出泛水。

沿房间横纵两个方向排好尺寸，缝宽不大于1cm。当尺寸不足整块砖的模数时可裁割用于边角处；尺寸相差较小时，可调整缝隙。根据已确定的砖数和缝宽，在地面上弹横纵控制线，并严格控制好方正。

铺设地砖时从里向外沿控制线进行，每块砖应跟线。用水泥细砂浆勾缝，要求勾缝密实，缝内平整光滑，铺好地砖后，常温48h放锯末浇水养护。

4.7 门窗工程

(1) 木门安装

木门安装采用先立口工艺，门框安装后，均要裹铁皮或胶皮进行保护。待整个抹灰工程完成后，再进行门扇及五金的安装。门安装后要关闭严密，门隙均匀，开关灵活，位置正确牢固。

(2) 玻璃安装

玻璃安装前，先在玻璃底面与裁口之间，沿裁口的全长均匀涂抹1～3mm厚的底油灰，然后把玻璃铺平整，压实。最后，四边分别钉上钉子，钉子间距为150～200mm，每边不少于两个，并打腻子。

玻璃安装后应洁净，并注意成品保护。

(3) 塑钢窗

塑钢窗框的安装可采用后塞口工艺。待整个抹灰工程完成后，再进行窗框、扇及纱扇、五金的安装。在最高层窗位置找出后，分别用经纬仪将窗两侧直线打到墙上。窗框安装时，均要裹塑料布进行保护。固定后，用矿棉毡条分层填框与墙之间的缝隙，外表面留槽口填嵌缝油膏。窗与墙体之间可靠连接，窗安装后要关闭严密，间隙均匀，开关灵活，位置正确牢固。

4.8 室外装修工程

(1) 外墙面砖

面砖施工时，先自上而下打底子，打底子前要按设计要求对界面进行处理，待底子打好后，按图纸尺寸计算面砖数量，分格弹线，调整分格尺寸，尽量避免裁砖，必要时将非整砖安排在阴角处。所有阳角均要倒角，面砖应整洁，颜色一致，缝隙均匀，表面平整。

施工顺序：基层处理→吊垂直、套方→贴灰饼→抹底层砂浆→弹线分格→排砖→浸砖→铺贴面砖→勾缝与擦缝。

(2) 干粘石墙面

① 工艺流程 基层处理→吊垂直、套方、找规矩→抹灰、充筋→抹底层灰→分格弹线、

粘分格条→抹黏结层砂浆→撒石粒→拍平、修整→起条→勾缝→喷水养护。

② 操作工艺

a. 基层处理。砖墙基层处理：抹灰前需将基层上的尘土、污垢、灰尘等清除干净，并浇水均匀湿润。混凝土墙基层处理：进行凿毛处理，用钢钻子将混凝土墙面均匀凿出麻面，并将表面酥松部分剔除干净，用钢丝刷将粉尘刷掉，用清水冲洗干净，然后浇水均匀湿润。

b. 吊垂直、套方、找规矩。从顶层开始用特制大线坠吊垂直，绷铁丝找规矩，横向水平线可按楼层标高或施工＋50cm线为水平基准交圈控制。

c. 做灰饼、充筋。根据垂直线在墙面的阴阳角、窗台两侧、柱、垛等部位做灰饼，并在窗口上下弹水平线，灰饼要横竖垂直交圈。然后根据灰饼充筋。

d. 抹底层、中层砂浆。用1∶3水泥砂浆打底灰，分层抹与充筋平，用木杠刮平木抹子压实、搓毛。待终凝后浇水养护。

e. 分格弹线、粘分格条。根据设计图纸要求弹出分格线，然后粘分格条，分格条使用前要用水浸透，粘时在条两侧用素水泥浆抹成45°八字坡形，粘分格条应注意粘在所弹立线的同一侧，防止左右乱粘，出现分格不均匀。

f. 抹黏结层砂浆。为保证黏结层黏石质量，抹灰前应用水湿润墙面，黏结层厚度以所使用石子粒径确定，抹灰时如果底面湿润但有干得过快的部位应再补水湿润，然后抹黏结层。抹黏结层宜采用两遍抹成，第一道用同强度等级水泥素浆薄刮一遍，保证结合层粘牢，第二遍抹聚合物水泥砂浆。然后用靠尺测试，严格按照高刮低添的原则操作。

g. 撒石粒。当抹完黏结层后，紧跟其后一手拿装石子的托盘，一手用木拍板向黏结层甩石子，要求甩严、甩均匀，并用拖盘接着掉下来的石子，甩完后随即用铁抹子将石子均匀地拍入黏结层，石子潜入砂浆的深度应不小于粒径的1/2为宜。并应拍实、拍严。

h. 拍平、修整、处理黑边。拍平、修整要在水泥初凝前进行，先拍压边缘，而后中间，拍压要轻、重结合，均匀一致。拍压完成后，应对已粘实面层进行检查，发现阴阳角不顺直、表面不平整、黑边等问题，及时处理。

i. 起条、勾缝。前工序全部完成，检查无误后，随即将分格条、滴水线取出，区分格条时要认真、小心，防止将边棱碰破。分格条取出后用抹子轻轻地按一下粘石面层，以防拉起面层造成空鼓现象。

j. 喷水养护。粘石面层完成后，常温24h后喷水养护，养护期不小于2～3天，夏日阳光强烈，气温较高时，应适当遮阳，避免阳光直射，并适当增加喷水次数。以保证工程质量。

(3) 外墙涂料

工艺流程：基层处理→修补缝隙→满刮腻子→刷涂料。

施工前，首先将基层上的杂物清理干净。将墙面坑凹、缝隙等用石膏腻子衬补平整，然后满刮腻子，干燥后用细砂纸磨平磨光。

刷涂料时，采用自上而下的顺序进行。

涂料的颜色、品种、质量等必须符合设计要求和有关标准的规定，严禁脱皮、漏刷、透底、流坠。

施工完后，注意成品保护。

4.9 油漆粉刷工程

木基层上刷漆，含水率不大于12%；金属面上刷漆，表面应除锈，不得有灰尘污物。

施工顺序：基层处理→刷底子油→刮腻子→磨砂纸→刷第一遍油漆→安装玻璃→刷第二

遍油漆→刷第三遍油漆。

油漆涂刷要适度，以刷时不流坠、无刷痕、光亮均匀、色泽一致为度，成活后严禁有脱皮、漏刷和返锈现象。

粉刷基层必须干燥。浆料集中统一配料，拌合均匀，保证颜色一致，稠度适当。刷浆前清理干净基面，待第一遍浆干燥后方可涂刷第二遍。粉刷工具用排笔。

4.10 建筑节能工程

本工程外墙采用挤塑聚苯乙烯泡沫板为主要保温隔热材料，以粘、钉结合方式与墙身固定，抗裂砂浆复合耐碱玻纤网格布为保护增强层，面砖饰面的外墙保温系统。

其施工程序如下：基层清理→刷专用界面剂→配专用聚合物黏结砂浆→抹底层聚合物砂浆→预粘板边翻包网格布→粘贴挤塑板→钻孔安装固定件→挤塑板打磨、找平、清洁→中间验收→拌制面层聚合物砂浆→刷一遍专用界面剂→抹底层聚合物砂浆→粘贴网格布→抹面层聚合物抗裂砂浆→分格缝内填塞内衬、封密封胶→验收。

5 施工进度计划及保证措施

5.1 工期目标

本着“优质高速，尽早使产品投入使用”的原则，并结合企业长期施工的经验，本工程工期拟定为194天，2004年7月1日开工，1号、2号楼2004年11月30日竣工，总日历天数153天。3号楼2005年1月10日竣工，总日历天数194天，比合同工期提前5天。

5.2 施工进度计划

为确保工期目标实现，设置如下进度控制点。

(1) 1号、2号楼

基础及地下结构：2004年7月1日～2004年7月23日；

主体结构：2004年7月24日～2004年9月6日；

装饰工程：2004年9月7日～2004年11月30日。

(2) 3号楼

基础及地下结构：2004年7月1日～2004年7月29日；

主体结构：2004年7月30日～2004年9月27日；

装饰工程：2004年9月30日～2005年1月10日。

施工进度计划详见网络图例图2。

5.3 工期保证措施

为了保证工期目标的实现，必须合理安排。欲做到有序运作须建立计划体系，其目的是使总目标与分目标明确，长目标与短目标结合，以控制计划为龙头，支持性计划为补充，为控制提供标准。本工程主要由总控制计划、月计划、各专业计划、周计划四种计划组成计划体系。计划由分公司、项目分级管理。前期以土建为主，后期以安装为主，相对独立，互相配合。

5.4 组织措施

组成以公司生产经理→分公司生产经理→项目经理为主体的三级施工计划保证体系。分公司劳资科、材料科、设备科做好劳动力、材料、机具设备的供应。工长安排好现场各班组的任务分配、协调、督促，以保证工期目标的实现。施工计划保证体系见例图3。

组织强有力的项目经理部，实行项目经理负责制，项目经理对工程各个环节统一指挥，对人员、机械、材料组织调配和进行现场生产安排。

为保证工期计划的实现，公司选派有丰富现场施工组织管理经验的同志任项目经理，精力充沛能吃苦耐劳的施工员任工长。

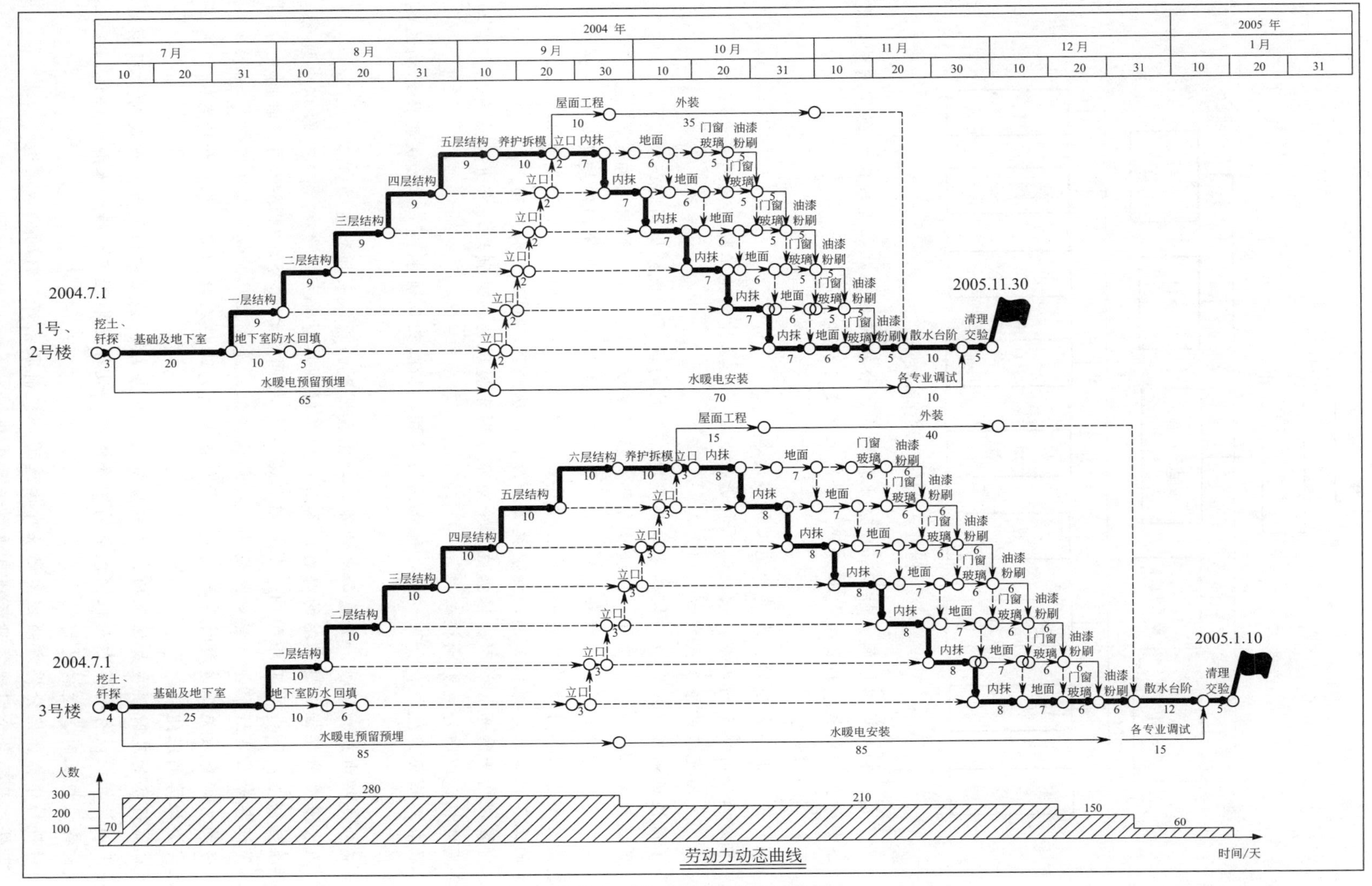

例图 2　施工进度计划详网络图

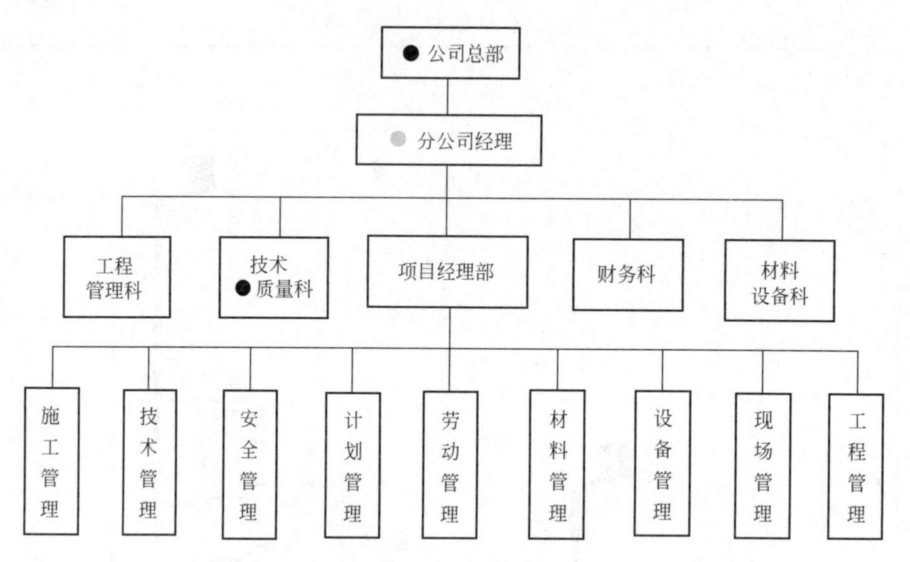

例图3 施工计划保证体系

为了充分利用施工空间、时间，使流水段均衡，合理安排工序。在确保安全、质量的前提下，科学组织结构、设备安装和装修三者的立体交叉作业。

5.5 技术措施

(1) 合理采用大型的、先进的施工机械设备

为保证公司承诺的工期，使施工顺利进行，公司将在结构施工阶段使用1台塔吊。

(2) 采用先进的施工技术

顶板模板采用竹胶合板，该体系装拆快捷，工效高，可加快模板周转速度。

严格控制工程质量，确保一次验收合格，从而减少二次施工，缩短工期。

编制有针对性的施工方案和技术交底，使工程施工有条不紊地按期保质地完成。施工方案覆盖面要全面，可操作性要强，内容要详细，配以图表。制订详尽的雨期施工方案，做到雨季的正常施工，以保证工期，加快施工进度，以达到按期竣工交付使用。

加强现场平面布置管理。根据施工平面布置图布置现场，做到现场布置井然有序。现场配备发电机，以防停电影响施工。

在本工程施工阶段，合理部署，优化网络计划，精心组织流水施工。加快主体结构的施工进度。

充分发挥群众积极性，开展劳动竞赛，对完成计划的予以表扬和奖励。

最大限度地挖掘关键线路的潜力，各工序施工时间尽量缩短，结构施工阶段水电埋管、留洞随时插入，不占用工序时间。装修阶段各工种之间密切配合，确保空间、时间充分利用，保证各专业良好配合，避免互相破坏或影响施工，造成工序时间延长。

劳动力配备按施工进度计划提前向劳资科报所需的工种人数，实行劳务招标投标，选择技术实力雄厚的班组。

机械设备的及时供应是保证项目工期目标实现的基础，施工中由项目经理及时申报项目设备需用计划。设备科负责对机械设备的维修保养、设备定期检查和操作人员的培训。保证机械设备供应及时，运转良好。

材料科根据合格分供方的档案记录择优选用，提前联系好材料的供应渠道。

周转工具由分公司租赁站按项目要求满足供应。

6 主要机具装备及劳动力安排计划

6.1 主要施工机械的配备

起重机：依据工程结构类型及施工现场情况和塔式起重机的功能，本工程3号楼主体阶段设立一台塔式起重机，用于模板的安装、拆除和钢筋、架管、砖的运输。塔吊安装后须经有关人员验收，塔吊的安装位置和型号选择充分考虑现场施工及回转半径和起重量要求。

设两台JS350型搅拌机进行砂浆的搅拌。

主要机械设备配备见例表3，具体安装位置见施工平面布置例图6。

例表3 主要机械设备配备

序号	机械或设备	规格型号	数量	国别产地	制造年份	额定功率/kW	生产能力	备注
1	反铲挖掘机	WY100	3台	上海	1998	95.5	$80m^3/h$	
2	自卸汽车	QR10	5辆	长春	2001	120	50^3/台班	
3	塔式起重机	QTZ40A	1台	中国	1998	18	5t	
4	建筑提升机	SSM100-Z	3台	自制	2001	10	15m/min	
5	卷扬机	JJK-1B	3台	河北	2001	5.5	20m/min	
6	混凝土输送泵	HB-60	3台	日本	1999	75	$60m^3/h$	
7	钢筋对焊机	UN_1-100	1台	河北	1995	100kV·A	20～30次/h	
8	钢筋调直机	TQ4-14	1台	杭州	1999	2×2.5	30m/min,54m/min	
9	钢筋切断机	QJ40-1	1台	石家庄	1998	5.5	32次/min	
10	钢筋弯曲机	WJ40-1	1台	石家庄	1995	3.0	11r/min	
11	电焊机	BX1-500-1	3台	河北	2001	2	20m/台班	
12	振捣棒	HZ-50/30	8根	安阳	1998	1.1	2850次/min	
13	平板振捣器	PZ-50	6台	安阳	1998	1.5	230台班/年	
14	电锯	500	1台	石家庄	1998	5.5	280台班/年	
15	电刨	MB104	1台	杭州	1998	3	210台班/年	
16	蛙式打夯机	HW-201	4台	石家庄	1998	3.5	$12.5m^3/h$	
17	搅拌机	JS350	2台	石家庄	1995	5.5	$17.5\sim21m^3/h$	
18	发电机	120KW	1台	石家庄	1999	120	120kW/h	

6.2 各阶段劳动力安排计划表

根据本工程规模及结构形式，计算各分项工程量。结合工期和质量要求，配备主体及装饰阶段劳力需要量。同时根据工程进展情况，随时进行人员调整。各专业工种由熟练技术工人组成，员工持证上岗，特殊工种应严格执行定期培训制度。按工程施工阶段投入劳动力计划见例表4。

例表4 投入劳动力计划表 单位：人

工种类别	按工程施工阶段投入劳动力情况		
	基础及地下结构	地上结构	装修
钢筋工	60	60	2
木工	40	40	4
混凝土工	40	40	4

续表

工种类别	按工程施工阶段投入劳动力情况		
瓦工	60	70	2
抹灰工			80
机械工	8	8	6
电工	3	10	20
水暖工	3	8	18
电焊工	3	4	5
油工	15		37
架工	27	20	12
壮工	21	20	20
合计	280	280	210

7　质量目标及保证措施

7.1　质量目标

质量目标：合格，确保省优。

7.2　质量方针

在本工程的施工过程中，公司将运用先进的施工技术，科学的管理手段，严谨的工作作风，按 ISO 9001 质量管理体系标准要求进行管理，贯彻以“遵规守法，建顾客满意工程，诚信经营，创企业更加业绩”的质量方针。以《质量管理体系文件》控制施工的每道工序，保证全过程均处于受控状态。

7.3　质量保证体系

形成以公司→分公司→项目为主的三级质量保证体系，如例图 4 所示。

7.4　组织管理措施

建立高素质、强有力的项目经理班子。项目经理部选用有丰富施工经验的人员担任主管，为实现质量目标提供有力的组织保证。

建立项目质量管理责任制，明确职责分工，落实施工控制责任，使项目班子成员各司其职，各负其责。

项目经理是工程质量的第一责任人，对工程质量负全责，项目工程师应严格按规范标准制订各分部（分项）工程的施工方案，项目工长负责施工方案的贯彻实施，项目质检员对每道工序都要进行全过程的质量控制。

为保证工程质量的目标实现，本工程强化规范管理，并制订详细的质量保证计划、成品保护计划和新材料、新工艺质量控制措施。

把质量目标按单位工程→分部工程→分项工程→检验批进行层层分解，把质量责任落实到每一个工序和人员，从而实现“质量第一，质量为本”的原则。具体要做到以下几点。

一个中心：以人为中心，加强对人的质量教育和管理，充分发挥人的积极性。

二勤：指挥人员、管理人员、质检人员、操作人员对质量工作做到勤看、勤管。

三不放过：质量管理过程中，问题原因查不清不放过，责任者未受到教育不放过，没有防范措施不放过。

四个百分之百：对于各个分项工程的质量工作施工前百分之百交底，施工中百分之百跟踪，施工材料、施工完毕百分之百检查，发现问题百分之百纠正。

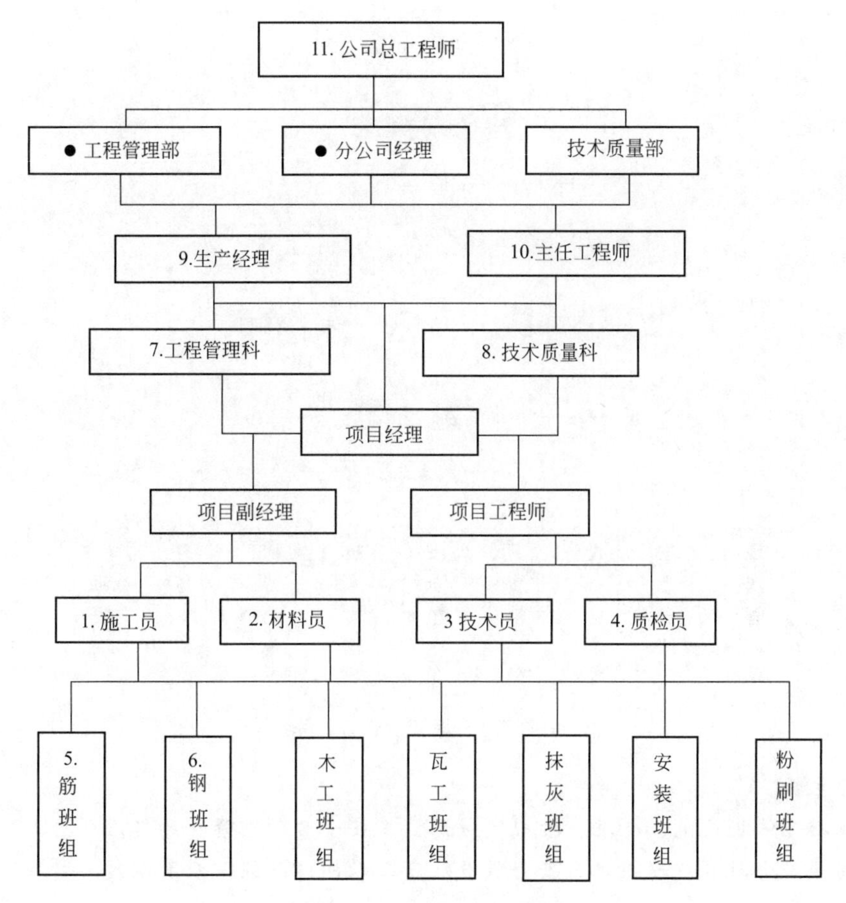

例图 4 三级质量保证体系

端正思想、严格质量管理、严防违章蛮干、严密组织计划、奖优罚劣。

建立质量例会制度，对各分项工程的质量进行有效监督，开展质量竞赛和质量交流活动，及时预防发现纠正质量问题。

按照国家规范、工艺标准、设计图纸和技术交底中的质量要求，组织样板间和分项样板工程的操作，经甲方、监理、技术负责人、质量负责人、工长等联合检查鉴定后，再进行大面积的施工，做到一次成优。

8 安全生产及文明施工环保措施

8.1 安全生产措施

(1) 安全生产总目标

杜绝重大伤亡和机械事故，轻伤事故控制在15‰以内，确保省级文明工地。

(2) 安全工作总方针

安全第一，预防为主，用“三宝”，堵“四口”，防“五害”。

(3) 安全管理措施

① 组织管理　成立以项目经理部安全生产负责人为首，各专业施工队安全生产负责人参加的安全生产管理委员会，组织领导施工现场的安全生产管理工作。项目经理部主要负责人与各专业施工队负责人签订安全生产责任状，专业队主要负责人再与本队施工主要负责人签订安全生产责任状，安全生产工作责任到人、层层负责。建立三级安全保证体系（见例图 5），工地设专职安全员 1 名，各生产班组设兼职安全员 1 名，负责施工安全检查工作，

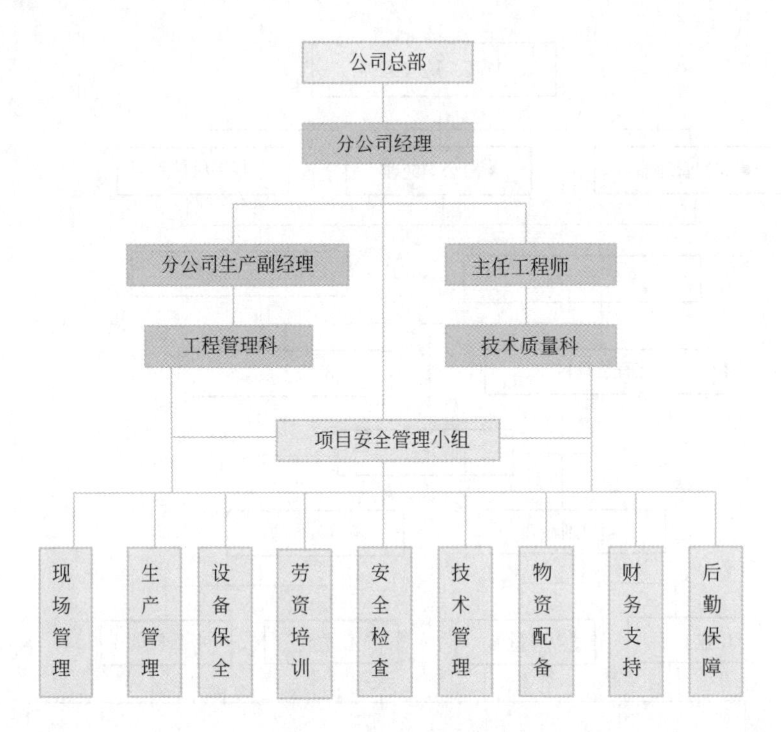

例图5　三级安全保证体系

由项目经理主抓。

施工现场应依据规范、标准，按规定做到施工安全员管理资料的标准化。

坚持周一安全教育，班组班前安全教育及新工人的“三级”教育制度。特殊工种作业人员必须持证上岗。

施工现场建立安全、防火、保卫领导小组，在现场设立各种安全标志、标语和板报。

施工现场根据作业内容，悬挂安全生产标志及各工种操作细则，提高工人的安全生产意识。

② 制度管理　每半月召开一次安全生产管理委员会工作例会，总结前一阶段的安全生产情况，布置下一阶段的安全生产工作。

各专业施工队在组织施工中，必须保证有施工人员施工作业，必须有本单位领导在现场值班，不得空岗、失控。

严格执行安全生产技术方案和措施，在执行中发现问题应及时向有关部门汇报。更改方案和措施时，应经原设计方案的技术主管部门领导审批签字，否则任何人不得擅自更改方案和措施。

建立并执行安全生产技术交底制度。要求各施工项目必须有书面安全技术交底，安全技术交底必须具有针对性，并有交底人与被交底人签字。

建立并执行班前安全生产教育制度。

建立并执行安全生产检查制度。

建立机械设备、临电设施和各类脚手架工程设置完成后的验收制度，未经过验收和验收不合格的严禁使用。

③ 行为控制　进入施工现场的人员必须按规定戴安全帽，并系下颌带。戴安全帽不系下颌带视同违章。

凡从事2m以上无法采用可靠防护设施的高处作业人员必须系安全带。安全带应高挂低用，不得低挂高用，操作中应防止摆动碰撞，避免意外事故发生。

参加现场施工的所有电工、信号工，必须是自有职工或长期合同工，不允许安排外施队人员担任。

参加现场施工的所有特殊工种人员必须持证上岗，并将证件复印件报项目经理部备案。

④ 劳务管理 各施工队的施工人员，必须接受建筑施工安全生产教育，经培训合格后方可上岗作业，未经建筑施工安全生产教育或考试不合格者，严禁上岗。

专业队人员上岗作业前的建筑施工安全生产教育，由施工单位负责组织实施，并应接受施工单位统一管理。

施工人员上岗前须由施工方劳务负责人将施工人员名单提交安全部门，由安全部门负责组织安全生产教育，安全生产教育的主要内容有：

a. 安全生产的方针、政策、法规和制度。

b. 安全生产的重要意义和必要性。

c. 建筑安装工程施工中安全生产的特点。

d. 讲解本工程施工现场安全生产管理制度、规定。

施工人员上岗作业前，必须由队长或班组长负责组织本队（组）学习本工种的安全操作规程和一般安全生产知识。

特种作业人员，如起重工、电焊工、气焊工、架子工等，必须持有市级以上劳动保护监察机关核发的特种作业证，方准从事特种作业。

建立安全保证体系，工地设专职安全员1名，各生产班组设兼职安全员1名，负责施工安全检查工作，由项目经理主抓。

(4) 安全技术措施

模板施工前，进行支撑系统的设计，编制施工方案并严格按方案执行。

模板拆除前必须确认混凝土强度达到规定，并经拆模申请批准后方可进行。要有混凝土强度报告，混凝土强度未达规定严禁提前拆模。

建立现场安全、防火、保卫工作管理制度，并在现场设立各种安全标志、标语和板报，设消防栓数个。

实行安全隐患通知书制度，发现问题限期改正。

8.2 现场文明施工环境保护措施

“一手抓生产，一手抓文明工地建设”是公司的一贯作风，结合本工程特点和河北省文明工地要求，在工作中，我们将采取以下措施来保证该目标的实现。

(1) 组织管理

按ISO 14000环境标准和OHSAS 18000职业健康安全管理及河北省文明施工检查标准，控制施工的全过程，成立由项目经理部文明施工环境保护管理负责人为首的现场文明施工环境保护管理委员会，组织领导施工现场的文明施工和环境管理工作。

每半月召开一次施工现场文明施工管理工作例会，总结前一阶段的施工现场文明施工情况，布置下一阶段的施工现场文明施工工作。

建立并执行施工现场文明施工工作检查制度。由项目经理部每半月组织一次由各施工单位施工现场文明施工负责人参加的联合检查，根据检查情况在施工现场检查记录表打分评比，对检查中所发现的问题，开出隐患问题通知单，各施工队在收到隐患问题通知单后，应根据具体情况，定时间、定人、定措施予以解决，项目经理部有关部门应监督落实问题的解决情况。

根据现场情况设置专人每天负责清扫场内交通道路和办公区域，并洒水降尘。

(2) 材料管理

施工现场内各种料具应按施工平面布置图的指定位置存放，并分规格码放整齐、牢固，做到一头齐、一条线。砌块材料码放高度不得超过1.8m，砂子和其他散料应成堆，界限清楚，不得混杂。

合理制订用料计划，按计划进料。合理安排材料进场，随用随进，不得在场外堆放施工材料，各种材料不得长期占用场地，各种废料必须及时处理。

施工现场内的各种材料，依据材料性能妥善保管，采取必要的防雨、防潮、防晒、防冻、防火、防损坏等措施，贵重物品、易燃、易爆和有毒物品应及时入库，专库专管，加设明显标志。

砌块、砂子和其他散料应随用随清，不留料底。水泥库内外散落灰必须及时清理、水泥袋认真打包、回收。施工现场剩余料具和容器要回收，堆放整齐，并及时清退。

运输道路和作业面落地灰要及时清理。砂浆、混凝土倒运时，应用容器并铺垫木板。浇筑混凝土时，应采取防撒落措施。工人操作要做到活完料净、脚下清。

钢材、木材等料具合理使用，长料不短用，优材不劣用。节约用水、用电，消灭长流水和长明灯。

施工现场内的施工垃圾，应及时分拣，有使用价值的应回收，废料应及时清运出场。

(3) 保持施工现场清洁的措施

根据施工现场情况和施工需要设置一个大门，大门门扇为两开，完全封闭式，且开启自如，车辆出入时打开，不用时关闭。工地周围砌2m高的围墙，墙面刷白色涂料后书写与企业管理内容有关的宣传标语，门头加灯箱。

现场围墙达到牢固、美观、封闭完整的要求，上口平，外立面直。

为美化环境，在大门口和围墙摆放花卉。

在大门口明显处设置标牌，标牌写明工程名称、建筑面积、建设单位、设计单位、施工单位、工地负责人、开工日期、竣工日期等内容，字迹书写规范、美观，并经常保持整洁完好。

大门口内设七牌二图（即工程概况牌、安全生产纪律牌、三清六好牌、文明施工管理牌、十项安全技术措施牌，工地消防管理牌，佩戴安全帽牌和施工平面图、现场安全标志布置图），以及宣传栏、读报栏、黑板报等。

施工现场要严格执行分片包干和个人岗位责任制，做到整个现场清洁、整齐、文明施工。

各种材料及构配件按要求分规格码放整齐、合理保管，方便使用。

实行四清一净制度。四清即下工活底清，楼房周围清，搅拌机场地清，现场垃圾清；一净是机械设备保持干净。

施工垃圾定点堆放，现场的道路每天由专人负责洒水清扫，保证车辆进出不沾带泥土、污染道路。

(4) 减少扰民、降低环境污染和噪声的措施

强噪声作业，必须严格控制作业时间，避免晚22时至次日6时进行强噪声作业。对人为的施工噪声有降噪措施和管理制度。

现场使用的电锯、空压机等应设置于设备工棚隔声间内或用吸音材料封闭。

建筑垃圾集装成袋，严禁乱抛撒，并采用相关防尘措施。

清理施工垃圾要搭设封闭式垃圾通道或用容器吊运。

存放水泥要严密遮盖，现场砂石料堆放整齐。

振捣棒操作时，不得直接振动钢筋和模板，并尽量减少施工现场的噪声污染。

选择噪声小、性能先进的施工机具，对噪声大的机械装设消声器，以降低噪声。

为了预防和控制建筑材料和施工过程中产生的环境污染，保障公众健康，维护公共利益，特制订如下措施：

现场所用的砂、水泥、商品混凝土、石材等无机物金属材料的放射性指标不能超过规定的限量。

涂料、油漆、稀释剂、胶黏剂等材料须经检测，其他挥发性有机化合物、苯或游离甲醛的含量不得超过规定的限量，运输保管和使用过程中保护措施得力，防止容器破损或倾翻溢出。

装修所采用的稀释剂和溶剂，严禁使用苯、工业苯、石油苯、重质苯和混苯。严禁在室内用有机溶剂清洗施工工具。

施工现场整洁卫生，无积水，车辆不带泥沙进出现场，不随地乱扔、乱倒废弃物。

办公室、更衣室室内整洁，保持卫生；生活区周围环境清洁卫生；生活垃圾定点集中存放并及时清理。

施工现场内交通道路路面全部为硬化路面，平整坚实，路面统一设置排水系统，做到雨水天不积水。

(5) 扬尘治理措施

房屋建筑工程外侧采用统一合格的密目网全封闭防护，物料升降机架体外侧使用立网防护。

施工道路及作业场地进行硬化处理；施工道路及作业场地应坚实平整，保证无浮土、无积水。

施工现场设置排水网络，并设沉淀池，施工废水及雨水经过沉淀后排出，排水设施应处于良好的使用状态；沉淀淤泥要及时清除或集中存放。

水泥、石灰粉必须在库房内存放或者严密遮盖，砂、石等散体建筑材料和土方要采取表面固化、覆盖等防扬尘措施。多余土方应及时清运出场。

施工现场必须建立现场保洁制度，有专人负责保洁工作，做到工完场清，及时洒水清扫。

清理高空建设施工及建筑拆除垃圾，采用容器吊运，严禁凌空抛撒。

施工现场设置密闭式垃圾站，用于存放施工垃圾，施工垃圾必须按照有关市容和环境卫生的管理规定及时清运到指定地点。

出现四级以上的大风天气时禁止进行土方和拆除工程施工。

运输散体、流体材料，清运余土和建筑垃圾，要捆扎封闭严密，防止遗撒飞扬。出入现场各种车辆应保持车况良好，车体整洁，并在场地进出口设置车辆清洗设施，防止车辆将泥沙带出场外。

9 施工平面布置

根据施工现场条件，在场区西北角设一个出入口，沿场区西侧设发电机房、办公室、会议室、库房，在场区南侧设宿舍、浴室及厕所，在场区西侧布置钢筋加工及堆放场区和木工棚，在两拟建建筑物周围设架管、模板、砖。在2号、3号楼中间设砂子堆放场地、水泥库和搅拌机。

施工场区设一临时道路，并沿路设置排水沟、沉淀池，污水沿排水沟流入沉淀池后排入指定位置。

现场道路、钢筋加工、模板三大工具堆放及施工机具地面全部硬化，并用水准仪找出排水坡度。临建库房要高出地面300mm。

主体施工阶段在3号楼中部设一座QTZ40A塔式起重机，装修阶段拆除塔吊后安装一台建筑提升机。1号、2号楼北侧各设一台建筑提升机用于主体及装修阶段物料的垂直运输。详细布置见施工平面布置例图6、例图7。

10 降本措施

工程资金是工程建设的保障，公司将最大限度地发挥人才优势、设备优势和资源优势，采取合理的生产经营模式，在技术工艺、物资管理、人员管理上积极有效地节约工程成本和造价，使有限的建设资金，发挥最大的经济效益，以实现项目质量和工期等综合目标，具体措施如下。

(1) 组建强有力的项目经理部，加强职工培训

项目经理部作为工程建设的实施者，有义务、有权力实现公司与业主的合约，也有责任实现公司的利润目标。选取有精力、有经验、有高度责任感的公司职工组成该项目经理部，由他们对工程建设进行统筹安排和生产控制，充分发挥他们的能力，全身心投入工程建设中，为实现业主的要求和公司的效益服务，在生产过程中，按实际需要进行员工培训，帮助他们提高专业知识和劳动技能，使无形意识转化为有形的生产成果。从而达到以一顶十的效果，节约劳动力。

(2) 加强计划控制，优化资源配置

以计划为龙头，统筹生产全局，材料、劳动力、机具设备都相应地服从并服务于计划施工。

根据生产计划和施工图预算，将材料分批进场，并按施工方案堆放，减少二次搬运和翻仓工作，也有效地调节了资金运用。

根据生产安排和限额领料单，材料有计划发放给操作人员，按量用料，最大限度地降低材料损耗率。

对钢筋的购买和加工，依据结构钢筋长度进行购料，并统筹整栋工程的钢筋运用，集中下料，合理搭接，降低钢材消耗，在满足设计及施工规范前提下，减少钢筋下脚料，并利用这些下脚料制作钢筋定位箍，拉结筋、马凳等，提高钢筋运用率。

采用定型钢模板及竹胶合板，模板工程加固紧密，模板接缝加密封海绵条，减少跑模胀模，尽量避免跑浆、漏浆，减少二次施工，缩短工期，降低成本。

加强施工现场管理，强化文明施工，下班活底清，余料回收利用，减少浪费，节约材料，减少垃圾量。

主体施工及装修施工中，合理安排工序，加强成品保护，避免返工、返修带来的材料和人力的浪费。

控制楼面标高和墙、柱、梁的平整度和截面尺寸，减少找平层用料。

准确控制挖土坡度、基底尺寸，减少土方工程量及运输。

合理划分流水段，减少机械回转时间、次数，提高生产效率，减少窝工。

合理选用机械设备，提高生产效率，降低工程成本。

采用样板引路，减少返工，并制订成品保护措施，避免损坏。

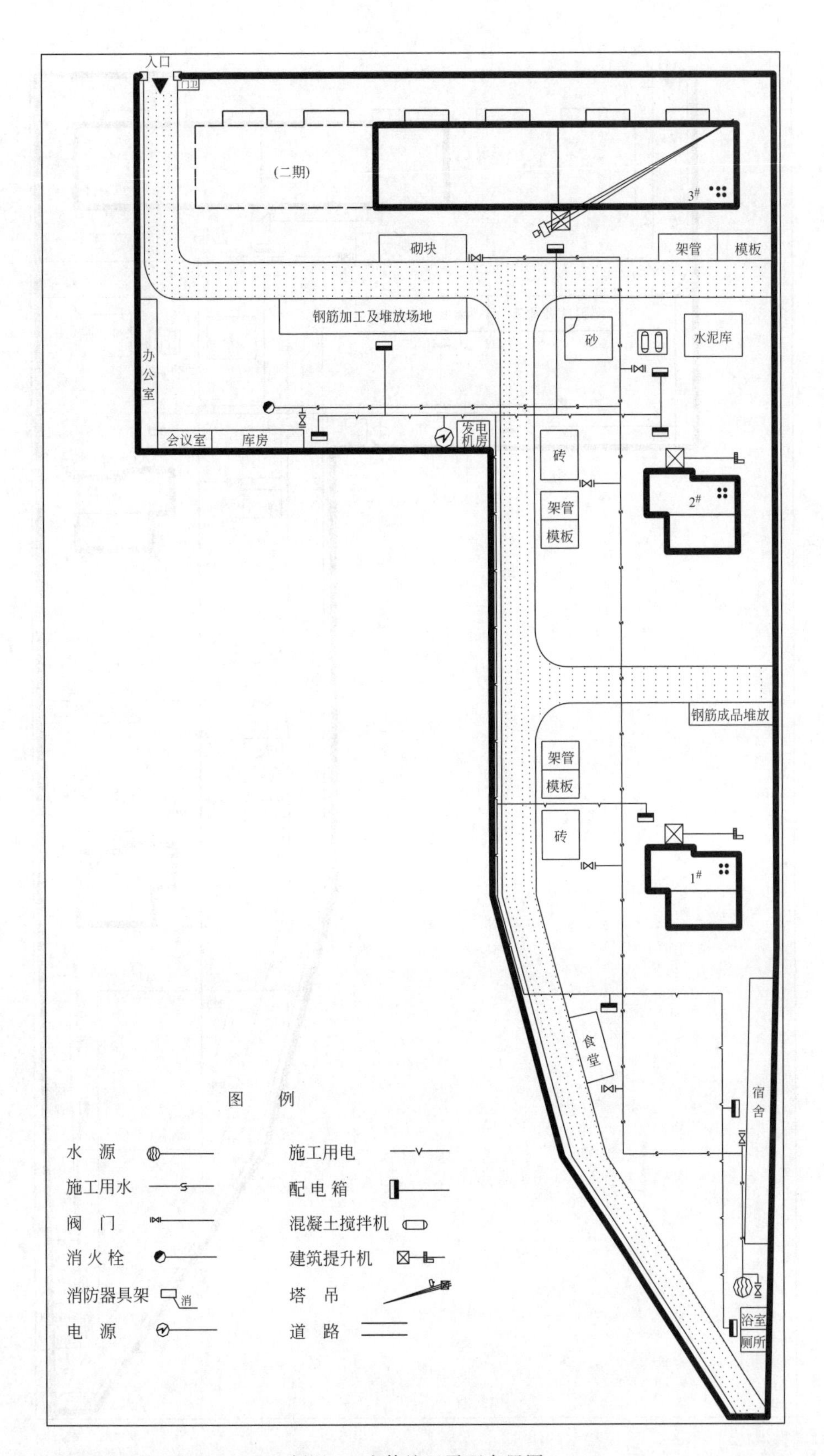

例图6 主体施工平面布置图

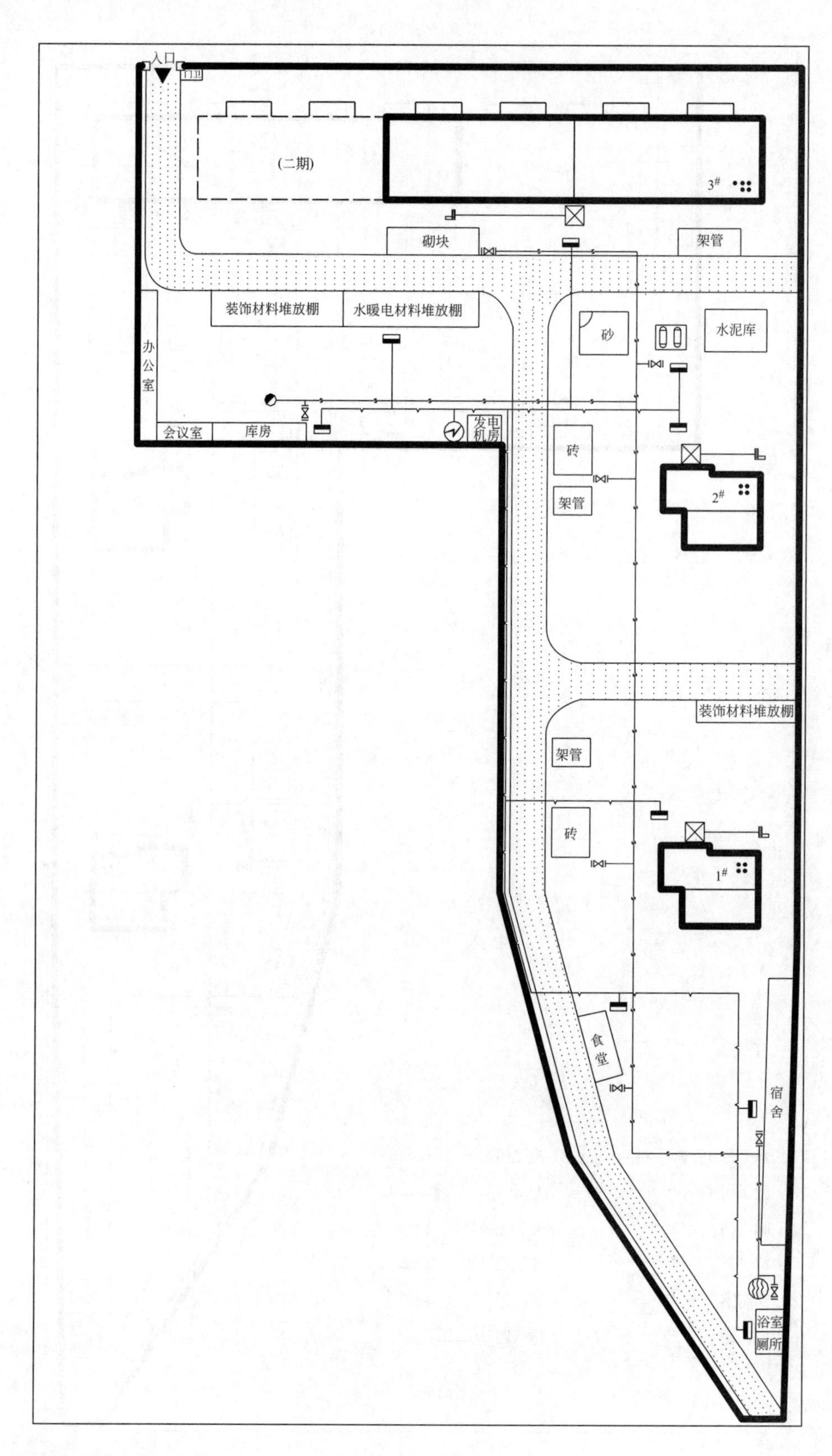

例图 7　装修施工平面布置图

(3) 使用公司内部机具设备

利用公司内部机具设备，减少租赁所用资金，并增加大功率、先进设备的投入，以机械代替人力，节约劳动力资源，提高劳动生产率。并对机具加强管理和保养，依据生产计划确定进出机具时间，提高机具的完好率、使用率，减少机具的占用周期。

(4) 充分发挥公司雄厚的资金优势

集中购料，减少中间环节，降低材料购买价格。

定时发放工人工资、资金和劳保基金，提高工人的劳动积极性及生产效率。

11　季节性施工措施

11.1　雨期施工措施

依据本工程招标文件工期要求和公司编制的进度计划，安排本工程施工将经历一个雨期施工，雨期施工中主要为基础与主体工程。为了保证雨期施工的顺利进行，以及保证雨期施工中工程质量的良好，特制订以下具体雨期施工措施。

(1) 组织管理

成立以项目经理为第一责任人的施工现场雨季施工领导小组，主要由工长、技术、材料、质量、安全等人员组成。

对施工现场进行雨季思想教育，做到思想重视，措施得当。把雨季施工的准备和实施做到认真、扎实，真正做到有备无患。

成立现场抢救突击队，及时解决处理雨季施工期间突发事件及紧急情况，做到人员落实，责任明确，动作迅速，措施得力。

将方案的编制、措施的落实、人员教育、料具供应、应急抢救等具体职责落实到主控及相关部门，并明确责任人。

(2) 主要技术质量措施

根据当年雨季施工内容及特点，提前编制有针对性和切实可行的雨季施工方案，报请业主及监理单位审批，审批合格后及时落实方案内容。

现场除依自然地坪标高规划地表水的流向外，还应设完备的排水系统。施工道路外侧设一道排水沟，道路设单向坡将水排至排水沟。排水沟内坡度不小于3‰。排水沟保持通畅，每间隔20m左右设集水井，集水井口设置挡泥土设施，并定期进行清理。现场水排出场地前，通过沉淀池处理，以不阻塞市政排水系统为准。

本工程开工伊始，即对施工现场道路、料具存放场地及办公场地等进行硬化处理。雨季施工前，检查上述道路、场地的硬化情况，破损处及时修复，做到不积水、不存泥。

与市气象台保持联系，及时掌握天气状况，现场设有防雨设备，及时做好防雨工作。

露天堆放的材料要根据场地的大小尽量多储存些，以免因雨运输困难影响施工。

水泥库要在雨季前检查，发现漏雨及时处理，水泥存放位置要高出地面30cm以上，一次堆放不宜超过10袋高，并定期倒垛。

各种建筑材料应堆放在位置较高的环境里，机具设备要停放在坚硬的地面上，防止地面沉陷造成不必要的损失。

(3) 雨季施工安全措施

对临建设施要在雨季前做好检查，发现问题及时解决。

电气、消防设施，易爆、易潮、易变质材料要进行检查，发现问题及时解决，每次雨后进行复查。电气机械设备应有防雨措施，如接地接零措施和防护棚，电闸箱一律用防水闸箱，或有防水措施。

雷雨时将高压闸拉开，并由专人负责，临时照明和动力线按规定架设，不允许就地乱拉，更不许直接挂在脚手架上，电机操作人员要戴绝缘手套，穿绝缘鞋。注意天气预报，做到有备无患，暴雨时停止露天和高空作业。

11.2 冬期施工措施

本工程内装修及少部分外装修工程正赶上冬季施工，为保证冬季施工的顺利进行，制订冬季施工措施。

(1) 组织管理

成立以项目经理为第一责任人的施工现场冬期施工领导小组，成员主要由技术、质量、材料、安全、后勤等人员组成。

明确建筑工程冬期施工规程JGJ/T 104—2011规定：当室外日平均气温连续5天稳定低于5℃，即进入冬期施工，当室外日平均气温连续5天高于5℃时，解除冬期施工（以下简称冬施）。认真编制冬施方案，对冬施技术、质量、安全等措施提前向有关人员做好交底。

搞好冬施培训工作，对职工进行冬施思想教育，安全知识教育，使全体职工明确冬期施工任务及相应的分部（分项）施工方法和技术要求及安全质量措施。

明确责任，确保冬期施工质量、施工进度。项目经理部提前做好准备，思想上高度重视，工作严谨，制定严密的预防措施，力争万无一失。

(2) 冬施准备

现场需要做好以下准备。

做好施工用水水管保温工作，水口周围砌砖，中间填锯末。

对现场所用搅拌机进行围护，在搅拌机附近砌锅台或配加热水箱，以备加热搅拌用水。

构件、材料堆放选在无积水、积冰的地方。

现场机械设备按规定更换润滑油和防冻液。

施工现场配备足够的消防器材，同时确保施工现场道路畅通。

(3) 冬施主要技术质量措施

进行室内抹灰工程时，做好室内保温，生火取暖，抹灰后养护温度，不应低于5℃，砂浆可掺入防冻剂，其掺量由试验室确定，砂浆应在搅拌棚中集中搅拌，并应在运输中保温，要随用随拌，防止冻结，抹灰基层表面有冰、霜、雪时，可采用与抹灰砂浆同浓度的防冻剂溶液冲刷，并应清除表面尘土，在抹灰工程结束后，在7天以内应保持室内温度不低于5℃，抹灰时可采取加温措施加速干燥，当采用热空气加温时应注意通风，排除湿气。

冬期施工的油漆工程必须在室内采暖的条件下进行，保持室内恒温，不得使作业温度发生突然变化。

6.8.2 钢结构建筑单位工程施工组织设计实例

1 编制依据

① ×××工程钢结构桁架施工图纸、钢结构深化图纸。

② 中华人民共和国颁布的现行有效的建筑工程施工各类规程、规范及验评标准。

③ ××市人民政府有关建筑工程管理、市政管理、环境保护等法规及规定。

④ ISO 9000质量管理体系、ISO 14000环境管理体系、OSHMS 18000职业安全健康管理体系标准，公司的质量、环境及职业安全健康管理手册、程序文件及其支持性文件。

⑤ 建设部重点推广的新技术。

⑥ ×××公司管理手册及其他有关总承包管理、质量管理、安全管理、文明施工管理

规定。

⑦ 现场和周边环境的实地踏勘情况。

⑧ 建设部发布的国家级工法和×××单位的企业工法。

2　工程概况

2.1　结构概况

×××工程钢结构桁架总重约296t（含平台框梁及次梁等捆绑件），结构跨度为66.60m，宽度为8.1m，高度为7.8m，其安装就位最高点标高为75.69m，最低点标高为67.89m。

由项目部组织相关人员对各种施工方案进行对比论证后，初步确定如下实施方案：现场桁架地面整体原铅垂位置拼装后，采用四吊点同步提升到安装位置，与结构高空预设牛腿对接连接。在19层钢桁架的上弦与结构墙体连接处预设2.5m长悬挑组合牛腿，作为提升支撑架，提升上锚点置于距墙体悬挑3m处。下锚点置于桁架与上锚点位置正对的桁架立柱上，且高度在桁架中间水平腹杆上一定范围内。整体结构在提升前根据需要拟增加部分加固杆件。

2.2　结构特点与施工重点

钢桁架位于建筑物立面两侧墙间标高67.89～75.69m间，与剪力墙的预留钢件连接。桁架跨度66.6m，宽度8.1m，共一层结构层。钢桁架安装时与剪力墙的连接结构为钢骨混凝土结构，提升时混凝土的强度达到设计值75%以上。钢桁架结构由桁架梁、钢柱、悬挑结构及斜撑结构组成。

本部分的施工难点主要为桁架的地面拼装及焊接、液压提升吊装及高空多点对接安装。

① 地面拼装场地在2层楼面，正对应在钢桁架结构投影位置。吊装设备只能采用汽车吊跨外吊装。拼装场地最近点离地下室外墙有8.1m距离，且与室外自然地面高差在6m以上。

② 液压提升吊装时，提升段的结构形式复杂、两端长度不一，提升段两榀桁架的稳定须进行仔细考虑。

③ 高空多点对接安装对钢骨的预埋及地面拼装段的拼装质量提出了更高的要求。

3　施工部署

3.1　主要施工管理目标

3.1.1　质量目标

桁架钢结构工程确保达到主体结构的质量标准。

3.1.2　工期目标

桁架钢结构施工从2005年7月1日～2005年9月15日。

3.1.3　其他目标

其他目标同本工程的各施工管理目标。

3.2　施工组织机构

本工程钢结构施工按照工程特点，安排经验丰富的专业责任师负责现场施工，并配备配足专职人员。其中提升阶段具体人员及职责安排见相关章节。

3.3　进度计划安排

钢桁架结构的具体施工进度计划见本方案的施工进度计划章节。

3.4　资源配置计划

3.4.1　物资供应计划

根据本工程的特点，为了保证材料采购能顺利、如期运输到施工现场和加工厂，对材料采购过程进行严格的过程控制管理，每一个环节都有专人进行监督或管理执行，并及时根据实际采购和使用的实际情况及时调整，准确把握工程特点，完成材料的采购和管理任务。

3.4.2　现场安装劳动力的配置

现场主要劳动力配置见例表1。

例表1　现场主要劳动力配置

工种	人数	工作内容	备注
手工电弧焊工	2	负责钢柱、钢梁支撑的焊接	钢结构工程配备
CO_2 气体保护焊工	10		钢结构工程配备
铆工	6	负责高强螺栓的安装	钢结构工程配备
信号工	2	负责指挥塔吊	钢结构工程配备
起重工	8	负责钢构件的起重安装	钢结构工程配备
辅助工	8	负责清渣、打磨、防风、防火	钢结构工程配备
测量工	6	负责钢构件的校正、测量	钢结构工程配备
提升操作工	10	负责提升施工	

4　施工准备

4.1　技术准备

4.1.1　技术方案编制计划

编制施工作业指导书或施工技术交底。结合钢桁架结构工程的实际特点，编制各分项工程的施工技术交底或作业指导书。

4.1.2　试验计划

为保证所有进场材料达到合格标准及相关的技术性能，必须加强材料的进场检验，达到相关的使用性能。

4.1.3　测量基准点的交接与测量控制网的建立

(1) 基准点交接与测放

复测土建提供的测量控制网及基准点，并以此为依据建立和完善钢桁架的测量控制网。包括轴线控制点和标高基准点、测放钢柱、梁定位轴线和标高。

钢桁架地面拼装时采用内控法进行平面轴线的控制，利用激光垂准仪进行竖向投点。将控制点位投测到钢桁架地面施工层后，先复核距离和角度，经多次复核确认无误后即可进行主轴线的引测。高空安装时主要控制预留牛腿的安装精度。包括单牛腿的安装精度和相邻牛腿的空间位置的控制。安装时应反复多次测量。

(2) 测量人员及设备配置

人员配备：测量负责人由测量专业毕业的长期从事大型工程测量的工程师担任，全面负责测量工作质量、进度、技术方案编制与实施；测量员6名，负责日常轴线、标高测量及内业资料整理等。仪器配置见例表2。

4.2　材料准备

(1) 高强螺栓

螺栓采用防水包装并将其放在托板上以便于运输。存放时根据其型号分组存放，只有在使用时才打开包装。

例表2 仪器配置

序号	名称	型号规格	数量	用途
1	全站仪	GTS-602	1台	布设测量控制网
2	电子经纬仪	ET-02	4台	测设轴线
3	精密水准仪	DiNi10	1台	标高复核、沉降观测
4	自动安平水准仪	DZS3-1	2台	标高控制
5	激光垂准仪	DZJ3	2台	竖向点位传递
6	对讲机	TK278/378	2对	通讯联络
7	钢卷尺	50m	3把	量距、细部放线

注：以上仪器设备均经技术监督局检定合格。

(2) 焊接材料

① 焊条和焊丝在使用前都要存放在库房内，并存放在距离地面的货架上，做好防潮处理。

② 衬板、引弧板和熄弧板应根据其厚度和尺寸分类存放在包装袋内，并注意防水。

③ 气体钢瓶应当分类存放在不同的库房内。

(3) 连接件

钢结构的连接件如螺栓、连接板等存放在现场专用仓库，由专人负责保管发放。

(4) 辅助材料及用具

安装钢结构所用的工具、安全防护用品及辅助材料（如氧气、乙炔、二氧化碳气体、铁丝、钢绳、倒链、铁楔、安全网、专用爬梯等）需准备齐全，并运到现场专用仓库，经检验合格入库后由专人保管发放。

4.3 地面拼装的施工准备

钢桁架在地面拼装时应进行拼装台的布点、搭设、原位拼装时的测量放线工作、缆风绳锚固点的设置等。同时根据现场的需要进行施工材料的准备。

4.4 液压提升的施工准备

液压提升的施工准备工作包括提升设备的检修及试验工作、控制系统的调试、验收、提升中的各种措施的准备等。同时应进行各种辅助材料、工具的准备。

4.5 高空安装的施工准备

钢桁架在高空安装前应进行一系列的安装准备工作，包括安装前对高空安装构件的安装空间位置的测量、对应截面的吻合程度测量、安装接头的处理等进行细致的准备。同时对高空安装的相关措施进行准备。

4.6 设备、机具、仪器计划

本计划主要包括钢结构现场吊装、测量、高强螺栓安装、钢结构焊接、防腐涂装等各工序需用的设备、工具及仪器。

主要起升设备及材料清单见例表3。

例表3 主要起升设备及材料清单

序号	设备/材料名称	数量	单位	备注
1	ZLD100串联油缸	10	台	2台备用
2	液压泵站	2	台	

续表

序号	设备/材料名称	数量	单位	备注
3	电控柜	2	台	
4	压力传感器	4	台	
5	钢绞线	5760	m	注意模数
6	锚具	16	套	
7	CO_2 焊机	10	台	
8	千斤顶	4	台	32t
9	千斤顶	4	台	10t
10	倒链	15	台	3t、5t
11	对讲机	12	部	
12	切割设备	4	套	
13	电缆、钢丝绳	若干	m	

5 钢桁架地面拼装工程

5.1 钢桁架地面拼装设备的选择与布置

5.1.1 吊装设备的选择

综合考虑工程特点、现场的实际情况、工期等因素，经过各种方案反复比较，从吊装设备、工程量、与土建交叉配合要求及本企业的施工实践，选择工程中已有的两台SCM5015型固定式塔吊作为钢骨预埋件及高空牛腿的吊装设备。桁架钢结构地面组装时构件安装的主要吊装设备，吊装机械拟选用1台65t、1台50t吊车和1台25t吊车作为主吊设备，1台16t吊车作为辅吊设备，汽车式起重机作为主要吊装设备，不同吨位吊车根据需要调配使用。

5.1.2 吊装设备的布置

工程中已有的两台SCM5015型固定式塔吊按照施工总平面图的位置。SCM5015型塔吊的最大起重量1.5T，臂长50m。其他吊装设备见施工平面布置例图1。

5.2 桁架的主要安装工艺

地面拼装须注意以下几个问题。

① 铅垂位置的放线定位。由于整体提升技术的特殊要求，桁架必须在安装位置的正下方进行拼装。

② 验算支撑结构的强度，是否满足承载力要求。

③ 楼板地面须设置安装焊接支墩。支墩的高度须考虑起拱、焊接操作面的要求。

④ 制订合理的安装、焊接顺序，减少应力集中和变形。由中间向两侧进行对称安装，*E*、*F* 轴线桁架同时安装。安装时采取必要的措施对构件进行固定，防止倾覆。

⑤ 建筑物外须至少回填至−1.60m标高处，以便吊车吊装作业。

⑥ 桁架的外形尺寸须根据高空牛腿间的实际距离确定，如差别不大，可利用焊接间隙进行调整，如偏差较大，端部杆件在加工时须留出现场调整余量。

6 钢桁架提升施工

6.1 提升方案的选择

根据现场情况，钢桁架其上标高75.69m，下标高为67.89m，质量达296t，尺寸庞大。用大型设备直接进行高空拼装比较困难也不经济，所以选用地面拼装，整体提升法进行

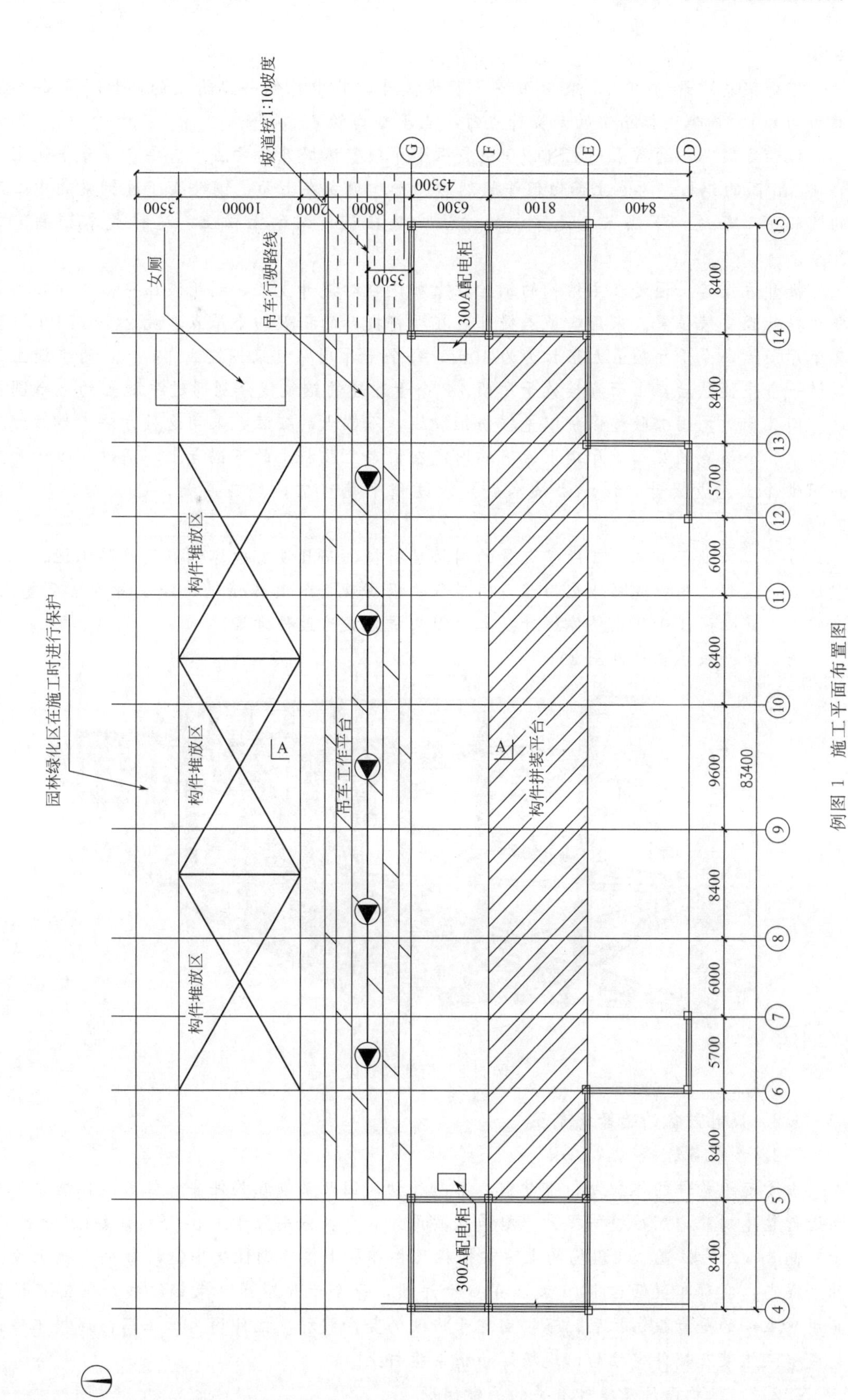
园林绿化区在施工时进行保护
构件堆放区
构件堆放区
构件堆放区
女厕
吊车行驶路线
坡道按1:10坡度
吊车工作平台
构件拼装平台
300A配电柜
300A配电柜
A
A
3500
10000
2000
8000
6300
8100
8400
45300
3500
G
F
E
D
8400
8400
5700
6000
8400
9600
8400
6000
5700
8400
8400
83400
4
5
6
7
8
9
10
11
12
13
14
15

例图 1 施工平面布置图

安装。

钢桁架总质量约296t，采用四个点同步提升，其中外侧一榀桁架的两提升点每个点承载力约80t，内侧一榀桁架的两提升点每个点承载力约65t。

提升方案一：通常采用LSD200型液压千斤顶整体提升的方法，需要在提升牛腿上另外焊接3m高的钢柱，再在上面做假牛腿然后将千斤顶支在上面，钢绞线通过钢梁的中心所开的圆孔穿心而过，下锚点也是穿心的方法安装在钢桁架的上弦上。这样成本较高，工艺复杂。

提升方案二：通过在主结构的钢骨柱上加设临时提升支架，利用液压穿心千斤顶将构件整体提升至安装位置。采用四吊点提升，在即将提升的桁架四个吊点各放2个ZLD100型液压千斤顶，每个千斤顶最大张拉力为100t，每个千斤顶穿9束钢绞线。4个点的牛腿上用钢板做一个牛腿然后在上面直接放千斤顶，2个千斤顶的钢绞线分别通过牛腿上的2个圆孔穿过。圆孔周边均用橡胶垫保护以免损伤钢绞线，下锚点的安装也采用这种方法。钢绞线上端连接在各个吊点的穿心千斤顶上，下端固定在桁架上弦杆上的下锚点上，通过穿心千斤顶群的同步作业完成提升。该方法技术成熟，过程平稳可靠，经济高效，已成功应用于多项工程。

方案二降低了成本，节约了大量的周转性材料，而且没有破坏钢桁架的整体性，工艺稳定性好，这种工艺曾成功地应用于多项工程。根据现场的具体情况，经多种方案反复比较，决定采用穿心液压千斤顶整体提升技术。因此该方案为最佳方案。

桁架提升段示意见例图2。

例图2 桁架提升段示意

6.2 提升设备的选择及布置

6.2.1 设备选择

由于起吊构件的体积大、重量重、不易移动，因此必须在构件安装位置的铅垂位置下楼面进行整体拼装，然后整体提升。起吊点共设为4个：分别位于F-5；F-14及E-6；E-13柱子外侧3m处的位置。在现场的上述四根柱及相邻柱上接焊钢柱及牛腿，每个牛腿上设一提升上锚点，对称布置两台100t液压穿心千斤顶，每个千斤顶穿9束钢绞线，下锚点设置于其对应上锚的垂直投影位置，下锚固定于桁架的竖向腹杆。锚件均为加工厂内焊接工件，在完成桁架组装及锚件定位后，现场焊于桁架腹杆上。

6.2.2 结构设计及提升有关的关键问题

根据提升总重296t左右计算出每个桁架牛腿顶部受力，确定主要提升设备千斤顶吨位及钢绞线的断面、根数选择，相应设计出提升桁架牛腿顶部几何尺寸。

千斤顶及钢绞线选择见例表4。

例表4 千斤顶及钢绞线选择

总重/t	提升点	提升质量/t	千斤顶		ϕ15.24钢绞线布置		
			100t数量/个	实际能力/t	根数	总破断力/kN	利用系数
296	外端点	80	4	400	9×4	936	0.427
	内端点	65	4	400	9×4	936	0.427

6.2.3 设备布置

提升设备布置依钢结构吊点位置而定，最简单的方案是永久支撑位置设置吊点，对于整体安装，一般来说这是比较合理的方案。本工程根据现场结构情况在钢桁架牛腿顶部四个支撑点布置相应的提升千斤顶。设备平面布置如例图3所示。

布置设备时已考虑以下三点。

① 钢绞线应有足够的安全储备，锚具工作安全可靠。

② 节约能耗，提高效率。从液压系统看，连在一个泵中的千斤顶工作压力越接近，则系统的工作效率越高。

③ 整体提升法施工时在桁架端部加焊连接杆以确保桁架的整体性，避免提升过程中在桁架杆件中产生太大的内力。必须保证提升过程中钢桁架的工作面。

在提升点须搭设安全操作平台，保证千斤顶安装的作业安全，并在提升过程中作为人员检测的通道。平台采用ϕ48mm×3.5mm脚手管搭设，满铺脚手板，临边做1500mm高封闭防护。同时每个提升点须搭设一钢绞线疏导架。

6.2.4 提升机具安全性能指标

液压穿心千斤顶：千斤顶在使用前必须经检测部门进行检定。

由于钢桁架提升总重为296t，每个提升点设两台100t千斤顶，每个提升点的最大起升力为200t，而每个点的最大张拉力为80t，则液压穿心千斤顶的起升能力利用系数为80/(100×2)=0.4。

参照《网架结构设计与施工规范》(JGJ 7—2010）对提升设备的设备提升能力利用系数应不大于0.40～0.60之规定，比较后确定选用8台该型号液压穿心千斤顶符合规定要求。

钢绞线：钢绞线选用6×1+1-1860型，每束直径ϕ15.24mm，每束钢绞线破断力为26t，每台液压穿心千斤顶配9束钢绞线，液压穿心千斤顶额定起重量为100t，则破断承载力安全系数为26×9/100=2.34。

6.3 提升工装设计

提升点位于标高75.69m处，悬挑3.0m，采用临时支架体系进行加固形成可靠稳定体系。同时为控制桁架在整体提升过程中的变形量及稳定性，须增加临时支撑体系，包括桁架两端头及桁架中部的垂直剪刀撑及桁架两端头间的稳固支撑。

提升锚点连接件均在厂内制作完成，在现场进行组装，现场安装连接件时应在完成起升牛腿的组装和焊接后，先安装上锚点连接件，上锚点连接件安装前，应先完成其在牛腿上定位点的确定，确保连接件两锚孔中心连线的中心点与建筑物柱子中心偏差值小于10mm，且与牛腿中心偏差值小于5mm；同时必须用框式水平仪调整两孔的上端面的水平偏斜不大于1mm，然后进行定位焊接。下锚点连接件的安装需在桁架整体组装焊接完成后进行。采用

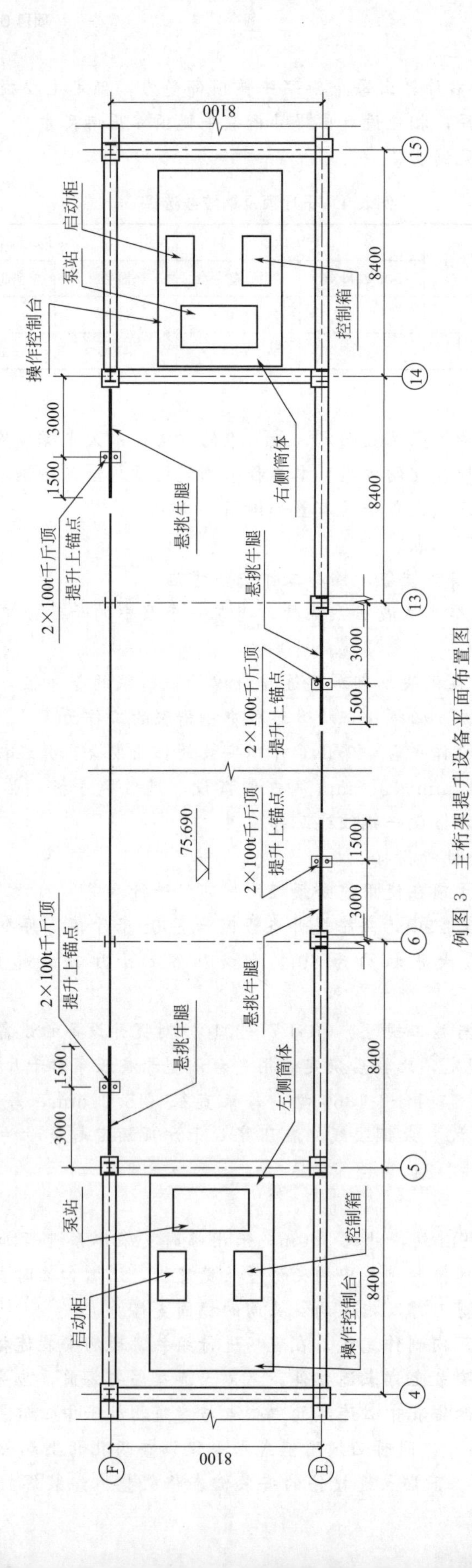

例图 3　主桁架提升设备平面布置图

激光铅垂仪将牛腿处锚点连接件的孔中心投射到下锚点连接件上，使二者孔中心同轴偏差值控制在10mm以内，同时要求控制下锚点连接件下孔平面度偏差值在1mm以内。

上下锚点的加工精度尺寸须根据千斤顶的外形尺寸及现场情况再做细部调整。

上锚点加工图见例图4，下锚点加工图见例图5。

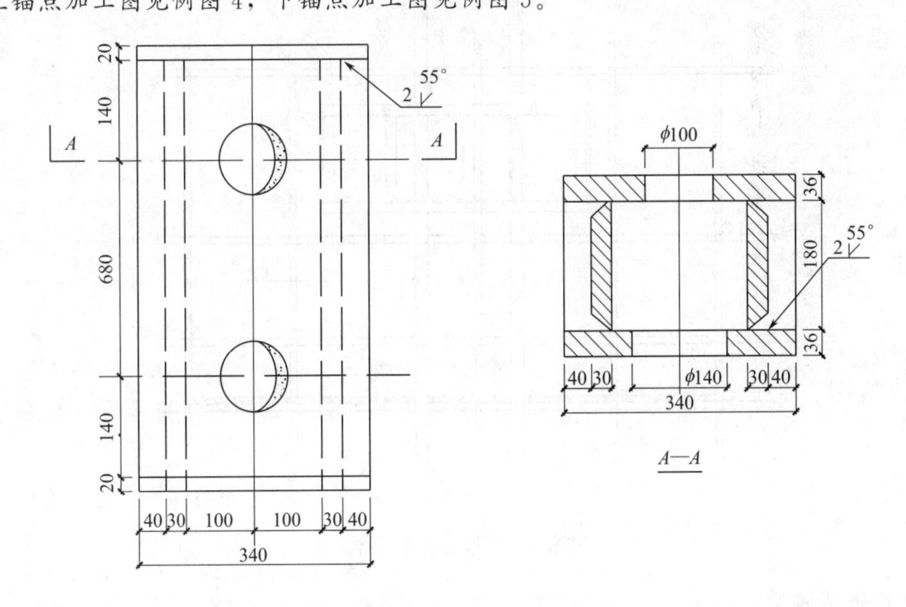

例图4　上锚点加工图

所用钢板材质：Q345C

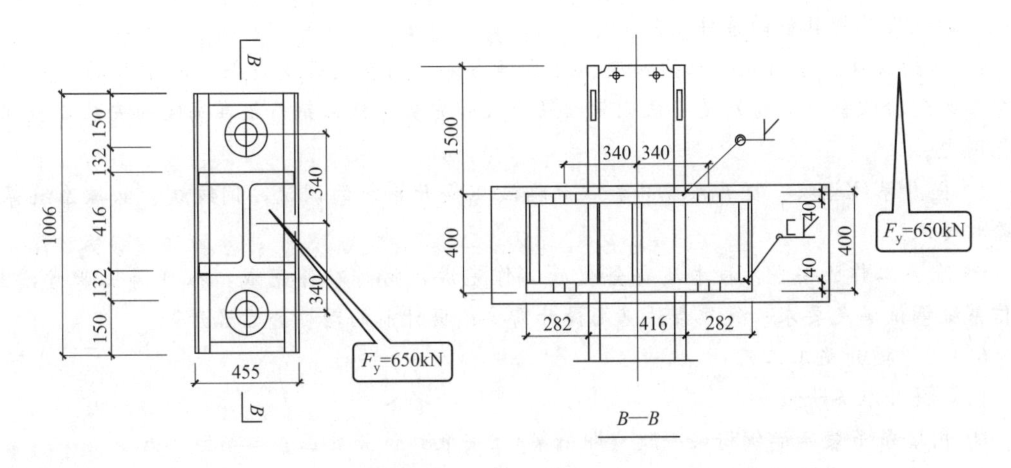

例图5　下锚点加工图

所用钢板材质为Q345C

6.4　钢桁架的液压提升施工

6.4.1　整体提升技术措施

(1) 千斤顶及钢绞线的安装

安装钢绞线之前每台千斤顶都须加疏导板，以保证钢绞线在千斤顶中的位置准确。穿完钢绞线经检查合格后，将千斤顶在上锚点位置就位，并完成可靠的连接和固定。然后将钢绞线穿入下锚点，并固定。必须确保上下锚穿孔的同位，不允许出现钢绞线穿孔错位现象。下锚点处需搭设操作平台如例图 6 所示，平台临边满挂密目安全网，操作平台主要提供下锚点安装与拆除、穿钢绞线、拆钢绞线的作业面。

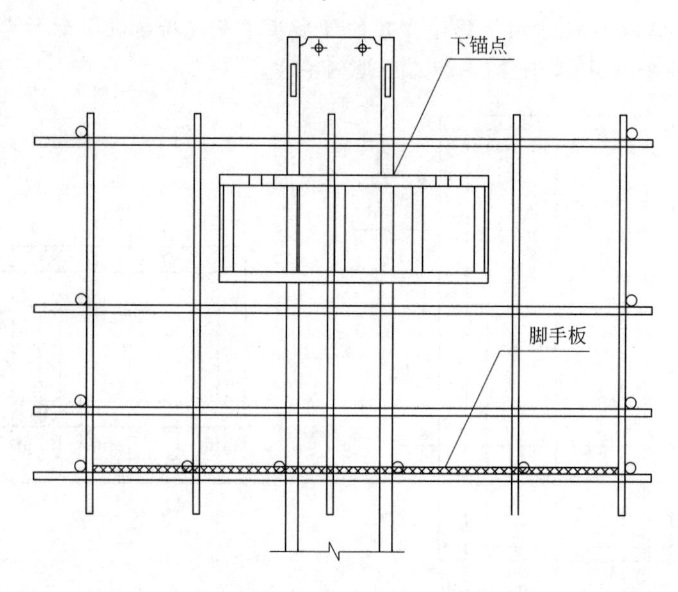

例图 6　下锚点操作平台

(2) 钢绞线预紧

采用倒链对每束钢绞线进行预紧使每个吊点处的钢绞线均匀受力，以防止在提升过程中由于受力不一而发生钢绞线退出工作的现象。

(3) 试提升须具备的条件

① 结构验收：包括混凝土的强度、地面钢桁架、高空提升支撑架、新增加的杆件的安装焊接达到验收标准。特别是安装测量结果应及时完成，保证钢桁架在高空的安装偏差在容许范围内。

② 提升系统验收：提升系统的验收包括液压提升系统的调试，钢绞线、电控系统等达到验收要求。

③ 准备工作已妥当：技术及安全交底工作完成，材料准备完成，人员岗位职责清楚；通信系统调试满足要求；气候条件满足提升需要；提升前的动员会已召开等。

6.4.2　提升施工工艺

(1) 提升准备阶段

① 用塔吊吊装两端钢桁架牛腿（即桁架），安装到位并校正。

② 在牛腿上分别焊接好支撑千斤顶的牛腿。

③ 吊装千斤顶就位，油路电控提升设备就位。

④ 下锚点节点的安装与加固。

⑤ 电控线、油路的接通与调试，油缸适当走几个空行程。然后预紧钢绞线。

⑥ 试提升 30～50mm 后，拆除钢桁架所有的支撑、加固件，空中悬挂一宿，查看有无异常。

⑦ 正式提升时准备测量设备及人员，以供监测钢桁架顺利、安全提升到位。

⑧ 检查钢桁架提升点的高差，要始终保持提升点在同一高度。试提升一切正常，进入

正式提升阶段。

(2) 钢桁架提升作业阶段

① 正式提升时，每提升 1000mm 测定一次提升高度，以便及时调整提升端头的高度，使提升端头始终保持在同一高度上同步提升。

② 每个提升千斤顶组派专人监测，并用步话机相互联络，随时通报提升过程中设备的运行情况。

③ 提升过程中，如出现千斤顶打滑等失效情况时，将保险锁死后，将千斤顶卡头更换。在连续提升时，如果出现油泵过热的情况，应适当停止提升 30min 左右，或采取降温措施。

④ 将对接点拼焊固定，焊接完毕后卸去千斤顶等设备。

⑤ 由于提升高度达 70m，在提升过程中在白天应尽可能连续提升。若遇到风雨雪等不利气候时采用相应的防护措施。内容见相关章节。

⑥ 钢桁架总长度达 66.6m，而宽度为 8.1m，为了防止钢桁架与剪力墙在提升过程中发生碰撞，必须在两端加溜绳来保证钢桁架在提升过程中的稳定性。

⑦ 在提升过程中，要确保千斤顶同步顶升，使四个点的千斤顶受力均匀一致。

(3) 系统控制调差阶段

计算机控制系统有主从控制柜各一台，分别放置剪力墙两边，实现两级控制，保证同步提升。将误差控制在毫米级。正常提升情况下，高度同步提升误差控制在 5mm 内。

6.4.3 桁架提升过程示意

桁架提升系统示意见例图 7，桁架提升过程示意见例图 8，桁架高空就位示意见例图 9。

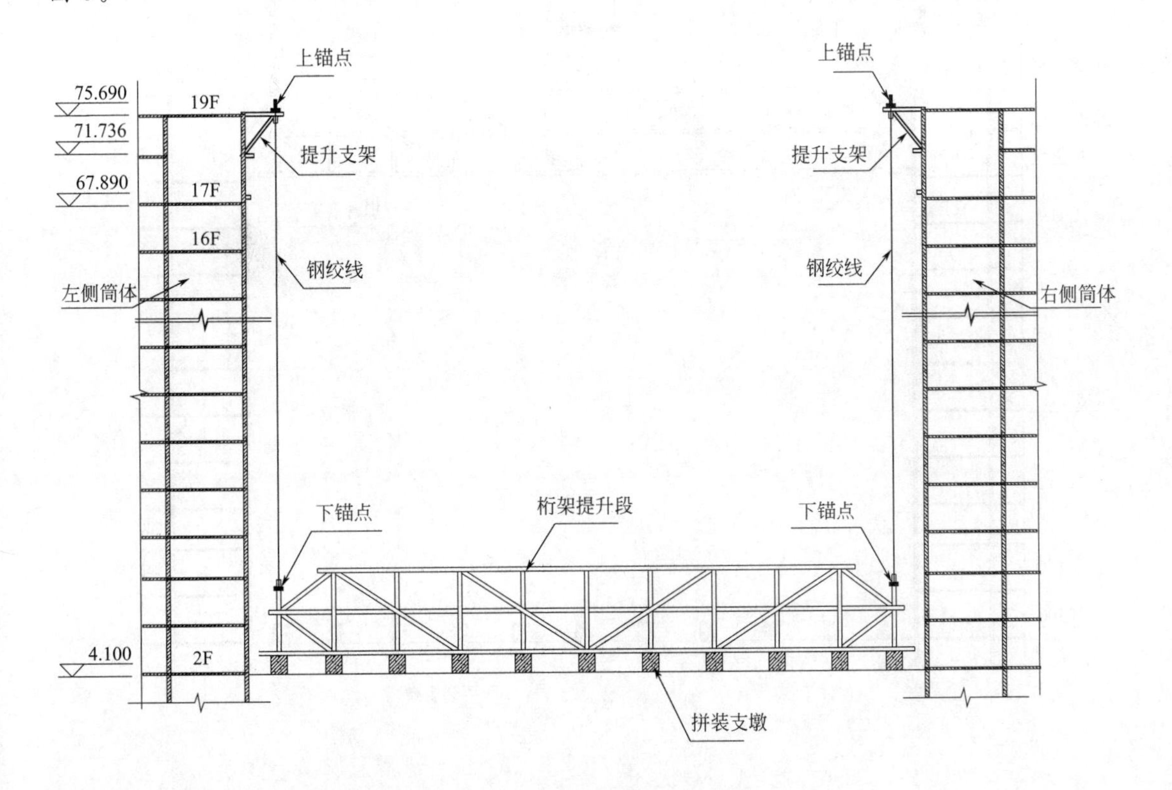

例图 7 桁架提升系统示意图

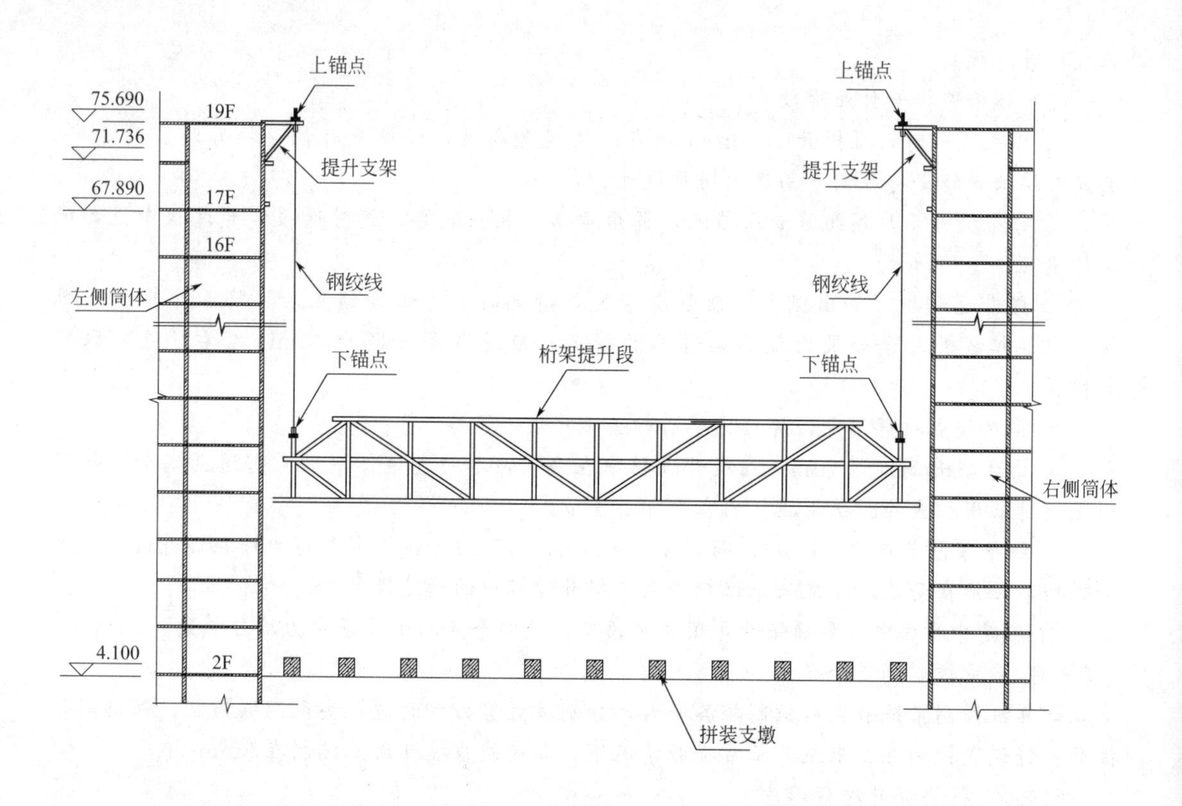

例图 8 桁架提升过程示意图

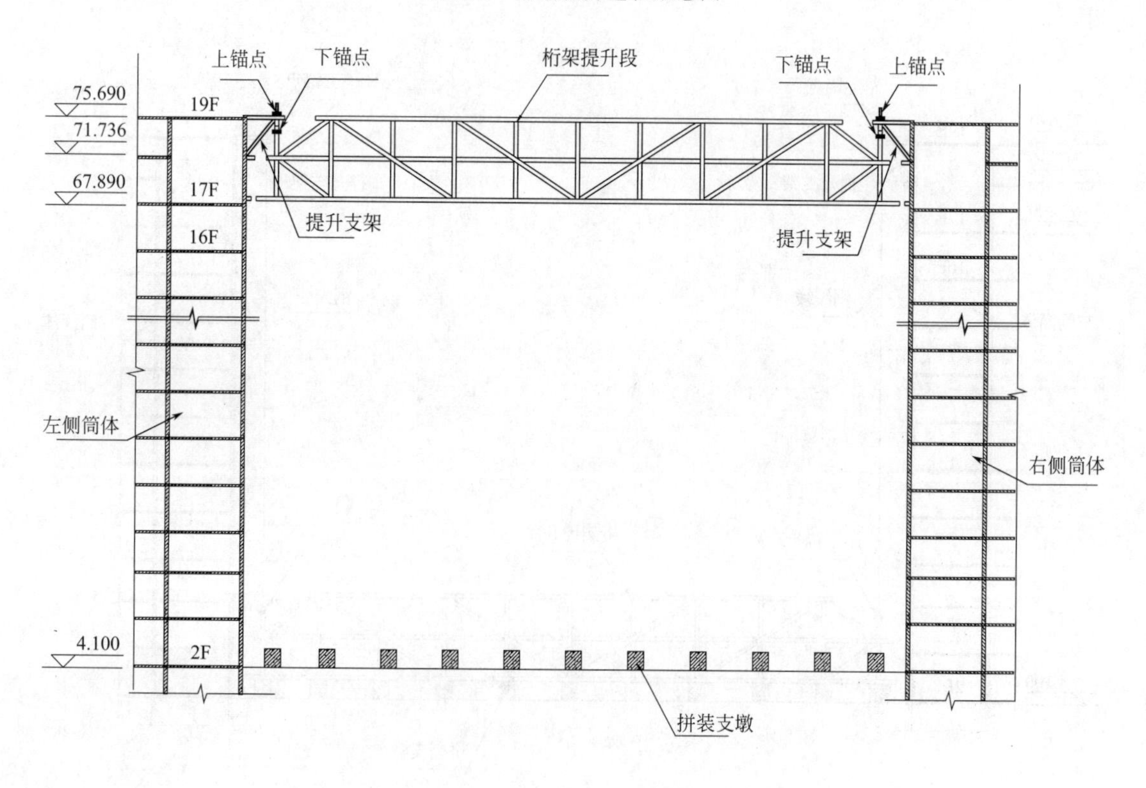

例图 9 桁架高空就位示意图

7 钢桁架高空安装技术措施

7.1 钢桁架高空安装

7.1.1 钢桁架高空安装的措施

安装操作架搭设：高空安装时为便于操作，钢桁架提升到位后，在高空对接处搭设脚手架作为构件安装、焊接操作用。同时根据需要补铺压型钢板。

7.1.2 钢桁架高空安装就位

钢桁架高空就位后先临时连接桁架就位情况理想一侧的节点，然后再连接对应的另一侧的节点。安装就位时可以用手拉葫芦及千斤顶辅助就位。钢桁架临时固定后再进行测量及调整。

7.1.3 钢桁架高空安装节点焊接顺序

钢桁架高空焊接顺序：待整个钢桁架安装到位并检查合格后进行焊接。焊接的详细工艺见《钢结构焊接》章节，焊接总体顺序先焊接斜向的受拉杆件，再焊接水平杆件。水平杆件焊接时遵循同一杆件两端不同时焊接的原则。

7.2 钢结构安装测量校正

钢桁架安装测量关键在于对接点的准确定位、对接部位（牛腿）标高控制及变形控制，安装工程采用侧向借线法（铅直仪、激光经纬仪等）进行平面控制测量，控制点由首层总控制网测设而得。用全站仪闭合复测，确定控制网精度后提请有关单位验收。当平面网验收并确认后，此控制网将利用激光铅直仪引测至安装对接部位，用临时构架或电焊牢固固定在钢柱附近。再用全站仪复核边长、角度等的相应关系。如在规范容许范围内，再进行整体测量。

7.2.1 钢结构测量控制流程

本工程钢结构安装过程中的测量工作包括平面控制、标高控制、柱及斜支撑顶偏差控制、柱及斜支撑垂直度控制、斜支撑节点的控制、柱及斜支撑顶标高检测、梁面高差的检测。

7.2.2 平面轴线位置控制

(1) 建立钢桁架的测量控制网

桁架安装阶段平面控制图见例图10。

地面拼装时将其实际轴线引入拼装地面（地面实物弹线放样），拼装则按照实物放样来完成；平面轴线位置侧向借线法。根据控制网用直角坐标法定出控制（线）点位，然后分别在各点上架设激光铅垂仪、激光经纬仪、电子经纬仪（并配置弯管目镜）等，竖直向上投递到各个施工对接部位；钢桁架按安装时则在 K_1、K_2、K_3、K_4 四点形成的控制线上任一位置支设经纬仪或是激光铅直仪来进行控制测量校正。

(2) 标高控制

① 为减少远距离标高引测误差，标高采用统一使用的基准点作为标高起始依据点(线)，即首层+0.50m 标高控制网。

② 从起始标高+0.50m 处，用 50m 标准钢尺从三处垂直向上用标准拉力引至施工层。在此过程中，12 层作为转点二次传递层，三处位置保持统一，以减少偏差，在施工中检测三个标高引测点间的误差，如偏差在允许范围内将闭合差调正并做好标记。

③ 用水准仪在工作层（即对接部位所在楼层）引测三个水准点并做好标记。

④ 每一节柱用钢尺、自动安平水准仪传递标高，以此抄平各柱的柱顶标高，根据抄平结果确定上节柱标高的调整值，从而控制柱标高。

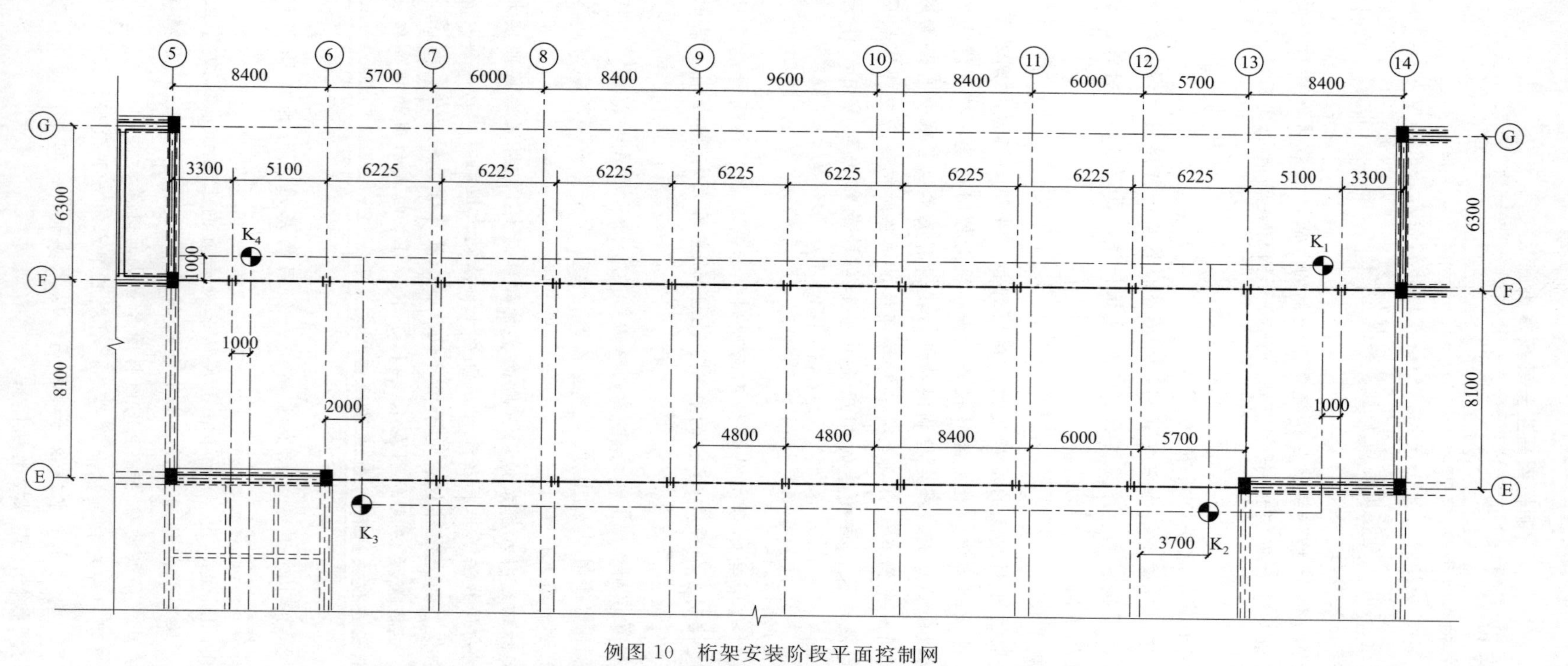

例图 10 桁架安装阶段平面控制网

图示说明：上图控制网建立是以首层平面控制网为依据，增添 K_1、K_2、K_3、K_4 控制点（线）位完成，平行线间距偏差小于±2mm，交角偏差小于±20″。

7.2.3 地面拼装过程跟踪测量

钢结构的过程跟踪测量以斜支撑和钢柱的吊装测量为主控，并按照合适的程序组织测量过程。

(1) 吊装测量

① 钢柱吊装在塔吊松钩后先用带双向水准的水平尺进行初校，在形成稳定的结构后用两台经纬仪在相互垂直的控制线位置进行钢柱垂直度精校。

② 当一个施工段的钢柱、梁和斜撑安装完毕后，对这一施工段的钢柱、梁和斜撑需要进行整体测量校正。

(2) 焊接前、焊接后轴线、标高、垂直度偏差测量

① 观测准备。在 K_1、K_2、K_3、K_4 等连线上相应位置架设激光铅垂仪，将控制点投测到施工部位；在已校正好垂直度的钢柱顶设全站仪，对中整平于所投递上来的激光点位，分别瞄准另两个点位，检测夹角与边长。如角度或距离误差较大时，应重新投递激光点；当角度与距离误差均符合要求时，向全站仪输入测站点与另一个点的平面直角坐标，确定起始点和起始方向。

② 柱顶标高测量。在柱身各楼面混凝土以上＋1.6m 处标定一标高线，通过水平观测此线，可测出钢柱的标高偏差。但此标高线必须从柱顶往下测量定出，将制作长度误差及时反映出来，以免累积误差传递给上一节。也可直接在钢柱顶架设水准仪，直接观测得出各柱顶标高偏差。根据偏差值大小，在吊装上一节钢柱时，通过垫钢板，或切割衬板来垫高和降低柱顶标高。

7.2.4 地面拼装完成、上空牛腿施工完成后的测量数据采集

地面拼装及上空焊接完成后对所有控制点标高值进行实测，所得数据交技术部分析平差，如有超差部位，应继续进行校正及处理，确保提升条件。

7.2.5 测量机具控制

① 测量使用的钢尺、仪器首先经计量检定，核对误差后才能使用，并做到定期检校。加工制作、安装和监督检查等应统一标准。

② 激光铅垂仪投递轴线控制点的精度，是保证高层钢结构安装质量的关键。测量中应严格对中整平仪器，投测时应采取全圆回转，每隔 90°投测一次，四次取中。并避开吊装晃动、日照强烈和风速过大等不利观测的因素。

③ 标高和轴线基准点的向上引测形成的测控网，多点间应校核闭合，调整误差满足精度要求。

7.3 桁架各部分在高空安装前的测量与控制

钢桁架各部分在高空安装前的测量包括焊接前和焊接后的测量结果，测量方法及要求按照《钢桁架安装测量技术指导书》的要求进行。

① E 轴钢桁架地面与高空的测量结果。

② F 轴钢桁架地面与高空的测量结果。

③ 电脑三维模拟安装后的情形。

根据现场的测量结果，结合在不同工况下的钢桁架的各部分的变形值，利用电脑进行三维模拟安装后的情形，以发现超出容许偏差范围的情况，提前做好处理措施。

根据测量结果进行模拟后，主要的偏差情况如下：

① 轴线偏差。

② 水平方向距离。

③ 标高或层高的结果。

④ 超差的处理措施。

针对部分杆件有超差的情况，拟采取如下的处理措施：

① 多采用后装节的方式进行处理，把超差通过后装段来消除，并且保证安装偏差控制在规范容许的范围内。

② 为减少测量中的各种误差对安装精度的影响，对后装节的长度或焊缝坡口间隙的调整在桁架高空组装时根据实测的结果进行。

③ 对后装段的长度进行仔细测量，统一分类集中码放。

④ 安装时的基准面（或点）拟以钢桁架17层的对接点的就位精度为准。钢桁架提升到满足17层的对接点的安装精度（与测量的结果进行比较）要求，同时比较其他点的就位精度，当各点满足要求时就可以确定钢桁架已提升到位。此时各点的测量结果将作为安装超差处理的主要依据。

7.4 钢桁架合拢焊接时环境温度的选择

由于在设计时考虑到环境温度变化对钢桁架产生温度应力的影响，对桁架段在最后高空合拢时的环境温度提出了最佳合适环境温度为15℃。根据对新疆乌鲁木齐市气候条件的了解，初步确定根据桁架最终合拢时间，选择在温度接近15℃的时间段进行合拢焊接，以保证桁架结构运行期间的安全。

7.5 安装通廊的辅助结构及补漆

钢桁架安装完毕后，进行通廊的辅助结构安装，采用常规的高空散装法。通廊完成后对焊接节点、高强螺栓节点进行防腐补漆工作。

8 钢结构焊接施工

8.1 焊接施工准备

8.1.1 焊接技术交底

对参加焊接工人依照焊接作业指导书及焊接工艺评定组织焊工进行技术交底。

8.1.2 焊接材料准备

①焊条应放在高温烘干箱烘干，低氢型焊条烘干温度为：焊条在高温箱中加热到380℃后保温1.5h，再在高温箱中降温到110℃后保存，使用时从烘箱中取出应立即放入焊条保温筒中，并须在4h内用完，焊条烘干次数不得超过两次。

② 焊丝包装应完好，如有破损而导致焊丝污染或弯折、紊乱时应部分弃之。

③ CO_2气体纯度不低于99.99%（体积分数），含水量低于0.005%（质量分数），瓶内高压低于1MPa时应停止使用，焊接前要先检查气体压力表的指示，然后检视气体流量计并调节气体流量（20～80L/min）。

8.1.3 焊接机械准备

根据焊接工程量及工期要求，钢桁架部位须安排6～8台CO_2气体保护焊接机。焊接机具应在焊接前校验其指示表的电流、电压指示值的偏差。偏差范围小于5A和3V，并根据焊接工程量统计相应的焊接、清根、打磨工具。焊机的电压应正常，地线压紧牢固，接触可靠，电缆及焊钳无破损，送丝机应能均匀送丝，气管应无漏气或堵塞。

8.1.4 焊接质量控制

① 依照《钢结构焊接规范》（GB 50661—2011）及《钢结构工程施工质量验收规范》（GB 50205—2001）对焊工进行焊前培训，同时编制相应的焊接工艺指导书、焊接工艺卡和施工记录。

② 建立相应专业质量保证体系，从材料管理、设备使用焊接作业、检验检测等方面加强各环节的制度化管理。

8.2 焊接施工工艺

8.2.1 焊前清理

清理焊缝坡口及加装引弧板、熄弧板。

8.2.2 定位焊

定位焊的焊脚应低于6mm，长度为40～60mm。定位焊时应保证其焊接无气孔、夹渣、裂纹、咬边等缺陷。

8.2.3 焊接过程温度控制

① 预热。按焊接工艺评定温度进行预热测温点应在焊口背侧，距焊口中心100mm处，采用电子测温仪测量温度。

② 焊接层温控制。每道焊缝焊完后进行焊缝表面温度测量，当温度超过要求范围时，应进行停焊自然降温；当层温过低时可采用背部保温或加热，提高层温。中途不宜长时间停焊，若遇特殊情况时，应至少完成焊缝填充的1/3方能停焊，且长时间停焊后应重新预热后方可施焊。

8.2.4 焊后保温及热处理

如有要求，采用氧-乙炔火焰加热法进行焊后热处理。

后热温度及保温时间：加热温度为200～250℃，在该温度下保温时间以母材板厚每25mm保温30min计，随后缓慢冷却，加温、侧温方法与预热相同。

8.3 焊接检验

8.3.1 焊缝外观检验

焊缝应在焊后进行表面的清理和飞溅打磨，对焊缝表面的裂纹、气孔、咬边、夹渣、未熔合等缺陷进行修补，焊缝端部的引、熄弧板采用气割割除后打磨光滑。气割时应留有2～3mm的打磨量。在焊后24h以后进行100%超声波探伤，依照《焊缝无损检测超声检测技术、检测等级和评定》（GB/T 11345—2013）进行检验分级。对不合格的焊缝责令焊工进行修补。

8.3.2 焊缝的无损检测

焊缝在完成外观检查，确认外观质量符合标准后，按设计要求进行超声波无损检测，其标准执行《焊缝无损检测超声检测技术、检测等级和评定》（GB/T 11345—2013）规定的检验等级。对不合格的焊缝，根据超标缺陷的位置，采用刨、切除、砂磨等方法去除后，采用与正式焊缝相同的工艺方法补焊，同样的标准核验。

8.3.3 不合格焊缝的返修

① 焊后检查出不合格的地方，应与技术部门协商解决处理。

② 对有害缺陷的焊缝处，进行清理后再焊接。

③ 焊缝中有裂纹时，将焊缝裂纹全长清除后再焊，若采用超声波等方法清楚查出裂纹的界限，应从裂纹两端延长50mm打止裂孔并碳弧气刨加以清除后再焊。低合金结构钢在同一处的返修不得超过两次。

凡不合格的焊缝修补后应重新进行检查。焊缝质量符合《钢结构焊接规范》（GB 50661—2011）的规定。

9 钢结构质量保证体系与措施

9.1 质量保证体系

9.1.1 质量控制体系

质量控制体系见例图11。

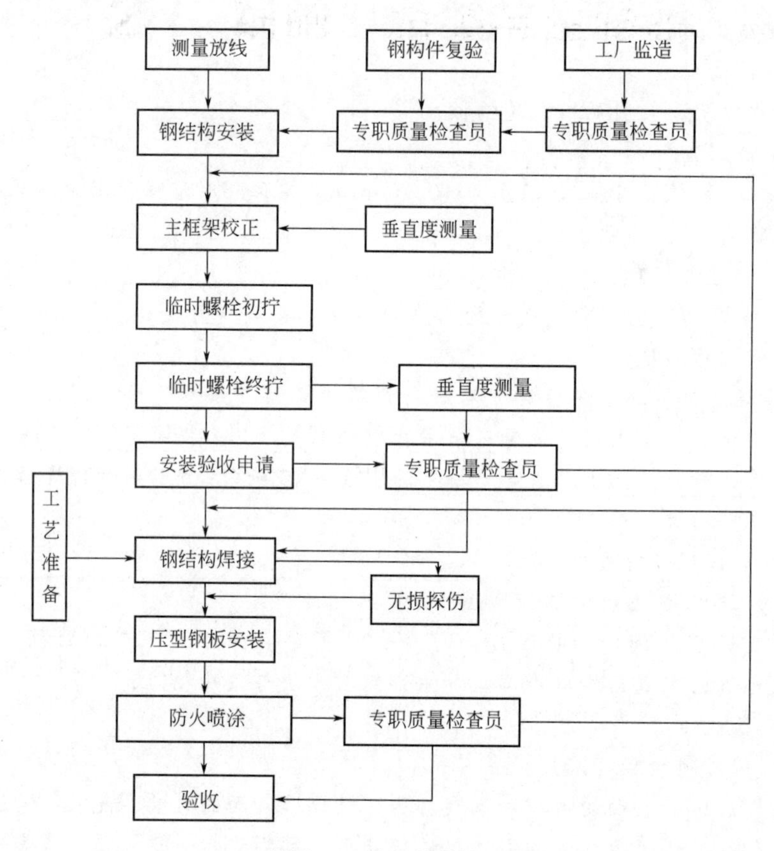

例图11 质量控制体系

9.1.2 质量检查控制程序

班组自检→责任师自检→专职质检员检查→项目质检总监检查→现场监理验收。

9.2 质量保证措施

9.2.1 采购物资质量保证

① 物资部负责物资统一采购、供应与管理。

② 采购物资时，须在确定合格的分供方厂家或有信誉的商店中采购。

③ 物资部委托分供方供货，事前应对分供方进行认可和评价。

④ 加强计量检测，项目设专职计量员一名。

9.2.2 技术保证

① 收到业主提供的图纸后，及时进行内部图纸会审及深化设计，并把发现问题汇总；参与由业主、监理、设计等单位参加的图纸会审，进行会审记录的会签、发放、归档。

② 编制具有指导性、针对性、可操作性的施工组织设计、施工方案、施工技术交底。

③ 根据工程实际情况，积极推广“四新”技术，运用虚拟仿真技术加强工况验算与演练，运用以往施工同类工程的成熟技术：厚钢板的焊接技术、钢结构整体顶升技术、厚板CO_2气体半自动保护焊接技术、钢结构低温焊接技术等，确保工程质量。

④ 组织管理人员学习创优经验，提高管理人员质量、技术意识。

⑤ 每两周组织一次由项目经理部和配属队伍管理人员参加的质量、技术意识提高会。

⑥ 严格按照设计要求，《钢结构工程施工及验收规范》（GB 50205—2001）逐级进行技术交底，精心组织施工。

⑦ 认真执行质量责任制，明确各级质量责任人、制订完善的质量管理制度，坚持“谁施工，谁负责质量”，在施工部位打上操作者的编号，以便明确质量责任。

⑧ 认真做好技术交底工作。开工前应逐级进行书面技术交底，技术交底中除说明施工方法，技术操作要领外，必须明确质量标准及质量要求。

⑨ 把好原材料质量关，进场材料必须有合格证（材质证明）或检验报告。不合格材料不得进场使用。对进场的材料应妥善保管，防止变质和损坏。

⑩ 加强对钢构件加工的质量管理和质量控制。构件验收时，应有专人负责构件质量验收，并认真做好记录，不合格构件禁止进场。

⑪ 特殊工种，坚持“持证上岗”制度。

⑫ 加强计量管理，统一计量器具。定期对施工中使用的仪器、仪表进行校正和检验。结构安装和钢构件制作应统一检定的钢尺。

⑬ 加强工序质量管理，针对钢结构吊装、焊接、压型钢板铺设与栓钉焊接及测量校正等编制相应的施工作业要领书，并以此指导施工，各道工序严格执行“自检、互检、专业检查”三检制，上道工序验收合格后，方可进行下道工序施工。

⑭ 针对本工程的特点，应制订合理的吊装顺序和焊接顺序，同时加强测量控制，以减少积累和焊接变形，保证安装精度。本工程工期紧、任务重，应正确处理工期与质量的关系，以优良的工程质量来保证较快的施工速度。推行全面质量管理，针对“钢结构安装”“钢结构焊接”“钢结构测量控制”等成立QC小组，广泛开展群众性的质量管理活动。

⑮ 认真做好施工过程中各种质量保证资料和技术资料的收集整理工作，并做到与施工同步。

10 安全施工管理与措施

10.1 现场消防措施

① 认真贯彻《中华人民共和国消防条例》，坚持预防为主、消防结合。对施工人员进行消防安全意识教育。

② 施工现场设专人负责防火工作，现场准备消防器材和消防设备，做到经常检查，发现隐患及时上报处理，现场施工作业，设备、材料堆放不得占用或堵塞消防通道。

③ 严格执行现场用火制度，电气焊用火前必须办理用火证，并设专人看火，配备消防器材。电、气焊工作以前，消除作业范围内易燃物品或采取有效隔离措施。

④ 在施工现场严禁氧气、乙炔瓶放在动火地下方。夏季防暴晒并遮盖，严禁用明火检查漏气情况。遇五级以上大风时，应停止室外电气焊作业。电气焊作业完毕后，切断电源、气源，并检查明确操作区域内无隐患，方可离人。

⑤ 施工中消防器材、管道与其他工程发生冲突时，施工人员不得擅自处理，须及时请示上级，经批准后方可更改。

⑥ 仓库、现场配备足够的消防器材，不准吸烟，不准任意拉接电源线，不准无关人员入库。存放消防器材非火警不得动用。

⑦ 现场施工人员严格执行现场消防制度及上级有关规定制度。

10.2 安全施工措施

要树立“安全第一，预防为主”的思想，使全体员工认识到安全生产的重要性。

① 施工人员应熟知本工种的安全技术操作规程，正确使用个人防护用品，采取安全防

护措施。进入施工现场必须戴好安全帽，禁止穿拖鞋或塑料底鞋高空作业。在无防护措施的高空作业，必须系安全带，严禁酒后操作。年龄未满18岁及患有心脏病、癫痫病、恐高症等病症的人员不能参与施工。各工种作业施工人员必须持证上岗，并必须定期进行体格检查。

② 做好消防作业工作，施工人员严格执行消防保卫制度。加强对电气焊、氧气、乙炔及其他易燃易爆物品的管理，杜绝火灾事故的发生。

③ 使用电气焊要持有操作证、用火证，并清理周围易燃易爆物品，配备消防器材，并设专人看火。电焊机一次线不得大于5m，二次线不得大于30m，电焊机有接地保护。焊机拆装由专业电工完成。

④ 禁止带电操作，线路上禁止带负荷接电断电。

⑤ 登高作业人员必须佩带工具袋，工具应放在工具袋内，不得随意放在钢梁上或易失落的地方，如有手动工具（如手锤、扳手、撬棍等）须穿上安全绳，防止失落伤及他人。

⑥ 严格执行上级主管部门和现场有关安全生产的规定，并针对工程特点、施工方法和施工环境，制订切实可行的安全技术交底措施，并做好安全交底工作。

⑦ 做好传染病预防工作，尤其是对非典和禽流感加强预防治疗措施。

⑧ 开展定期或不定期现场安全检查，并根据施工特点和气候开展专项检查，确保安全施工。

10.3 钢结构吊装安全措施

① 严禁酒后作业和在工地吸烟，并服从现场管理人员指挥。严格按照“十”不吊规定进行指挥，并做好每天对工人班前安全交底的工作。

② 结构吊装人员进入施工现场，要戴好安全帽、系好帽带、穿好工作服、工作鞋。高空作业（2m以上）系好安全带。专业人员佩带专职标志。信号工的旗、哨或对话机要随身携带。各工种要有与本人相符的操作证。起重工在起吊构件前，要确认构件重量，选用与之相匹配的吊索具，并且要检查吊索的安全性（如钢丝绳是否断股等）。作业人员进入现场必须戴好安全帽，穿好防滑鞋，高空作业人员安全带必须高挂低用，且不能挂在正在操作的构件上。

③ 严禁起重机超负荷作业。

④ 信号指挥者言语、信号应和塔吊司机保持一致，指挥要口齿清楚，塔吊司机要听从信号工指挥。操作者应对构件重量有所熟悉，严禁塔吊超负荷使用，对构件棱角部位要用胶皮或木方以防破坏钢丝绳。钢柱钢梁安装时临时螺栓穿入不得少于螺栓总数的1/3，要拧牢方可松钩。

⑤ 钢构件就位应缓慢下落。

⑥ 进入高空作业，要系好安全带。

⑦ 所有安全人员严禁酒后作业。

⑧ 电源线严禁破皮外露。

⑨ 工完场清。工作完毕后将氧气、乙炔瓶关闭好。检查作业场地，确无火灾危险后，方可离开。

小结

单位工程施工组织设计是以一个单位工程为编制对象，用以指导整个工程施工全过程的各项施工活动的技术、经济和组织的综合性文件。其内容包括工程概况及特点分析、施工部署和主要工程项目施工方案、施工进度计划、施工资源需要量计划、施工准备工作计划、施工总平面图和主要技术经济指标等。

施工部署是对整个工程项目进行的统筹规划和全面安排，是编制施工进度计划的前提。其内容主要包括明确施工任务的组织分工和工程开展程序、拟定主要工程项目的施工方案、编制施工准备工作计划等。

施工进度计划是以拟建工程项目交付使用的时间为目标而确定的控制性施工进度计划，是施工组织设计的中心工作，也是施工部署在时间上的体现，对资源需要量计划的编制、施工总平面图的设计和大型临时设施的设计具有重要的决定作用。

施工平面布置图是单位工程施工组织设计的一个重要组成部分，是具体指导现场施工部署的平面布置图，也是施工部署在空间上的反映，对于有组织、有计划地进行文明和安全施工，节约施工用地，减少场内运输，避免相互干扰，降低工程费用具有重大的意义。

习 题

1. 简述单位工程施工组织设计的作用和编制依据。
2. 简述单位工程施工组织设计的内容和编制程序。
3. 施工组织设计的工程概况应编制哪些内容？
4. 简述施工进度计划的编制原则和内容。
5. 如何根据施工进度计划编制各种资源供应计划？
6. 设计施工平面布置图应遵循哪些原则？
7. 砌体结构建筑有何特点，其组织施工的核心是什么？
8. 混凝土结构建筑有何特点，其组织施工的核心是什么？
9. 钢结构建筑有何特点，其组织施工的核心是什么？

项目7

建筑工程施工组织总设计

项目要点

本项目概述了施工组织总设计编制内容、依据；详细讲述了施工组织总设计的施工部署、施工方案、施工总进度计划及施工总平面的内容及有关事项；以及大型临时设施的设计。

本项目实践教学环节主要通过模拟训练，通过编制实体项目的施工组织总设计，了解施工组织总设计的内容与作用，熟悉施工组织总设计的组成、编制技巧与方法，以及施工组织总设计在建设项目中的综合运用。

施工组织总设计是以一个建设项目或一个建筑群为编制对象，用以指导整个建设项目或建筑群施工全过程的各项施工活动的技术、经济和组织的综合性文件。在整个建设项目施工中起控制全局的作用。

7.1 概述

7.1.1 施工组织总设计的内容

（1）施工组织总设计的作用

施工组织总设计是用来指导整个建设项目或建筑群施工全过程的各项施工活动的技术、经济和组织的综合性文件。一般在初步设计或扩大初步设计被批准之后，由总承包单位的总工程师主持编制。施工组织总设计主要作用如下：

① 确定设计方案的施工可行性和经济合理性；

② 为建设项目或建筑群的施工做出全局性的战略部署；

③ 为做好施工准备工作、保证资源供应提供依据；

④ 为建设单位编制工程建设计划提供依据；

⑤ 为施工单位编制施工计划和单位工程施工组织设计提供依据；

⑥ 为组织项目施工活动提供合理的方案和实施步骤。

（2）施工组织总设计的内容

施工组织总设计的内容和深度，视工程的性质、规模、工期要求、建筑结构特点和施工复杂程度、工期要求和建设地区的自然条件的不同而有所不同，但都应突出“总体规划”和“宏观控制”的特点，通常包括：工程概况及特点分析、施工部署和主要工程项目施工方案、施工总进度计划、资源需要量计划、施工总平面图和主要技术经济指标等。

在编制一个建设项目或建筑群的施工组织总设计时，首先需要扼要说明其工程概况内容。工程概况是对整个建设项目或建筑群的总说明和总分析，是对拟建建设项目或建筑群所做的一个简明扼要的文字介绍，有时为了补充文字介绍的不足，还可以附有建设项目总平面图，主要建筑的平面、立面、剖面示意图及辅助表格等。编写工程概况一般需要阐明以下几点内容。

① 建设项目特点　是对拟建工程项目主要特征的描述，其内容包括：工程性质、建设地点、建设总规模、总工期、总占地面积、总建筑面积、分期分批投入使用的项目和工期、总投资、主要工种工程量、设备安装及其吨数、建筑安装工程量、生产流程和工艺特点、建筑结构类型、新技术、新材料、新工艺的复杂程度和应用情况等。

② 建设场地特征　主要介绍建设地区的自然条件和技术经济条件，其内容包括：地形、地貌、水文、地质、气象等自然条件；建设地区资源、交通、水、电、劳动力、生活设施等。

③ 施工条件及其他　主要说明施工企业的生产能力、技术装备、管理水平、主要设备、材料和特殊物资供应情况；有关建设项目的决议、协议、土地征用范围、数量和居民搬迁时间等与建设项目施工有关的情况。

7.1.2 施工组织设计的编制依据

（1）计划文件及有关合同

包括国家或有关部门批准的基本建设计划、工程项目一览表、分期分批施工项目和投资计划、主管部门的批件、施工单位上级主管部门下达的施工任务计划、招投标文件及签订的工程承包合同、工程和设备的订货合同等。

（2）设计文件及有关资料

包括建设项目的初步设计、扩大初步设计或技术设计的有关图纸、设计说明书、建筑总平面图、总概算或修正概算和已批准的计划任务书等。

（3）建筑地区的工程勘察和原始资料

包括建设地区的地形、地貌、工程地质及水文地质、气象等自然条件；交通运输、能源预制构件、建筑材料、水电供应及机械设备等技术经济条件；建设地区的政治、经济、文化、生活、卫生等社会生活条件。

（4）现行规范、规程和有关技术规定

包括国家现行的设计、施工及验收规范、操作规范、操作规程、有关定额、技术规定和技术经济指标等。

（5）类似工程的施工组织总设计和有关参考资料

7.1.3 施工组织设计的编制方法和程序

（1）施工组织设计的编制方法

① 当拟建工程中标后，施工单位必须编制建设工程施工组织设计。建设工程实行总包和分包的，由总包单位负责编制施工组织设计或者分阶段施工组织设计。分包单位在总包单

位的总体部署下，负责编制分包工程的施工组织设计。施工组织设计应根据合同工期及有关的规定进行编制，并且要广泛征求各协作施工单位的意见。

② 对结构复杂、施工难度大以及采用新工艺和新技术的工程项目，要进行专业性的研究，必要时组织专门会议，邀请有经验的专业工程技术人员参加，集中群众智慧，为施工组织设计的编制和实施打下坚定的群众基础。

③ 在施工组织设计编制过程中，要充分发挥各职能部门的作用，吸收他们参加编制和审定；充分利用施工企业的技术素质和管理素质，统筹安排、扬长避短，发挥施工企业的优势，合理地进行工序交叉配合的程序设计。

④ 当比较完整地施工组织设计方案提出之后，要组织参加编制的人员及单位进行讨论，逐项逐条地研究，修改后确定，最终形成正式文件，送主管部门审批。

（2）施工组织设计的编制程序

施工组织总设计是整个工程项目或建筑群全面性和全局性地指导施工准备和组织施工的技术经济文件，通常应遵循以下编制程序，其框架形式如图 7-1 所示。

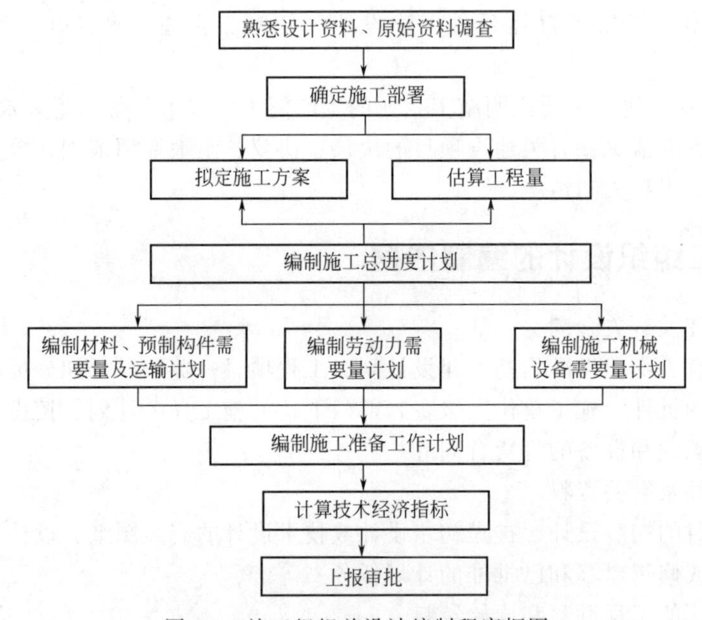

图 7-1　施工组织总设计编制程序框图

① 熟悉有关文件：如计划批准文件、设计文件等；

② 进行施工现场调查研究，了解有关基础资料；

③ 分析整理调查了解的资料，听取建设单位及有关方面意见，确定施工部署；

④估算工程量；

⑤ 编制施工总进度计划；

⑥ 编制材料、预制构件需用量计划及运输计划；

⑦ 编制劳动力需要量计划；

⑧ 编制施工机械、设备需用量计划及进退场计划；

⑨ 编制施工临时用水、用电、用气及通信计划等；

⑩ 编制临时设施计划；

⑪ 编制施工总平面图；

⑫ 编制施工准备工作计划；

⑬ 计算技术经济指标；

⑭ 整理上报审批。

7.1.4 施工组织总设计编制的基本原则

新中国成立后，在第一个五年建设计划期间就开始重视施工组织设计工作，几十年来，积累了较丰富的经验，并逐步形成了编制组织施工设计的一套基本原则，归纳起来有以下几个方面。

① 保证重点、统筹安排、信守合同工期。

② 科学、合理地安排施工程序，尽量多地采用新工艺、新技术。

③ 组织流水施工，合理地使用人力、物力、财力。

④ 恰当安排施工项目，增加有效的施工作业日数，以保证施工的连续性和均衡性。

⑤ 提高施工技术方案的工业化、标准化水平。

⑥ 扩大机械化施工范围，提高机械化程度。

⑦ 采用先进的施工技术和施工管理方法。

⑧ 减少施工临时设施的投入，合理布置施工总平面图，节约施工用地和费用。

7.2 施工总体部署

施工部署是对整个建设工程项目进行的统筹规划和全面安排，主要解决影响建设项目全局的重大问题，是编制施工总进度计划的前提。

施工部署所包括的内容，因建设项目的性质、规模和施工条件等不同。一般应考虑的主要内容有：明确施工任务的组织分工和工程开展程序、拟定主要工程项目的施工方案、编制施工准备工作计划等。

7.2.1 确定施工任务的组织分工及程序安排

（1）确定施工任务的组织分工

在已明确施工项目管理体制、机构的条件下，划分参与建设的各施工单位的施工任务，明确总包与分包单位的关系，建立施工现场统一的组织领导机构及职能部门，确定综合的和专业的施工队伍，划分施工阶段，确定各施工单位分期分批的主导施工项目和穿插施工项目。

（2）确定工程开展程序

确定建设项目中各项工程施工的合理开展程序是关系到整个建设项目能否顺利完成投入使用的关键。根据建设项目总目标的要求，确定合理的工程建设项目开展程序，主要考虑以下几个方面。

① 对于一些大中型工业和民用建设项目，在保证工期的前提下，实行分期分批建设。既可以使各具体项目尽快建成，尽早投入使用，又可在全局上实现施工的连续性和均衡性，减少临时设施工程数量，降低工程成本。在建造时，需要分几期施工，各期工程包括哪些项目，要根据生产工艺要求、建设部门要求、工程规模大小和施工难易程度、资金状况、技术资源等情况确定。

对于小型工业和民用建筑或大型建设项目的某一系统，由于工期较短或生产工艺的要求，也可不必分期分批建设，采取一次性建成投产。

② 各类项目的施工应统筹安排，保证重点，兼顾其他，其中应优先安排工程量大、施工难度大、工期长的项目；供施工、生活使用的项目及临时设施；按生产工艺要求，先期投入生产或起主导作用的工程项目等。

③ 建设项目的施工程序一方面要满足上级规定的投产或投入使用的要求，另一方面也要遵循一般的施工顺序，如先地下后地上、先深后浅等。

④ 应考虑季节对施工的影响。如大规模土方和深基础土方施工一般要避开雨季，寒冷地区应尽量使房屋在入冬前封闭，而在冬季转入室内作业和设备安装。

7.2.2 拟定主要项目施工方案

施工组织总设计中要拟定一些主要工程项目和特殊分项工程项目的施工方案，与单位工程组织设计中的施工方案所要求的内容和深度是不同的。这些项目通常是建设项目中工程量大、施工难度大、工期长，对整个建设项目的完成起关键作用的建筑物或构筑物，以及影响全局的特殊分项工程。拟定主要工程项目施工方案的目的是为了进行技术和资源的准备工作，同时也为了施工进程的顺利开展和现场的合理布置。它的内容包括以下几个方面。

① 确定施工方法，要兼顾技术工艺上的先进性和经济上的合理性。

② 划分施工段，要兼顾工程量与资源的合理安排。

③ 采用施工工艺流程，要兼顾各工种和各施工段的合理搭接。

④ 选择施工机械设备，既能使主导机械满足工程需要，又能使辅助配套机械与主导机械相适应。

7.2.3 主要工种施工方法的选择

施工组织总设计中，施工方法的选择主要是针对建设项目或建筑群中的主要工程施工工艺流程提出原则性的意见。如土石方、混凝土、基础、砌筑、模板、结构安装、装饰工程以及垂直运输等。因为关键性的分部（分项）工程的施工，往往对整个工程项目的建设进度、工程质量、施工成本等起着控制性的作用。需要指出的是，施工组织总设计中提出的意见，通常是原则而不是具体，但它对编制单位工程施工组织设计具有指导意义，具体的施工方法应在单位工程施工组织设计中进行细化，使之具有可操作性。

对施工方法的选择要考虑技术工艺的先进性和经济上的合理性，着重确定工程量大、施工技术复杂、工期长、特殊结构工程或由专业施工单位施工的特殊专业工程的施工方法，如基础工程中的各种深基础施工工艺，结构工程中大模板、滑模施工工艺等。

7.2.4 编制施工准备工作计划

为保证工程建设项目的顺利开工和总进度计划的按期实现，在施工组织总设计中应编制施工准备工作计划，其内容主要包括：按照建筑总平面设计要求，做好现场测量控制网，引测和设置标准水准点；办理土地征用手续；居民迁移及障碍物（如房屋、管线、树木等）的拆除工作；对工程设计中拟采用的新结构、新技术、新材料、新工艺的试制和试验工作；安排场地平整、场内外道路，水、电、气引入方案；有关大型临时设施的建设；组织材料、设备、加工品、半成品和机具等的申请、订货、生产等工作计划；建立工程管理指挥机构及领导组织网络。

7.3 施工总进度计划

施工总进度计划是以拟建项目交付使用的时间为目标而确定的控制性施工进度计划，是施工组织总设计的中心工作，也是施工部署在时间上的体现，对资源需要量计划的编制、施工总平面图的设计和大型临时设施的设计具有重要的决定作用。因此，正确编制施工总进度计划是保证各个建设工程以及整个建设项目按期交付使用，充分发挥投资效益，降低建筑工程成本的重要条件。

编制施工总进度计划的基本要求是：保证拟建工程在规定的期限内完成，采用合理的施工方法保证施工的连续性和均衡性，发挥投资效益，节约施工费用。

7.3.1 施工总进度计划的编制原则与内容

（1）施工总进度计划的编制原则

① 合理安排施工顺序，保证在人力、物力、财力消耗最少的情况下，按规定工期完成施工任务。

② 采用合理的施工组织方法，使建设项目的施工保持连续、均衡、有节奏地进行。

③ 在安排全年度工程任务时，要尽可能按季度均匀分配基本建设投资。

（2）施工总进度计划的编制内容

施工总进度计划的编制内容一般包括：列出主要工程项目一览表并计算其实物工程量，确定各单位工程的施工期限，确定各单位工程开工、竣工时间和相互搭接关系，编制施工总进度计划表。

7.3.2 列出工程项目一览表并计算工程量

施工总进度计划主要起控制总工期的作用，因此在列出工程项目一览表时，项目划分不宜过细。通常按分期分批投产顺序和工程开展程序列出工程项目，一些附属项目、辅助工程及临时设施可以合并列出。

在列出工程项目一览表的基础上，计算各主要项目的实物工程量。此时计算工程量的目的是为了选择施工方案和主要的施工、运输机械；初步规划主要施工过程的流水施工；估算各项目的完成时间；计算劳动力及技术物资的需要量。

计算工程量，可按初步（或扩大初步）设计图纸并根据各种定额手册进行计算。常用的定额资料有以下几种。

① 每万元、每 10 万元投资的工程量、劳动力及材料消耗扩大指标。这种定额规定了某一种结构类型建筑，每万元或 10 万元投资中劳动力和主要材料的消耗量。根据图纸中的结构类型，即可估算出拟建工程各分项工程需要的劳动力和主要材料的消耗量。

② 概算指标或扩大结构定额。这两种定额都是预算定额的进一步扩大（概算指标是以建筑物的每 $100m^3$ 体积为单位；扩大结构定额是以每 $100m^2$ 建筑面积为单位）。查定额时，分别按建筑物的结构类型、跨度、高度分类，查出这种建筑物按定额单位所需的劳动力和各项主要材料消耗量，从而推算出拟计算建筑物所需要的劳动力和主要材料的消耗数量。

③ 标准设计或已建房屋、构筑物的资料。在缺少定额手册的情况下，可采用与标准设计或已建类似工程实际所消耗劳动力和材料进行类比，按比例估算。由于和拟建工程完全相同的已建工程是极为少见的，因此在采用已建工程资料时，一般都要进行折算、调整。

除建设项目本身外，还必须计算主要的全工地性工程的工程量，例如场地平整面积、铁路及道路长度、地下管线长度等。这些可以根据建筑总平面图来计算。

将按上述方法计算出的工程量填入统一的工程量计算表（表 7-1）。

表 7-1 工程项目一览表

工程项目分类	工程项目名称	结构类型	建筑面积	幢（跨）数	概算投资	主要实物工程量								
						场地平整	土方工程	桩基工程	…	砖石工程	钢筋混凝土工程	…	装饰工程	…
			$1000m^2$	个	万元	$1000m^2$	$1000m^2$	$1000m^2$		$1000m^3$	$1000m^3$		$1000m^2$	
全工地性工程														
主体项目														
辅助项目														
永久住宅														
临时建筑														
…														
合计														

7.3.3 确定各单位工程的施工期限

影响单位工程施工期限的因素很多，如施工技术、施工方法、建筑类型、结构特征、施工管理水平、机械化程度、劳动力和材料供应情况、现场地形、地质条件、气候条件等。由于施工条件的不同，各施工单位应根据具体条件对各影响因素进行综合考虑，确定工期的长短。此外，也可参考有关的工期定额来确定各单位工程的施工期限。

7.3.4 确定各单位工程的开工、竣工时间和相互搭接关系

在确定了施工期限和施工程序后，就需要对每一个单位工程的开工、竣工时间进行具体确定。通过对各单位工程的工期进行分析，应考虑下列因素确定各单位工程的开工、竣工时间和相互搭接关系。

① 保证重点，兼顾一般。在同一时期进行的项目不宜过多，以免人力、物力的分散。

② 满足连续性、均衡性的施工要求。尽量使劳动力和技术物资消耗量在施工全程上均衡。以避免出现使用高峰或低谷；组织好大流水作业，尽量保证各施工段能同时进行作业，达到施工的连续性，以避免施工段的闲置。为实现施工的连续性和均衡性，需留出一些后备项目，如宿舍、附属或辅助项目、临时设施等，作为调节项目，穿插在主要项目的流水作业中。

③ 综合安排，一条龙施工。做到土建施工、设备安装、试生产三者在时间上的综合安排，每个项目和整个建设项目在安排上合理化，争取一条龙施工，缩短建设周期，尽快发挥投资效益。

④ 认真考虑施工总平面图的关系。建设项目的各单位工程的分布，一般在满足规范的要求下，为了节省用地，布置比较紧凑，从而也导致了施工场地狭小，使场内运输、材料堆放、设备拼装、机械布置等产生困难。故应考虑施工总平面图的空间关系，对相邻工程的开工时间和施工顺序进行调整，以免互相干扰。

⑤ 全面考虑各种条件限制。在确定各单位工程开工、竣工时间和相互搭接关系时，还应考虑各种客观条件的限制。如施工企业的施工力量，各种原材料、机械设备的供应情况，设计单位提供图纸的时间，各年度建设投资数量等情况。同时，由于建筑施工受季节、环境影响较大，经常会对某些项目的施工时间提出具体要求，从而对施工的时间和顺序安排产生影响。

7.3.5 施工总进度计划的编制

施工总进度计划常以图表的形式表示。目前采用较多的是横道图和网络图。由于施工总进度计划只起控制作用，因此项目划分不必过细。当用横道图表达施工总进度计划时，施工项目的排列可按施工部署确定的工程展开程序排列。横道图式的施工进度表是将所有的建筑物或构筑物列于表的左侧，表的右侧则为时间进度。施工总进度计划表上的时间常以月份进行安排，也有以季度、年度进行安排的（表 7-2）。

表 7-2　施工总进度计划

序号	工程项目名称	建筑面积	施工进度计划														
			××年									××年					

施工总进度计划还经常采用网络图的形式。网络图的结构严谨，比横道图更加直观明了，还可以表达出各施工项目之间的逻辑关系。但其计算复杂，调整也比较麻烦。近年来，由于网络图可以应用计算机计算和输出，便于对进度计划进行调整、优化、统计资源数量等，网络图在实践中已得到广泛应用。

施工总进度计划表绘制完成后，将同一时期各项工程的工作量加在一起，用一定比例画在施工总进度计划的底部，即可得出建设项目工作量的动态曲线。若曲线上存在较大的高峰和低谷，则表明在该时间内各种资源的需求量较大，需要调整一些单位工程的施工速度或开、竣工时间，以便消除高峰和低谷，使各个时期的工作量尽可能达到均衡。

7.4 资源需要量计划

编制各项资源的需要量计划，其依据一是施工总进度计划；二是施工图预算。应力求做到供应及时，平衡协调。其内容主要有劳动力需要量计划、材料需要量计划和机械需要量计划等。

7.4.1 劳动力需要量计划

劳动力需要量计划是规划临时设施工程和组织劳动力进场的依据。编制时，首先根据工程量汇总表中分别列出的各个建筑物的主要实物工程量，查预算定额或有关资料即可求出各个建筑物主要工种的劳动量，再根据施工总进度计划表的各单位工程各工种的持续时间，即可得到某单位工程在某段时间里的平均劳动力数量。按同样方法可计算出各施工阶段各工种的用工人数和施工总人数。确定施工人数高峰期的总人数和出现时间，力求避免劳动力进退场频繁，尽量达到均衡施工。同时，应提出解决劳动力不足的措施以及有关专业工种技术培训计划等。表 7-3 为劳动力需要量计划表。

表 7-3 劳动力需要量计划

序号	工种名称	高峰期需用人数	××年						××年					现有人数	多余或不足人数
1	瓦工														
2	木工														
…	…														
	合计														

根据劳动力需要量计划，有时在总进度计划表的下方，用直方图形式表示施工人数随工程进度时间的动态变化。这种表示方法直观易懂，如表 7-4 所示。表的上半部分为施工进度计划，下半部分为劳动力人数动态图。

表 7-4 ××工程施工进度计划表及劳动力动态图

序号	工程项目	施工进度计划													附注
1															
2															
3															
…															
	劳动力动态/人（300、250、200、150、100、50）														

7.4.2 材料、构件及半成品需要量计划

根据工种工程量汇总表和总进度计划的要求，查概算定额即可得到各单位工程所需的建筑材料、构件和半成品的需要量，从而编制需要量计划，见表 7-5。

表 7-5　主要材料、构件和半成品需要量计划

序号	工程名称	材料、构件、半成品名称							
		水泥/t	砂/m^3	砖块	…	混凝土/m^3	砂浆/m^3	…	木结构/m^2

7.4.3 施工机械需要量计划

施工机械需要量计划是组织机械进场、计算施工用电量、选择变压器容量等的依据。主要施工机械的需要量，根据施工进度计划，主要建筑物施工方案和工程量，套用机械产量定额，即可得到主要机械需要量，辅助机械可根据工程概算指标求得。其表格形式如表 7-6 所示。

表 7-6　施工机具需要量计划

序号	机具名称	规格型号	数量	生产效率	需要量计划										
					××年					××年					

7.5 建筑工程施工组织总设计实例

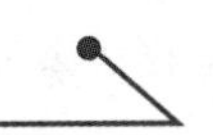

一、工程概况

1. 单位工程概况

本工程为某市行政中心的新建工程，属群体工程。各单位工程的设计概况如表 7-7 所示。

表 7-7　各建筑物工程概况

<table>
<tr><th>序号</th><th>单位工程名称</th><th>建筑面积/m²</th><th>层数</th><th>结构概况</th><th>备注</th></tr>
<tr><td>1</td><td>综合楼</td><td>23780.9</td><td>9</td><td rowspan="5">主体结构采用框架结构，筏板基础，填空墙采用黏土烧结多孔砖和普通砖</td><td rowspan="5">1 号楼设地下室</td></tr>
<tr><td>2</td><td>办公楼</td><td>2659</td><td>4</td></tr>
<tr><td>3</td><td>办公楼</td><td>2734.6</td><td>4</td></tr>
<tr><td>4</td><td>办公楼</td><td>3806.7</td><td>4</td></tr>
<tr><td>5</td><td>办公楼</td><td>3980</td><td>4</td></tr>
</table>

1 号楼设一层地下室，内设人防及变配电房、锅炉房、冷冻机房、水泵房、停车场等，1 号楼一层设大型汽车库和自行车库，2～9 层为各办公用房、会议用房、计算机房、档案馆、库房等。屋顶设冷却塔。2～5 号楼为办公及会议用房。1 号楼设楼梯三部，并设 6 台电梯，2～5 号楼每幢设楼梯两部。

2. 工程地质情况

由地质勘察报告提供的建设场地的持力层为黏质粉土，持力层承载力 f_k＝160kPa，基底无地下水。

3. 水电等情况

从建设单位指定位置接入水源，管径 DN100，并做水表井；施工现场地面硬化，并形成一定坡度。雨废水有组织排至沉淀池；根据施工现场的实际情况来布置施工临时用电的线路走向、配电箱的位置及照明灯具的位置。本工程临时用电按设计安装 1 台干式节能型变压器 400kW，并引入本施工现场的红线内，在红线内设总配电箱，施工现场内配电方式采用 Tn-S 系统。

4. 承包合同的有关条款

① 总工期　2000年2月份开工，2001年5月竣工，总工期455日历天。

② 奖罚　以实际交用时间为竣工时间，按单位建筑面积计算，按合同工期每提前一天奖工时造价的万分之一，每拖后一天相应罚款。

③ 拆迁要求　影响各栋楼施工的障碍物必须在工程施工之前全部动迁完毕，如果拆迁不能按期完成，则工期相应顺延。

二、施工部署

1. 施工任务的分工与安排

本工程单位工程较多，用工量较大，拟调入项目组的两个施工队承包施工。1号楼从−6.00m标高开始到±0.000结构按其后浇带划分为两个施工段，2号、3号、4号、5号楼以幢号各划分为一个施工段进行流水。当基础工程完成后，2号、3号、4号、5号各划分为一个施工段进行流水施工，而1号按其伸缩缝划分为三个施工段进行内部流水施工（详见表7-9）。

2. 主要工程项目的施工方案

(1) 施工测量　按设计图纸上坐标控制点进行场区建筑方格网测设，并对建筑方格网轴线交点的角度及轴线距离进行测定。建筑平面控制桩及轴线控制桩距基础外边线较远，在基础开挖时不易被破坏，故在开挖基础时不需引桩。基础开挖撒线宽度不应超过15cm。

由于几幢楼同时开工，为防止交叉干扰，采用激光经纬仪天顶内控法进行竖向投测。工程结构施工时设标高传递点分别向上进行传递，以保证在各流水段施工层上附近有三个标高点，进行互相校核。

(2) 土方工程　采用大型机械及人工配合，开挖选用反铲挖掘机W-100两台及自卸汽车。开挖时，采用1∶0.75自然放坡。机械大开挖挖除表面1.5m深杂土后，由人工挖带基。本工程房心土方回填采用2∶8灰土。回填土采用蛙式打夯机夯实，每层至少夯实三遍，并做到一夯压半夯，夯夯相连，行行相连，纵横交叉，并加强对边缘部位的夯实。

(3) 钢筋工程　钢筋进场应备有出厂质量证明，物资人员应对其外观、材质证明进行检查、核对无误后方可入库。用前按施工规范要求进行抽样试验及见证取样，合格后方可使用。钢筋在现场的堆放应符合现场平面图的要求，并保证通风良好。钢筋下侧应用木方架起，高出地面。底板钢筋连接采用闪光对焊；局部辅搭接焊；其他部位的钢筋连接均采用绑扎搭接连接；暗柱钢筋采用电渣压力焊。

(4) 模板工程　该工程柱用18mm九合板，梁用25mm木板，板用12mm竹胶板，模板按照截面尺寸定型制作，安装时纵向龙骨间距不大于400mm，柱子设置柱箍连接，用钢管加扣件进行固定。

(5) 混凝土工程　该工程所有现浇混凝土全部由现场混凝土搅拌站供应，采用HBT600型混凝土泵输送至浇筑部位。

(6) 防水工程　该工程屋面设计为非上人屋面，防水层采用3mm厚改性沥青柔性防水卷材（Ⅲ型），防水层2层。卷材铺贴采用满铺法施工，纵横向搭接宽度不小于100mm，上下层卷材接头位置要错开，采用热熔铺贴法。

(7) 脚手架工程　根据本工程特点，采用全高搭设双排扣件式钢管外脚手架。内脚手架采用碗扣式满堂红支架，脚手架拉结利用剪力墙上的穿墙螺栓孔，用一根焊有穿墙螺栓的脚手管与墙体拉结。在脚手架外立杆内侧满挂密目网封闭，首层设水平兜网，每隔四层设水平兜网，并设随层网。作业层必须满铺脚手板，操作面外侧设两道护身栏杆和一道挡脚板。

3. 施工准备工作

(1) 技术准备工作　项目总工组织各专业技术人员认真学习设计图纸，领会设计意图，做好图纸会审；根据《质量手册》和《程序文件》要求，针对本工程特点进行质量策划，编制工程质量计划，制订特殊工序、关键工序、重点工序质量控制措施；依据施工组织设计，编制分部、分项工程施工技术措施，做好技术交底，指导工程施工；做模板设计图，进行模板加工。认真做好工程测量方案的编制，做好测量仪器的校验工作，认真做好原有控制桩的交接核验工作；编制施工预算，提出主要材料用量计划。

(2) 劳动力及物质、设备准备工作　组织施工力量，做好施工队伍的编制及其分工，做好进场三级教育和操作培训；落实各组室人员，制订相应的管理制度；根据预算提出材料供应计划，编制施工使用计划，落实主要材料，并根据施工进度控制计划安排，制订主要材料、半成品及设备进场时间计划；组织施工机械进场、安装、调试，做好开工前准备工作。

(3) 施工现场及管理准备工作　做施工总平面布置（土建、水、电）并报有关部门审批。按现场平面布置要求，做好施工场地围挡和施工三类用房的施工，做好水、电、消防器材的布置和安装；按要求做好场区施工道路的路面硬化工作；完成合同签约，组织有关人员熟悉合同内容，按合同条款要求组织实施。

三、施工总进度计划安排

建筑物的三大工序——基础、结构、装修所需工期统计结果见表7-8。根据各主要工序安排总进度计划，见表7-9。

表7-8　主要建筑物三大工序所需工期表

工序	基础结构	主体结构	内外装修
4层框架/个月	1	3	2
9层框架/个月	4(地下室+2个月)	6	5

表7-9　施工总进度计划表

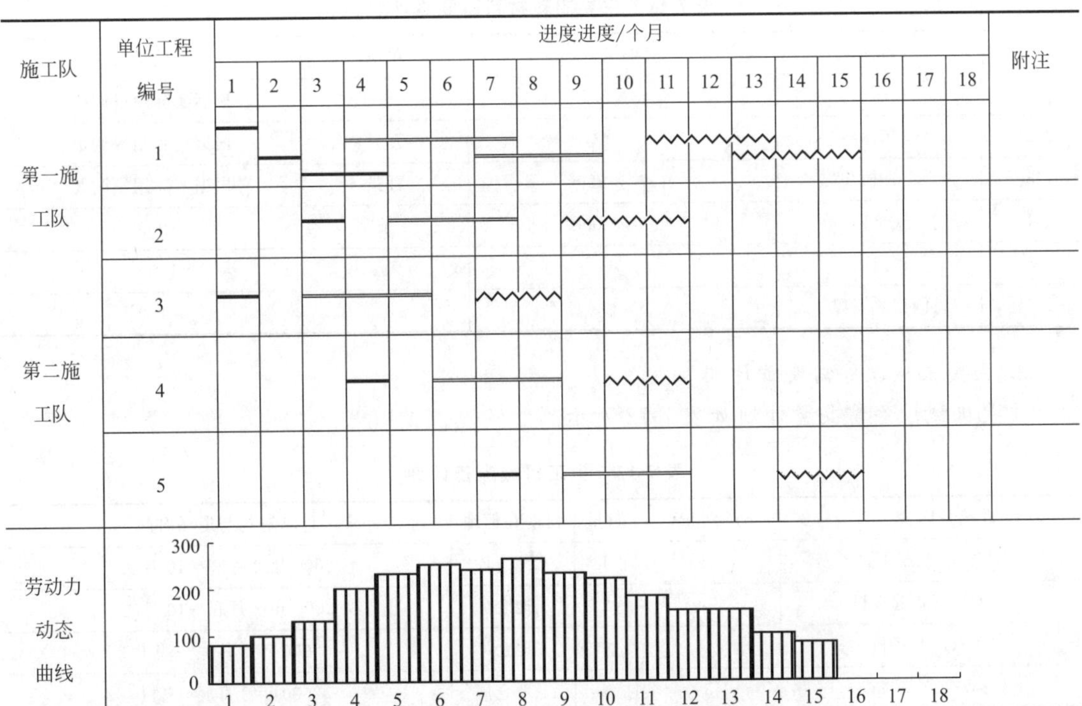

注：“▬”表示基础结构，“═”表示主体结构，“⩘⩘⩘”表示室内外装饰。

四、各种资源需要量计划

1. 劳动力配备计划

劳动力配备计划见表7-10。

表7-10　各工种高峰期劳动力安排

工种	人数
机械挖土	25(配合)
泥工、混凝土工、普工	140
木工	185
钢筋工	80
架子工	25
装修工	150
水电安装工	75
机械操作工	30
合计	710

2. 主要材料需要量计划

(1) 混凝土19800m^3，由现场混凝土搅拌站供应。

(2) 木模板安装约45000m^2，从××工地、××工地陆续调入，余缺部分从公司租赁站租用。

(3) 钢筋2510t左右。

(4) 主要周转材料需要量计划如表7-11所示。

表7-11　主要周转材料需要量计划

序号	名称	规格	单位	数量
1	钢管	ϕ48×3.5	t	根据实际用量调拨
2	扣件		万只	根据实际用量调拨
3	夹板	1820×920	百张	根据实际用量调拨
4	安全网	6000×3000	条	19000
5	竹片		张	16000
6	门架式支撑		t	180

3. 主要机械设备需要量计划

主要机械设备需要量计划如表7-12所示。

表7-12　施工机械配备计划

机械名称、牌号	功率/kW	数量	目前在何地	计划进场与退场时间
HBT-60混凝土泵	55	1	工地仓库	2000年2月底～10月底
QTZ60塔式起重机	29	2	工地仓库	2000年2月底～10月底
JJK-1A卷扬机	7.5	6	工地仓库	2000年2月底～竣工
UTW-200灰浆机	3	4	工地仓库	2000年2月底～竣工
GQ40钢筋切断机	3	2	工地仓库	2000年2月底～10月底

续表

机械名称、牌号	功率/kW	数量	目前在何地	计划进场与退场时间
GJT-40钢筋弯曲机	3	2	工地仓库	2000年2月底～10月底
JZY350混凝土搅拌机	8.05	2	工地仓库	2000年2月底～竣工
Z×50插入式振动器	1.1	20	工地仓库	2000年2月底～竣工
ZB11平板振动器	1.1	4	××工地	2000年2月底～竣工
MB1043木工平刨机	3	6	工地	2000年2月底～竣工
B×6-160电焊机	9.5kV·A	6	工地	2000年2月底～竣工
WNI-100对焊机	100kV·A	2	工地	2000年2月底～竣工
LDI-32A电渣压力焊	32kV·A	2	工地	2000年2月底～竣工
电动机总功率	269.6kW			
电焊机总容量	321kV·A			

五、施工总平面图布置

设计本工程施工总平面图时，主要考虑了以下原则：

(1) 充分利用一部分正式工程，充作临时工程使用；

(2) 先、后工序所需要的施工用地，需重叠使用；

(3) 合理安排施工程序，主要道路尽量利用永久性道路。

(4) 施工区域内不建或少建临时住房，尽可能把空地用于施工。

按照上述原则，施工总平面图布置如下所述。

1. 施工临时道路

施工临时道路为C10混凝土路面。

2. 施工现场临时用水

(1) 本工程施工用水水源是城市供水管网。考虑本工程主要使用泵送混凝土，因此施工用水主干管线为DN100，支线为DN50，分线为DN25，采用镀锌钢管供给，水源由建设单总管接入场地。

(2) 施工用水量计算。

① 施工用水量。其计算式为：

$$q_1=K_1\times\sum Q_1N_1\times\frac{K_2}{3600\times8}$$

$$=1.1\times(300\times300+10\times300)\times\frac{1.5}{3600\times8}=5.33\ (\mathrm{L/s})$$

K_1为未预计的施工用水系数，取1.1；Q_1为日工程量，按每日混凝土养护量为$300m^3$，每日砂浆用量为$10m^3$计算；N_1为施工用水定额；K_2为用水不均衡系数，取1.5。

② 施工机械用水量。因施工机械用水量很小，不计算q_2。

③ 施工现场生活用水量。

$$q_3=P_1N_2K_2/(T\times3600)=800\times80\times2/(6\times3600)=5.9\ (\mathrm{L/s})$$

P_1为施工现场人员总数；N_2为施工现场生活用水定额；K_2为施工现场生活用水不均衡系数，取2；T为高峰用水时间，按6h计算。

④ 消防用水q_4，根据规定现场面积在25公顷（$25hm^2$）以内者，消防用水定额按10～

15L/s 考虑，现本工程场地占地总面积 3.78hm^2，按施工手册取 10L/s。

(3) 总用水量计算。按规定，$q_1+q_2+q_3>q_4$ 时，取大值。而 $q_1+q_2+q_3=11.2L/s>q_4=10L/s$

故总用水量 $Q=11.2$ (L/s)

(4) 供水管径选择，按下式计算：

$$d=\sqrt{\frac{4Q}{\pi v\times 1000}}=\sqrt{\frac{4\times 11.2}{\pi\times 1.5\times 1000}}=0.096\ (\text{m})$$

式中，v 为水流速度，选为 1.5m^3/s。

所以选用 ϕ100 镀锌钢管作供水管，可满足供水需要。

3. 施工现场临时用电

(1) 用电量计算。

$$施工现场用电量\ p=(1.05\sim 1.10)K_1\frac{\sum P_1}{\cos\varphi}+K_2\sum P_2+K_3\sum P_3+K_4\sum P_4$$

式中 p——供电设备总需要用量，kW；

P_1——电动机额定功率，kW，根据表 7-12 所示，本工程主要施工机械的用电量总和为 269.6kW；

P_2——电焊机定额用量，kW，根据表 7-12 所示，本工程 P_2 值为 321kW；

P_3，P_4——室外室内照明用电量，kW，按 (P_1+P_2) 的 10%计算；

$\cos\varphi$——电动机平均功率因素，其值在 0.65～0.75 之间，现取 0.75；

K_1、K_2——需要系数，现 K_1 取 0.7，K_2 取 0.6。

所以 $p=1.10\times(0.7\times 269.6/0.75+0.6\times 321)\times 1.10=488.65$ (kV·A)。

(2) 线路布置。最高用电容量为 488.65kV·A，由此推算出施工变压器选用 600kV·A 容量的 1 台。配电柜 3 台，计量柜 1 台。

4. 施工现场临时设施计划

临时设施在场地安排上做到施工区、办公区、生活区相对独立，以文明标准化工地的标准进行布置，创造一个安全、文明有序的施工场所。计划见表 7-13。

表 7-13 临时设施计划

临时设施名称	计划面积/m^2	结构形式	临时设施名称	计划面积/m^2	结构形式
办公用房	612	二层简易房	食堂 A	269.28	一层砖混
职工宿舍 A	1444.32	一层砖混房	食堂 B	38.88	一层砖混
职工宿舍 B	765	二层砖混房	钢筋加工棚	600	
浴室 A	48.96	一层砖混房	木工加工棚	600	
浴室 B	32.4	二层简易房	机修车间	72	一层砖混
厕所 A	38.88		仓储房	150	一层砖混
厕所 B	18.36		门卫	24.3	一层砖混

小结

施工组织总设计是以一个建设项目或一个建筑群为编制对象，用以指导整个建设项目或建筑群施工全过程的各项施工活动的技术、经济和组织的综合性文件。其内容包括工程概况及特点分析、施工部署和主要工程项目施工方案、施工总进度计划、施工资源需要量计划、施工准备工作计划、施工总平面图和主要技术经济指标等。

施工部署是对整个建设工程项目进行的统筹规划和全面安排，是编制施工总进度计划的前提。其内容主要包括明确施工任务的组织分工和工程开展程序、拟定主要工程项目的施工方案、编制施工准备工作计划等。

施工总进度计划是以拟建项目交付使用的时间为目标而确定的控制性施工进度计划，是施工组织总设计的中心工作，也是施工部署在时间上的体现，对资源需要量计划的编制、施工总平面图的设计和大型临时设施的设计具有重要的决定作用。

施工总平面图是施工组织总设计的一个重要组成部分，是具体指导现场施工部署的平面布置图，也是施工部署在空间上的反映，对于有组织、有计划地进行文明和安全施工，节约施工用地，减少场内运输，避免相互干扰，降低工程费用具有重大的意义。

习　题

1. 简述施工组织总设计的作用和编制依据。
2. 简述施工组织总设计的内容和编制程序。
3. 施工组织总设计的工程概况应编制哪些内容？
4. 简述施工总进度计划的编制原则和内容。
5. 如何根据施工总进度计划编制各种资源供应计划？
6. 设计施工总平面图应遵循哪些原则？
7. 临时仓库和堆场如何设计？
8. 施工总用水量如何确定？临时给水管道的管径如何确定？

项目8

建设工程进度控制与调整

项目要点

本项目概述了建设工程施工进度控制与调整的相关概念，施工进度计划的类型，施工进度的编制方法和影响施工进度的因素；施工进度控制方法和措施；施工进度计划的实施、检查与调整的主要方法。

考核要求

1. 了解施工进度计划编制的依据和基本要求；
2. 了解影响进度的常见因素；
3. 掌握施工进度计划的调整采用的方法。

8.1 建设工程进度控制的概念

8.1.1 建设工程进度控制

指对工程项目建设各阶段的工作内容、工作程序、持续时间和衔接关系根据总目标及资源优化配置的原则编制计划并付诸实施，然后在进行进度计划的实施过程中经常检查实际进度是否按计划要求进行，对出现的偏差情况进行分析，采取补救措施或调整、修改原计划后再付诸实施，如此循环，直到建设工程竣工交付使用。

8.1.2 影响进度的常见因素分析

影响建设工程进度的不利因素有很多，如人为因素，技术因素，设备、材料及构配件因素，机具因素，资金因素，水文、地质与气象因素，以及其他自然与社会环境等方面的因素。其中，人为因素是最大的干扰因素。从产生的根源看，有的来源于建设单位及其上级主管部门；有的来源于勘察设计、施工及材料、设备供应单位；有的来源于政府、建设主管部门、有关协作单位和社会；有的来源于各种自然条件；也有的来源于建设监理单位本身。在工程建设过程中，常见的影响因素如下所述。

① 业主因素。如业主使用要求改变而进行设计变更；应提供的施工场地条件不能及时提供或所提供的场地不能满足工程正常需要；不能及时向施工承包单位或材料供应商付

款等。

② 勘察设计因素。如勘察资料不准确，特别是地质资料错误或遗漏；设计内容不完善，规范应用不恰当，设计有缺陷或错误；设计对施工的可能性未考虑或考虑不周；施工图纸供应不及时、不配套，或出现重大差错等。

③ 施工技术因素。如施工工艺错误；不合理的施工方案；施工安全措施不当；不可靠技术的应用等。

④ 自然环境因素。如复杂的工程地质条件；不明的水文气象条件；地下埋藏文物的保护、处理；洪水、地震、台风等不可抗力等。

⑤ 社会环境因素。如外单位临近工程施工干扰；节假日交通、市容整顿的限制；临时停水、停电、断路；以及在国外常见的法律及制度变化，经济制裁，战争、骚乱、罢工、企业倒闭等。

⑥ 组织管理因素。如向有关部门提出各种申请审批手续的延误；合同签订时遗漏条款、表达失当；计划安排不周密，组织协调不力，导致停工待料、相关作业脱节；领导不力，指挥失当，使参加工程建设的各个单位、各个专业、各个施工过程之间交接、配合上发生矛盾等。

⑦ 材料、设备因素。如材料、构配件、机具、设备供应环节的差错，品种、规格、质量、数量、时间不能满足工程的需要；特殊材料及新材料的不合理使用；施工设备不配套，选型失当，安装失误，有故障等。

⑧ 资金因素。如有关方拖欠资金，资金不到位，资金短缺，汇率浮动和通货膨胀等。

8.1.3 建设工程进度控制的措施

建设工程进度控制的措施应包括组织措施、技术措施、经济措施及合同措施。

（1）组织措施

进度控制的组织措施主要包括：

① 建立进度控制目标体系，明确建设工程现场监理组织机构中进度控制人员及其职责分工；

② 建立工程进度报告制度及进度信息沟通网络；

③ 建立进度计划审核制度和进度计划实施中的检查分析制度；

④ 建立进度协调会议制度，包括协调会议举行的时间、地点，协调会议的参加人员等；

⑤ 建立图纸审查、工程变更和设计变更管理制度。

（2）技术措施

进度控制的技术措施主要包括：

① 审查承包商提交的进度计划，使承包商能在合理的状态下施工；

② 编制进度控制工作细则，指导监理人员实施进度控制；

③ 采用网络计划技术及其他科学适用的计划方法，并结合电子计算机的应用，对建设工程进度实施动态控制。

（3）经济措施

进度控制的经济措施主要包括：

① 及时办理工程预付款及工程进度款支付手续；

② 对应急赶工给予优厚的赶工费用；

③ 对工期提前给予奖励；

④ 对工程延误收取误期损失赔偿金。

（4）合同措施

进度控制的合同措施主要包括：

① 推行 CM 承发包模式，对建设工程实行分段设计、分段发包和分段施工；

② 加强合同管理，协调合同工期与进度计划之间的关系，保证合同中进度目标的实现；

③ 严格控制合同变更，对各方提出的工程变更和设计变更，监理工程师应严格审查后再补入合同文件之中；

④ 加强风险管理，在合同中应充分考虑风险因素及其对进度的影响，以及相应的处理方法；

⑤ 加强索赔管理，公正地处理索赔。

8.1.4 建设工程实施阶段进度控制的主要任务

建设工程实施阶段进度控制的主要任务包括以下几个方面。

（1）设计准备阶段进度控制的任务

① 收集有关工期的信息，进行工期目标和进度控制决策；

② 编制工程项目总进度计划；

③ 编制设计准备阶段详细工作计划，并控制其执行；

④ 进行环境及施工现场条件的调查和分析。

（2）设计阶段进度控制的任务

① 编制设计阶段工作计划，并控制其执行；

② 编制详细的出图计划，并控制其执行。

（3）施工阶段进度控制的任务

① 编制施工总进度计划，并控制其执行；

② 编制单位工程施工进度计划，并控制其执行；

③ 编制工程年、季、月实施计划，并控制其执行。

为了有效地控制建设工程进度，监理工程师要在设计准备阶段向建设单位提供有关工期的信息，协助建设单位确定工期总目标，并进行环境及施工现场条件的调查和分析。在设计阶段和施工阶段，监理工程师不仅要审查设计单位和施工单位提交的进度计划，更要编制监理进度计划，以确保进度控制目标的实现。

8.1.5 建设工程进度控制计划体系

建设工程进度控制计划体系主要包括建设单位的计划系统、监理单位的计划系统、设计单位的计划系统和施工单位的计划系统。

① 建设单位编制（也可委托监理单位编制）的进度计划包括工程项目前期工作计划、工程项目建设总进度计划和工程项目年度计划。

② 监理单位编制的进度计划包括监理总进度计划及其按工程进展阶段、按时间分解的进度计划。

③ 设计单位编制的进度计划包括设计总进度计划、阶段性设计进度计划和设计作业进度计划。

④ 施工单位编制的进度计划包括施工准备工作计划、施工总进度计划、单位工程施工

进度计划及分部（分项）工程进度计划。

8.2 建设工程进度计划实施中的监测与调整方法

8.2.1 实际进度监测与调整的系统过程

（1）建设工程实际进展状态的方法

为了全面、准确地掌握进度计划的执行情况，应认真做好以下三个方面的工作。

① 定期收集进度报表资料。进度报表是反映工程实际进度的主要方式之一。进度计划执行单位应按照进度监理制度规定的时间和报表内容，定期填写进度报表。工程师通过收集进度报表资料掌握工程实际进展情况。

② 现场实地检查工程进展情况。派监理人员常驻现场，随时检查进度计划的实际执行情况，这样可以加强进度监测工作，掌握工程实际进度的第一手资料，使获取的数据更加及时、准确。

③ 定期召开现场会议。定期召开现场会议，工程师通过与进度计划执行单位的有关人员面对面地交谈，既可以了解工程实际进度状况，同时也可以协调有关方面的进度关系。

（2）建设工程进度调整的系统过程

进度调整的系统过程如图 8-1 所示。

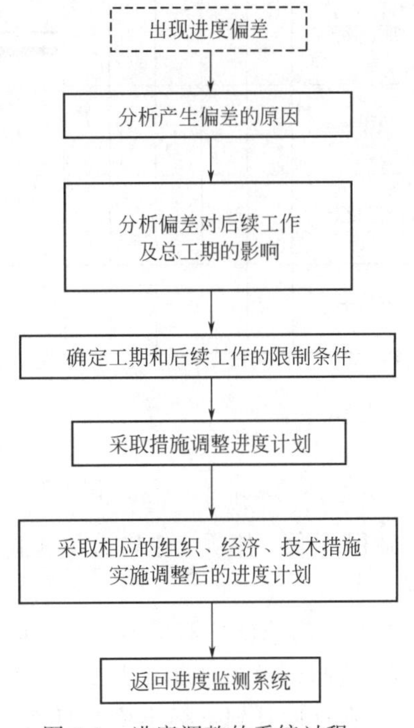

图 8-1　进度调整的系统过程

8.2.2 实际进度与计划进度的比较方法

常用的进度比较方法有横道图、S 形曲线、香蕉形曲线、前锋线和列表比较法。其中横道图比较法主要用于比较工程进度计划中工作的实际进度与计划进度，S 形曲线和香蕉形曲线比较法可以从整体角度比较工程项目的实际进度与计划进度，前锋线和列表比较法既可以比较工程网络计划中工作的实际进度与计划进度，还可以预测工作实际进度对后续工作及总工期的影响程度。

（1）横道图比较法

用横道图编制实施进度计划，是人们常用的、很熟悉的方法。它简明、形象和直观，编制方法简单，使用方便。

横道图比较法是指将检查实际进度收集的信息，经整理后直接用粗实线并列标注在原计划的横道线下方，进行直观比较的方法。

某钢筋混凝土基础工程，分三段组织流水施工时，将其施工的实际进度与计划进度比较，如图 8-2 所示。

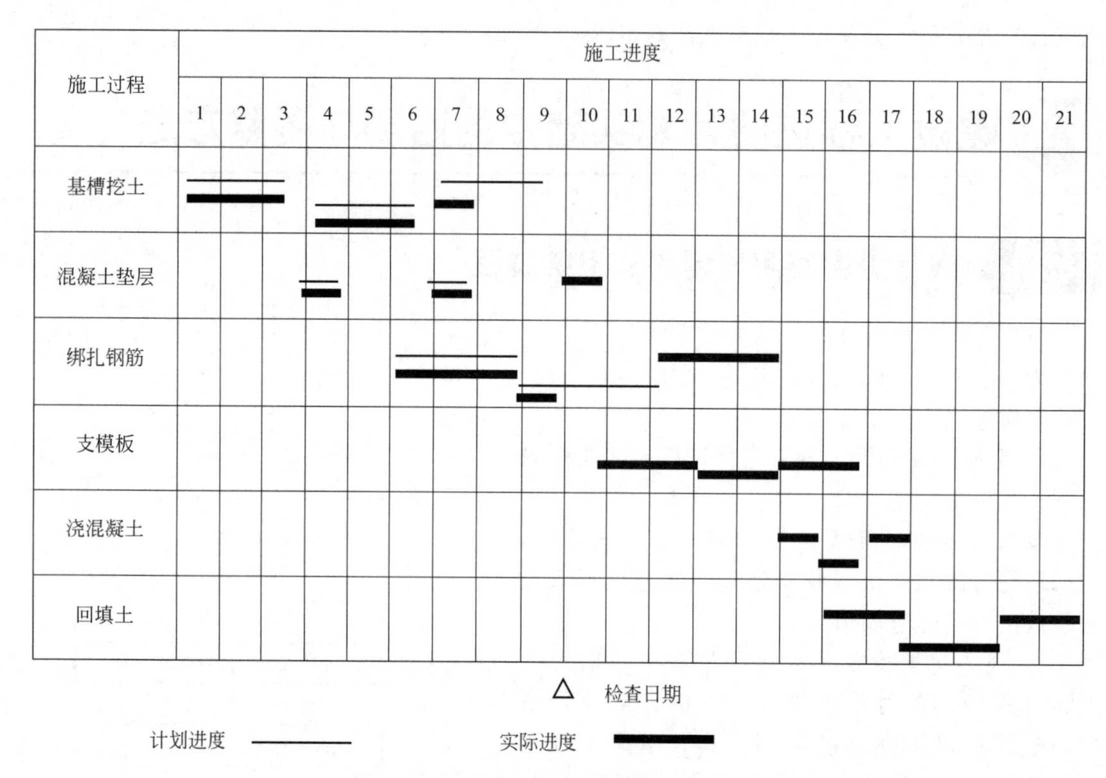

图 8-2　实际进度与计划进度比较横道图

适用范围：各项工作均为匀速施工。即每项工作在单位时间里完成的任务量都是相等的情况。

总结：匀速施工横道图比较法的比较步骤：

① 编制横道图进度计划。

② 在进度计划上标出检查日期。

③ 将检查收集的实际进度数据，按比例用涂黑的粗线标于计划进度线的下方。

④ 比较分析实际进度与计划进度。

a. 涂黑的粗线右端与检查日期相重合，表明实际进度与计划进度相一致；

b. 涂黑的粗线右端在检查日期左侧，表明实际进度拖后；

c. 涂黑的粗线右端在检查日期的右侧，表明实际进度超前。

(2) S 形曲线比较法

S 形曲线比较法是以横坐标表示进度时间，纵坐标表示累计完成任务量，而绘制出一条按计划时间累计完成任务量的 S 形曲线，将工程项目的各检查时间实际完成的任务量绘在 S 形曲线图上，进行实际进度与计划进度相比较的一种方法。

从整个工程项目的施工全过程看，一般是开始和结束时，单位时间投入的资源量较少，中间阶段单位时间投入的资源量较多，与其相关单位时间完成的任务量也是呈同样的变化，如图 8-3 所示；而随时间进展累计完成的任务量，则应该呈 S 形变化，如图 8-4 所示。

S 形曲线比较法同横道图比较法一样，是通过图上直观对比进行施工实际进度与计划进度相比较的方法：

在施工计划实施前先绘制出计划进度要求的 S 形曲线。

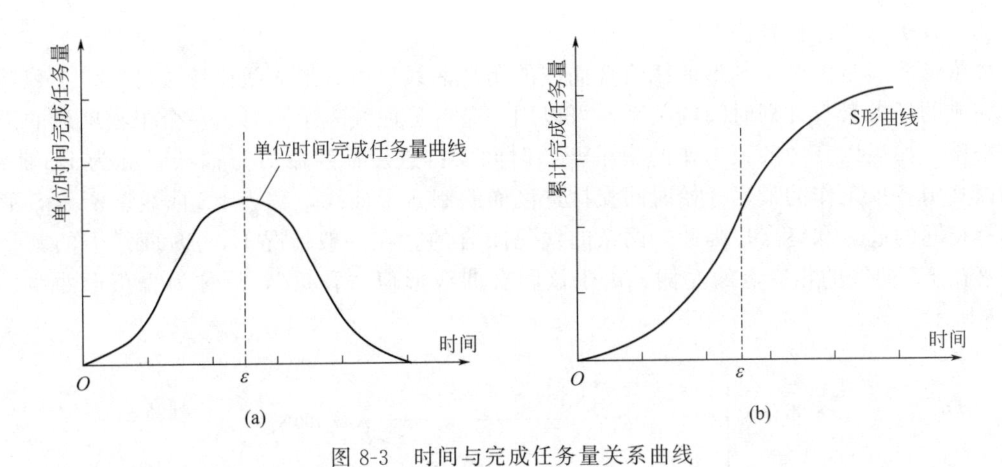

图 8-3　时间与完成任务量关系曲线

在工程施工中，按规定的检查时间将检查时测得的施工实际进度的数据资料，经整理统计后绘制在计划进度 S 形曲线的同一个坐标图上，如图 8-4 所示。

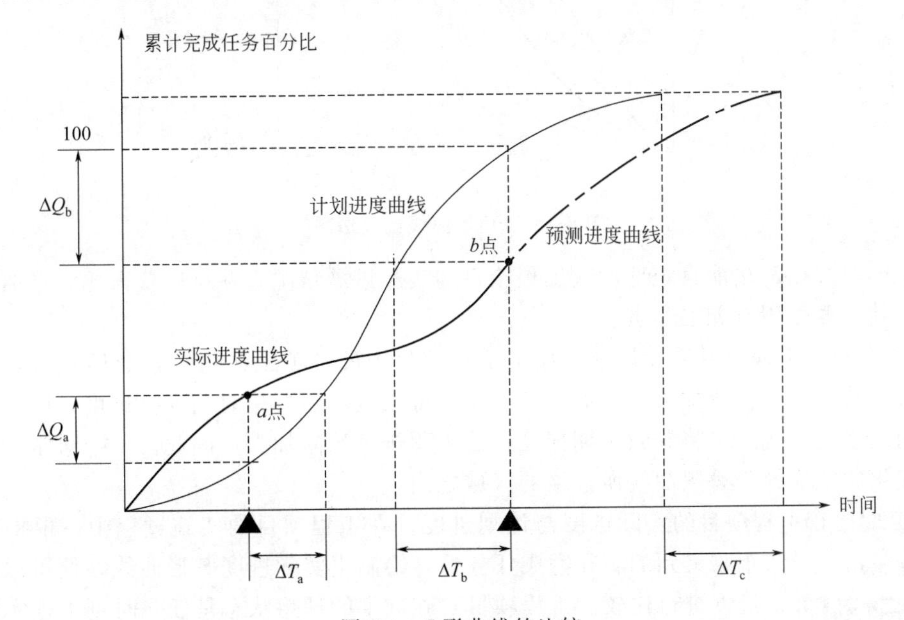

图 8-4　S 形曲线的比较

通过比较实际进度 S 形曲线和计划进度 S 形曲线，可以获得如下信息。

① 工作实际进度与计划进度的关系　实际进度在计划进度 S 形曲线左侧（如 a 点），则表示此时刻实际进度比计划进度超前；反之，则表示实际进度比计划进度拖后（如 b 点）；如果工程实际进展点正好落在计划 S 形曲线上，则表示此时实际进度与计划进度一致。

② 实际进度超前或拖后的时间　从图中我们可以得知实际进度比计划进度超前或拖后的具体时间（用 ΔT_a 和 ΔT_b 表示）。

③ 工作量完成情况　由实际完成 S 形曲线上的一点与计划 S 形曲线相对应点的纵坐标可得，此时已超额或拖欠的工作量的百分比差值（用 ΔQ_a 和 ΔQ_b 表示）。

④ 后期工作进度预测　在实际进度偏离计划进度的情况下，如工作不调整，仍按原计划安排的速度进行（图中虚线所示），则总工期必将超前或拖延，从图中我们也可得知此时工期的预测变化值（用 ΔT_c 表示）。

(3) 香蕉形曲线比较法

香蕉形曲线是由两条S形曲线组合而成的闭合曲线。由S形曲线比较法可知，工程项目累计完成的任务量与计划时间的关系，可以用一条S形曲线表示。对于一个工程项目的网络计划来说，如果以其中各项工作的最早开始时间安排进度而绘制S形曲线，称为ES曲线；如果以其中各项工作的最迟开始时间安排进度而绘制S形曲线，称为LS曲线。两条S形曲线具有相同的起点和终点，因此，两条曲线是闭合的。在一般情况下，ES曲线上的其余各点均落在LS曲线的相应点的左侧。由于该闭合曲线形似“香蕉”，故称为香蕉形曲线。如图8-5所示。

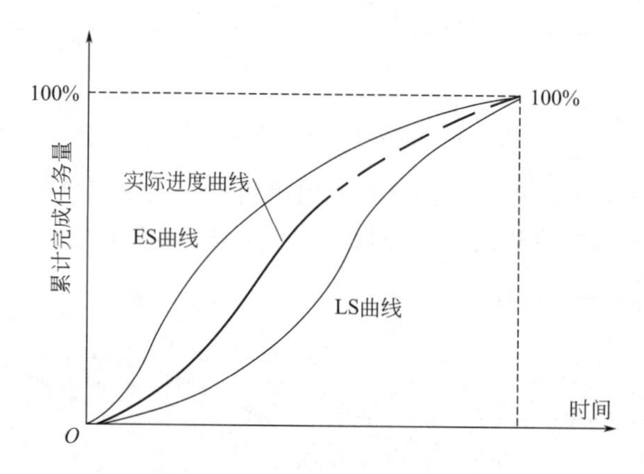

图8-5　香蕉形曲线比较法图

香蕉形曲线比较法能直观地反映工程项目的实际进展情况，并可以获得比S形曲线更多的信息。其主要作用有如下几点。

① 合理安排工程项目进度计划。如果工程项目中的各项工作均按其最早开始时间安排进度，将导致项目的投资加大；而如果各项工作都按其最迟开始时间安排进度，则一旦受到进度影响因素的干扰，又将导致工期拖延，使工程进度风险加大。因此，一个科学合理的进度计划优化曲线应处于香蕉曲线所包络的区域之内。

② 定期比较工程项目的实际进度与计划进度。在工程项目的实施过程中，根据每次检查收集到的实际完成任务量，绘制出实际进度S形曲线，便可以与计划进度进行比较。工程项目实施进度的理想状态是任一时刻工程实际进展点应落在香蕉曲线图的范围之内。如果工程实际进展点落在ES曲线的左侧，表明此刻实际进度比各项工作按其最早开始时间安排的计划进度超前；如果工程实际进展点落在LS曲线的右侧，则表明此刻实际进度比各项工作按其最迟开始时间安排的计划进度拖后。

二维码8.1

施工进度计划
控制与调整案例

③ 预测后期工程进展趋势。利用香蕉形曲线可以对后期工程的进展情况进行预测。

(4) 实际进度前锋线的绘制

前锋线比较法是通过绘制某检查时刻工程项目实际进度前锋线，进行工程实际进度与计划进度比较的方法，它主要适用于时标网络计划。所谓前锋线，是指在原时标网络计划上，从检查时刻的时标点出发，用点划线依次将各项工作实际进展位置点连接而成的折线。前锋线比较法就是通过实际进度前锋线与原进度计划中各工作箭线交点的位置来判断工作实际进度与计划进度的偏差，进而判定该偏差对后续工作及总工期影响程度的一种方法。

前锋线比较法适用于时标网络计划。如图 8-6 所示。

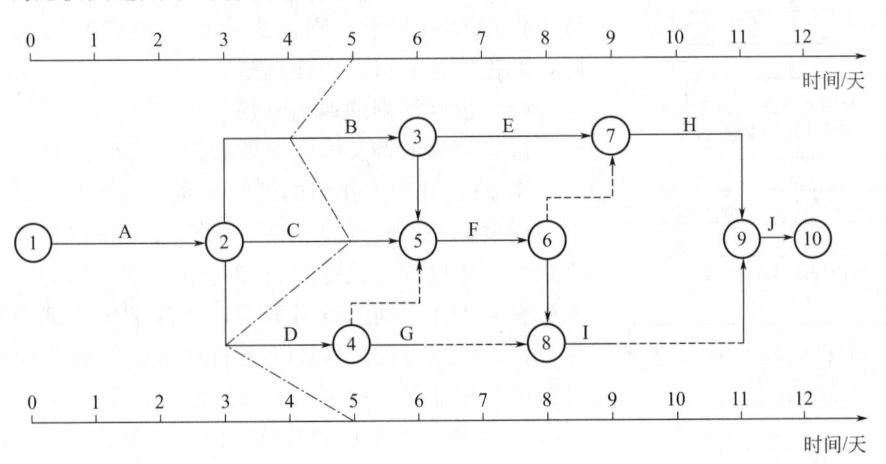

图 8-6　网络计划前锋线比较

① 前锋线绘制　在时标网络计划中，从检查时刻的时标点出发，首先连接与其相邻的工作箭线的实际进度点，由此再去连接该箭线相邻工作箭线的实际进度点，依此类推，将检查时刻正在进行工作的点都依次连接起来，组成一条一般为折线的前锋线。

② 前锋线分析　按前锋线与箭线交点的位置判定工程实际进度与计划进度的偏差。前锋线明显地反映出检查日有关工作实际进度与计划进度的关系有以下三种情况：

a. 实际进度点与检查日时间相同，则该工作实际与计划进度一致；

b. 实际进度点位于检查日时间右侧，则该工作实际进度超前；

c. 实际进度点位于检查日时间左侧，则该工作实际进展拖后。

8.2.3 进度计划实施中的调整方法

（1）进度偏差对后续工作及总工期的影响

在工程项目实施过程中，当通过实际进度与计划进度的比较，发现有进度偏差时，需要分析该偏差对后续工作及总工期的影响，从而采取相应的调整措施对原进度计划进行调整，以确保工期目标的顺利实现。进度偏差的大小及其所处的位置不同，对后续工作和总工期的影响程度是不同的，分析时需要利用网络计划中工作总时差和自由时差的概念进行判断。分析步骤如图 8-7 所示。

① 分析出现进度偏差的工作是否为关键工作　如果出现进度偏差的工作位于关键线路上，即该工作为关键工作，则无论其偏差有多大，都将对后续工作和总工期产生影响，必须采取相应的调整措施；如果出现偏差的工作是非关键工作，则需要根据进度偏差值与总时差和自由时差的关系做进一步分析。

② 分析进度偏差是否超过总时差　如果工作的进度偏差大于该工作的总时差，则此进度偏差必将影响其后续工作和总工期，必须采取相应的调整措施；如果工作的进度偏差未超过该工作的总时差，则此进度偏差不影响总工期。至于对后续工作的影响程度，还需要根据偏差值与其自由时差的关系做进一步分析。

③ 分析进度偏差是否超过自由时差　如果工作的进度偏差大于该工作的自由时差，则

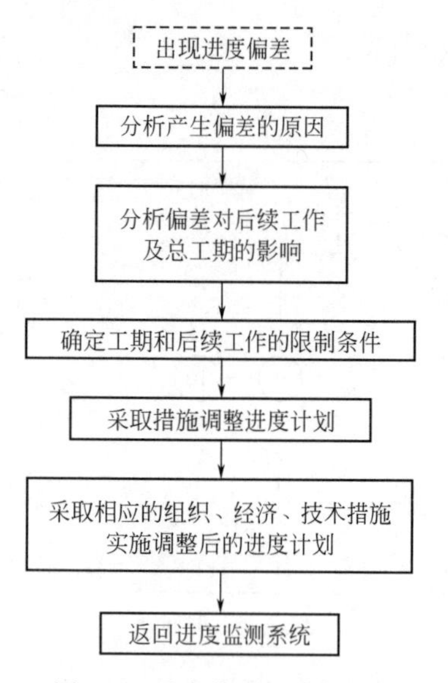

图 8-7　进度偏差的分析系统

此进度偏差将对其后续工作产生影响，此时应根据后续工作的限制条件确定调整方法；如果工作的进度偏差未超过该工作的自由时差，则此进度偏差不影响后续工作，因此，原进度计划可以不作调整。

（2）进度计划的调整方法

进度计划的调整方法主要有以下两种。

① 改变某些工作间的逻辑关系　当工程项目实施中产生的进度偏差影响到总工期，且有关工作的逻辑关系允许改变时，可以改变关键线路和超过计划工期的非关键线路上的有关工作之间的逻辑关系，达到缩短工期的目的。例如，将顺序进行的工作改为平行作业、搭接作业以及分段组织流水作业等，都可以有效地缩短工期。

② 缩短某些工作的持续时间　这种方法是不改变工程项目中各项工作之间的逻辑关系，而通过采取增加资源投入、提高劳动效率等措施来缩短某些工作的持续时间，使工程进度加快，以保证按计划工期完成该工程项目。这些被压缩持续时间的工作是位于关键线路和超过计划工期的非关键线路上的工作。同时，这些工作又是其持续时间可被压缩的工作。这种调整方法通常可以在网络图上直接进行。

8.3 建设工程设计阶段的进度控制

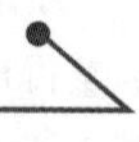

8.3.1 概述

（1）建设工程设计阶段进度控制的意义

① 设计进度控制是建设工程进度控制的重要内容。建设工程进度控制的目标是建设工期，而工程设计作为工程项目实施阶段的一个重要环节，其设计周期又是建设工期的组成部分。因此，为了实现建设工程进度总目标，就必须对设计进度进行控制。

② 设计进度控制是施工进度控制的前提。在建设工程实施过程中，必须是先有设计图纸，然后才能按图施工。只有及时供应图纸，才可能有正常的施工进度，否则，设计就会拖施工的后腿。

③ 设计进度控制是设备和材料供应进度控制的前提。实施建设工程所需要的设备和材料是根据设计而来的。设计单位必须提出设备清单，以便进行加工订货或购买。由于设备制造需要一定的时间，因此，必须控制设计工作的进度，才能保证设备加工的进度。材料的加工和购买也是如此。

（2）建设工程设计阶段进度控制工作程序

建设工程设计阶段进度控制的主要任务是出图控制，也就是通过采取有效措施使工程设计者如期完成初步设计、技术设计、施工图设计等各阶段的设计工作，并提交相应的设计图纸及说明。为此，监理工程师要审核设计单位的进度计划和各专业的出图计划，并在设计实施过程中，跟踪检查这些计划的执行情况，定期将实际进度与计划进度进行比较，进而纠正或修订进度计划。若发现进度拖后，监理工程师应督促设计单位采取有效措施加快进度。

8.3.2 设计阶段进度控制目标体系

建设工程设计阶段进度控制的最终目标是按质、按量、按时间要求提供施工图设计文件。为了有效地控制设计进度，还需要将建设工程设计进度控制总目标按设计进展阶段和专业进行分解，从而形成设计阶段进度控制目标体系。

8.3.3 设计进度控制措施

建设工程设计工作属于多专业协作配合的智力劳动，在工程设计过程中，影响其进度的因素有很多，归纳起来，主要有以下几个方面。

① 建设意图及要求改变的影响　建设工程设计是本着业主的建设意图和要求而进行的，所有的工程设计必然是业主意图的体现。因此，在设计过程中，如果业主改变其建设意图和要求，就会引起设计单位的设计变更，必然会对设计进度造成影响。

② 设计审批时间的影响　建设工程设计是分阶段进行的，如果前一阶段（如初步设计）的设计文件不能顺利得到批准，必然会影响到下一阶段（如施工图设计）的设计进度。因此，设计审批时间的长短，在一定条件下将影响设计进度。

③ 设计各专业之间协调配合的影响　建设工程设计是一个多专业、多方面协调合作的复杂过程，如果业主、设计单位、监理单位等各单位之间，以及土建、电气、通信等各专业之间没有良好的协作关系，必然会影响建设工程设计工作的顺利实施。

④ 工程变更的影响　当建设工程采用 CM 法实行分段设计、分段施工时，如果在已施工的部分发现一些问题而必须进行工程变更的情况下，也会影响设计工作进度。

⑤ 材料代用、设备选用失误的影响　材料代用、设备选用的失误将会导致原有工程设计失效而重新进行设计，这也会影响设计工作进度。

8.4 建设工程施工阶段的进度控制

8.4.1 施工阶段进度控制目标的确定

确定施工进度控制目标的主要依据有：建设工程总进度目标对施工工期的要求；工期定额、类似工程项目的实际进度；工程难易程度和工程条件的落实情况等。

8.4.2 施工阶段进度控制的内容

建设工程施工进度控制工作从审核承包单位提交的施工进度计划开始，直至建设工程保修期满为止，其工作内容主要有：

① 编制施工进度控制工作细则；

② 编制或审核施工进度计划；

③ 按年、季、月编制工程综合计划；

④ 下达工程开工令；

⑤ 协助承包单位实施进度计划；

⑥ 监督施工进度计划的实施；
⑦ 组织现场协调会；
⑧ 签发工程进度款支付凭证；
⑨ 审批工程延期；
⑩ 向业主提供进度报告；
⑪ 督促承包单位整理技术资料；
⑫ 签署工程竣工报验单、提交质量评估报告；
⑬ 整理工程进度资料；
⑭ 工程移交。

8.4.3 施工进度计划的编制

单位工程施工进度计划是在既定施工方案的基础上，根据规定的工期和各种资源供应条件，对单位工程中的各分部（分项）工程的施工顺序、施工起止时间及衔接关系进行合理安排的计划。其编制程序和方法如下所述。

① 划分工作项目。工作项目是包括一定工作内容的施工过程，它是施工进度计划的基本组成单元。工作项目内容的多少，划分的粗细程度，应该根据计划的需要来决定。

② 确定施工顺序。确定施工顺序是为了按照施工的技术规律和合理的组织关系，解决各工作项目之间在时间上的先后和搭接问题，以达到保证质量、安全施工、充分利用空间、争取时间、实现合理安排工期的目的。

一般来说，施工顺序受施工工艺和施工组织两方面的制约。当施工方案确定之后，工作项目之间的工艺关系也就随之确定。如果违背这种关系，将不可能施工，或者导致工程质量事故和安全事故的出现，或者造成返工浪费。

工作项目之间的组织关系是由于劳动力、施工机械、材料和构配件等资源的组织和安排需要而形成的。它不是由工程本身决定的，而是一种人为的关系。组织方式不同，组织关系也就不同。不同的组织关系会产生不同的经济效果，应通过调整组织关系，并将工艺关系和组织关系有机地结合起来，形成工作项目之间的合理顺序关系。

③ 计算工程量。工程量的计算应根据施工图和工程量计算规则，针对所划分的每一个工作项目进行。当编制施工进度计划时已有预算文件，且工作项目的划分与施工进度计划一致时，可以直接套用施工预算的工程量，不必重新计算。若某些项目有出入，但出入不大时，应结合工程的实际情况进行某些必要的调整。

④ 计算劳动量和机械台班数。

⑤ 确定工作项目的持续时间。

⑥ 绘制施工进度计划图。绘制施工进度计划图，首先应选择施工进度计划的表达形式。目前，常用来表达建设工程施工进度计划的方法有横道图和网络图两种形式。横道图比较简单，而且非常直观，多年来被人们广泛地用于表达施工进度计划，并以此作为控制工程进度的主要依据。但是，采用横道图控制工程进度具有一定的局限性。随着电子计算机的广泛应用，网络计划技术日益受到人们的青睐。

⑦ 施工进度计划的检查与调整。当施工进度计划初始方案编制好后，需要对其进行检查与调整，以便使进度计划更加合理，进度计划检查的主要内容包括：

a. 各工作项目的施工顺序、平行搭接和技术间歇是否合理；

b. 总工期是否满足合同规定；

c. 主要工种的工人是否能满足连续、均衡施工的要求；

d. 主要机具、材料等的利用是否均衡和充分。

在上述四个方面中，首要的是前两方面的检查，如果不满足要求，必须进行调整。只有在前两个方面均达到要求的前提下，才能进行后两个方面的检查与调整。前者是解决可行与否的问题，而后者则是优化的问题。

8.4.4 施工进度计划实施中的检查与调整

影响建设工程施工进度的因素有很多，归纳起来，主要有以下几个方面。

(1) 工程建设相关单位的影响

影响建设工程施工进度的单位不只是施工承包单位。事实上，只要是与工程建设有关的单位（如政府部门、业主、设计单位、物资供应单位、资金贷款单位，以及运输、通信、供电部门等），其工作进度的拖后必将对施工进度产生影响。因此，控制施工进度仅仅考虑施工承包单位是不够的，必须充分发挥监理的作用，协调各相关单位之间的进度关系。而对于那些无法进行协调控制的进度关系，在进度计划的安排中应留有足够的机动时间。

(2) 物资供应进度的影响

施工过程中需要的材料、构配件、机具和设备等如果不能按期运抵施工现场或者是运抵施工现场后发现其质量不符合有关标准的要求，都会对施工进度产生影响。因此，监理工程师应严格把关，采取有效的措施控制好物资供应进度。

(3) 资金的影响

工程施工的顺利进行必须有足够的资金作保障。一般来说，资金的影响主要来自业主，或者是由于没有及时给足工程预付款，或者是由于拖欠了工程进度款，这些都会影响承包单位流动资金的周转，进而殃及施工进度。监理工程师应根据业主的资金供应能力，安排好施工进度计划，并督促业主及时拨付工程预付款和工程进度款，以免因资金供应不足拖延进度，导致工期索赔。

(4) 设计变更的影响

在施工过程中出现设计变更是难免的，或者是由于原设计有问题需要修改，或者是由于业主提出了新的要求。监理工程师应加强图纸的审查，严格控制随意变更，特别应对业主的变更要求进行制约。

(5) 施工条件的影响

在施工过程中一旦遇到气候、水文、地质及周围环境等方面的不利因素，必然会影响到施工进度。此时，承包单位应利用自身的技术组织能力予以克服。监理工程师应积极疏通关系，协助承包单位解决那些自身不能解决的问题。

(6) 各种风险因素的影响

风险因素包括政治、经济、技术及自然等方面的各种可预见或不可预见的因素。政治方面的有战争、内乱、罢工、拒付债务、制裁等；经济方面的有延迟付款、汇率浮动、换汇控制、通货膨胀、分包单位违约等；技术方面的有工程事故、试验失败、标准变化等；自然方面的有地震、洪水等。监理工程师必须对各种风险因素进行分析，提出控制风险、减少风险损失及对施工进度影响的措施，并对发生的风险事件给予恰当的处理。

(7) 承包单位自身管理水平的影响

施工现场的情况千变万化，如果承包单位的施工方案不当、计划不周、管理不善、解决问题不及时等，都会影响建设工程的施工进度。承包单位应通过分析、总结吸取教训，及时改进。而监理工程师应提供服务，协助承包单位解决问题，以确保施工进度控制目标的实现。

8.4.5 工程延期

（1）承包商申报工程延期的条件

由于以下原因导致工程拖期，承包单位有权提出延长工期的申请，监理工程师应按合同规定，批准工程延期时间。

① 监理工程师发出工程变更指令而导致工程量增加；

② 合同所涉及的任何可能造成工程延期的原因，如延期交图、工程暂停、对合格工程的剥离检查及不利的外界条件等；

③ 异常恶劣的气候条件；

④ 由业主造成的任何延误、干扰或障碍，如未及时提供施工场地、未及时付款等；

⑤ 除承包单位自身以外的其他任何原因。

（2）处理工程延误的手段

如果由于承包单位自身的原因造成工期拖延，而承包单位又未按照监理工程师的指令改变延期状态时，通常可以采用下列手段进行处理：

① 拒绝签署付款凭证；

② 误期损失赔偿；

③ 取消承包资格。

8.4.6 物资供应进度控制

（1）确定物资供应进度目标时应考虑的因素

在确定目标和编制计划时，应着重考虑以下因素：

① 能否按施工进度计划的需要及时供应材料，这是保证建设工程顺利实施的物质基础；

② 资金能否得到保证；

③ 物资的需求是否超出市场供应能力；

④ 物资可能的供应渠道和供应方式；

⑤ 物资的供应有无特殊要求；

⑥ 已建成的同类或相似建设工程的物资供应目标和计划实施情况；

⑦ 其他。如市场条件、气候条件、运输条件等。

（2）物资供应出现拖延时的处理措施

在物资供应计划的执行过程中，当发现物资供应过程的某一环节出现拖延现象时，其调整方法与进度计划的调整方法类似，一般采取以下措施进行处理。

① 如果这种拖延不致影响施工进度计划的执行，则可采取措施加快供货过程的有关环节，以减少此拖延对供货过程本身的影响；如果这种拖延对供货过程本身产生的影响不大，则可直接将实际数据代入，并对供应计划做相应地调整，不必采取加快供货进度的措施。

② 如果这种拖延将影响施工进度计划的执行，则应首先分析这种拖延是否允许（通常的判别条件是受影响的施工活动是否处在施工进度计划的关键路上或是否影响分包合同的执行）。若允许，则可采用①所述的调整方法进行调整；若不允许，则必须采取措施加快供应

速度，尽可能避免此拖延对执行施工进度计划产生的影响。如果采取加快供货速度的措施后，仍不能避免对施工速度的影响，则可考虑同时加快其他工作施工进度的措施，并尽可能将此拖延对整个施工进度的影响降低到最低程度。

(3) 监理工程师控制物资供应进度的工作内容

监理工程师受业主的委托，对建设工程投资、进度和质量三大目标进行控制的同时，需要对物资供应进行控制和管理。根据物资供应的方式不同，监理工程师的主要工作内容也有所不同，其基本内容包括：

① 协助业主进行物资供应的决策；

② 组织物资供应招标工作；

③ 编制、审核和控制物资供应计划。

小结

本项目介绍了施工进度控制的概念、任务及影响因素，阐述了进度管理的内容、具体包括施工进度目标的确定、进度计划与控制措施的编制、进度计划的检查与调整措施；重点介绍了实际进度与计划进度的常用比较方法——横道图比较法、S形曲线比较法、香蕉形曲线比较法、前锋线比较法。

习题

1. 简述建设工程实施阶段进度控制的主要任务。
2. 简述建设工程实际进度与计划进度的比较方法和特点。
3. 影响建设工程设计工作进度的因素有哪些？
4. 处理工程延误的手段有哪些？

参考文献

［1］ 蔡雪峰. 建筑工程施工组织. 北京：高等教育出版社，2015.

［2］ 彭仁娥. 建筑施工组织. 北京：北京理工大学出版社，2016.

［3］ 赵继伟. 建筑施工组织. 南京：东南大学出版社，2015.

［4］ 郝永池. 建筑施工组织. 北京：机械工业出版社，2012.

［5］ 田竞. 建筑施工组织与管理. 北京：机械工业出版社，2014.